U0232449

中国工程院院地合作项目

山西省废弃矿井资源开发利用战略研究

袁 亮 杨 科 等 著

科 学 出 版 社

北 京

内 容 简 介

我国于 2020 年提出"双碳"目标，要求全社会优化工业和产业结构，改变传统化石能源消费比重，加快构建人与自然生命共同体。而山西省作为我国煤炭重省，近年来更是大力实施煤炭去产能政策，推动一批资源枯竭及落后产能矿井和露天矿坑的关闭，形成了大量的废弃矿井，但其中部分落后产能矿井仍赋存大量的能源资源。本书围绕山西省废弃矿井综合开发利用研究，深入推进山西省废弃矿井绿色低碳多能互补体系建设，借鉴研究国外废弃矿井资源开发利用的成功因素，提炼山西省废弃矿井资源禀赋类型，聚焦山西省废弃矿井抽水蓄能建设、遗留非常规天然气开发利用、地下核能开发等领域的基础性、原创性研究，结合山西省独特的历史文化搭建矿山工业旅游架构，切实提出山西省废弃矿井资源开发利用的战略路径和政策建议。

本书可供高等院校和科研院所的采矿工程、石油工程、岩石力学、安全工程、地质工程等相关专业的本科生、研究生、科研人员使用，也可为从事废弃矿井相关工作的管理人员及现场工程技术人员提供参考。

审图号：晋 S（2023）012 号

图书在版编目（CIP）数据

山西省废弃矿井资源开发利用战略研究/ 袁亮等著. —北京：科学出版社，2024.9

ISBN 978-7-03-077617-4

Ⅰ. ①山⋯ Ⅱ. ①袁⋯ Ⅲ. ①矿井–矿产资源开发–研究–山西 Ⅳ. ①TD214

中国国家版本馆 CIP 数据核字（2024）第 016686 号

责任编辑：刘翠娜　吴春花/责任校对：王萌萌
责任印制：师艳茹/封面设计：蓝正设计

科学出版社 出版
北京东黄城根北街 16 号
邮政编码：100717
http://www.sciencep.com

北京中科印刷有限公司印刷
科学出版社发行　各地新华书店经销
*

2024 年 9 月第 一 版　开本：787×1092 1/16
2024 年 9 月第一次印刷　印张：17
字数：286 000

定价：200.00 元
（如有印装质量问题，我社负责调换）

中国工程院院地合作项目

山西省废弃矿井资源开发利用战略研究

项目顾问　杜祥琬　邓建军　顾金才　顾大钊　胡思得
　　　　　　　康红普　李根生　李建刚　李　宁　罗　琦
　　　　　　　钮新强　邱爱慈　孙玉发　汤广福　王国法
　　　　　　　武　强　谢克昌　于俊崇　张来斌

项目负责人　袁　亮

课题负责人

课题1　山西省废弃矿井资源调查研究　　　　　　　　　金智新
课题2　抽水蓄能与非常规天然气开发利用研究　　　　　袁　亮
课题3　废弃立井小型核能开发研究　　　　　　　　　　赵宪庚
课题4　历史文化遗迹与矿山工业旅游融合研究　　　　　彭苏萍
课题5　山西省废弃矿井资源开发利用战略研究　　　　　袁　亮

本书编委会

主　　任：袁　亮　　彭苏萍　　金智新　　赵宪庚

副主任：杨　科　　秦　勇　　董宪姝　　张作义　　汪秋菊
　　　　　杨彦群

成　员：陈　宁　　王　开　　李丽绒　　吕　鑫　　董志勇
　　　　　刘钦节　　梁国星　　杨兆彪　　熊　威　　高祥冠
　　　　　叶贵川　　张　波　　郑刚阳　　耿毅德　　段敏克
　　　　　唐劲舟　　刘飞跃　　付　强　　吴财芳　　梁　杰
　　　　　郝宪杰　　李　健　　董　爽

前　言

随着我国能源供给侧结构性改革的深入以及"双碳"目标的提出，能源产业淘汰落后产能工作持续推进，废弃矿井数量将骤然增加。然而废弃矿井地下仍有大量的煤炭资源、地热资源、空间资源等，地面也有丰富的土地资源和太阳能等，这使得废弃矿井资源的综合开发利用成为新的课题、难题。德国、英国等发达国家开展了大量探索研究，但仍未形成可供推广的成熟体系，而且山西省废弃矿井数量尤为庞大，同时考虑能源结构、技术水平、产业政策等自身特点，难以照搬国外模式。因此，开展山西省废弃矿井资源综合开发利用战略研究，不仅可以为山西省废弃矿井资源开发利用指明方向和提供技术支持，还可以为山西省废弃矿井企业提供一条转型脱困和可持续发展的战略路径。

安徽理工大学废弃矿井资源开发利用团队经过充分调研及论证，系统调研了国内外煤矿安全及废弃矿井资源开发利用现状，根据山西省废弃矿井资源利用与开发面临的新挑战和各种制约因素，从科技创新、产业管理等方面提出了针对山西省废弃矿井资源开发利用的战略路径和政策建议。

本书共六章。第一章分析和总结山西省矿井资源与废弃矿井利用现状，分析山西省废弃矿井资源开发利用面临的制约因素和必要性。第二章重点分析山西省废弃矿井遗留煤层气存在的主要原因与发展受限因素，在归纳山西省废弃矿井遗留煤层气分布的基础上，结合国家可持续发展能源战略布局，提出山西省废弃矿井遗留煤层气开发利用战略路径。第三章着手分析抽水蓄能电站等水资源利用技术在山西省不同区域的技术可行性和经济适用性，提出山西省发展抽水蓄能技术路线图，从政府政策扶植、科技创新、产业管理等方面，为山西省废弃矿井抽水蓄能开发利用提供战略政策建议。第四章面向我国能源转型特点和"双碳"目标，分析地下核电厂发展需求，梳理利用废弃矿井建设地下核能系统的应用场景、潜在价值与可行性，提出利用山西省废弃矿井建设地下核电厂的初步方案和政策建议。第五章结合山西省独特的历史文化遗迹时序全景图，从山西省矿山资源特征与空间分布现实出发，分析历史文化遗迹与矿山工业旅游融合开发的现状和存在的问题,提出山西省历史文化遗迹与矿山工业旅游融合发展战略思路、目标、模式、实施路径。第六章综合废弃矿井各种资源开发利用情况,为山西省废弃矿井开发建言献策,针对当前存在的掣肘问题,逐一提出对策和建议。

本书总审定人为袁亮院士、彭苏萍院士、金智新院士、赵宪庚院士。第一章由太原理工大学董宪姝、叶贵川等撰写;第二章由中国矿业大学杨兆彪、吴财芳等撰写;第三章由中国矿业大学(北京)梁杰、郝宪杰等撰写;第四章由中国工程物理研究院熊威、李健等撰写;第五章由北京联合大学汪秋菊、董爽等撰写;第六章由安徽理工大学杨科、杨彦群等撰写。本书的出版得到了中国工程院院地合作项目"山西省废弃矿井资源开发利用战略研究"以及山西省揭榜招标项目"废弃矿井遗留资源及地下空间开发利用关键技术研究"的大力支持,在此深表感谢。

由于废弃矿井资源开发利用战略研究属煤炭行业的新生命题,且目前尚无全国范围内与废弃矿井相关的资源统计数据,很多问题仍有待进一步深化研究,故书中难免有疏漏、偏颇,欢迎各位读者批评、指正。

目　录

第一章 废弃矿井资源开发现状

第一节 国内外废弃矿井资源再利用模式

一、国外废弃矿井资源再利用模式

欧美国家是关闭/废弃矿井开发利用的先驱,也是废弃矿井开发利用技术最成熟的国家。自20世纪60年代至今,美国、英国、德国、比利时等欧美国家针对关闭/废弃矿井开展了相关的研究与实践,摸索出多种废弃矿井资源再利用的途径,对废弃矿井遗留煤炭、非常规天然气、地下空间、建筑物与土地等资源进行二次开发利用,形成了关闭/废弃矿井遗留资源能源化、资源化和功能化利用模式,取得了极大的资源环境与经济效益。

1. 废弃矿井煤层气开发再利用模式

煤层气是一种与煤伴生、共生的非常规天然气,也是一种温室效应较强的气体,其逸散后的温室效应是二氧化碳的21倍。开发利用煤炭采空区煤层气,既可以消除废弃矿井采空区赋存瓦斯积聚造成的安全隐患,又可以增加能源供应量,还可以减少温室气体排放量。

废弃矿井煤层气开发技术首先在英国取得了商业性成功,其开发利用技术处于世界领先水平。英国废弃矿井煤层气开发方式主要有两种:一种为从没有充填的废弃矿井或平硐抽采煤层气;另一种为向废弃矿井采空区或采掘卸压地区施工大直径地面钻孔抽采煤层气。20世纪50年代开始,英国在北威尔士进行较大规模的废弃矿井煤层气抽采与利用工程,60年代很多煤矿已经建立了煤层气利用系统,主要供煤层气发电及管网集输后民用或工业使用。2014年英国有15个正在运行或在建的废弃矿井煤层气发电项目,总装机容量约52MW,2016年总装机容量达到60MW。

德国在鲁尔区废弃矿井进行煤层气开发,总结了一些宝贵经验,在废弃矿井关闭前封闭矿井巷道,利用原井筒或地面重新钻井等方式实现煤层气资源开发的目的。德国煤矿开采过程中为采空区煤层气开发预留专门的管道,通过原井筒连通至地面开发利用设施,废弃矿井采空区煤层气开发取得了良好的效果。在没有预埋管道的采空区,采用地面重新钻井开发采空区煤层气,也取得了很好的效果。德国在鲁尔区和萨尔州等矿区开展了废弃矿井煤层气开发,其中规模最大的斯蒂雅阁(STEAG)新能源公司年开发利用废弃矿井煤层气约 3 亿 m^3(折纯),年发电量约 10 亿 $kW·h$、供热 4.4 亿 $kW·h$。截至 2010 年底,德国废弃矿井煤层气综合利用项目总装机容量达 175MW。废弃矿井煤层气的其他开发利用案例如表 1-1 所示。

表 1-1　废弃矿井煤层气的其他开发利用案例

项目名称	国别	矿井类别	用途
安格连	乌兹别克斯坦	生产矿区	发电
马朱巴	南非	生产矿区	与整体煤气化联合循环发电系统联用
绒鼠	澳大利亚	生产矿区	化工原料气
澳鲁鲁	澳大利亚	生产矿区	发电+化工原料气
福斯湾	英国	生产矿区	与中国船级社联用

美国作为世界首个将废弃矿井煤层气纳入温室气体排放总量的国家,其废弃矿井煤层气抽采利用技术较为成熟。例如,Stroud Oil Properties 能源公司自 1996 年以来在废弃矿井 Gold Eagle Mines 利用原采动区煤层气井及通风井进行煤层气开发,虽然浓度较低,但通过与常规高浓度煤层气掺混后可以达到管网安全集输的要求。Raven Ridge 能源公司已经开发了可以用来模拟计算废弃矿井煤层气资源量的软件系统,并对外服务。截至 2011 年底,美国约有 38 个废弃矿井实施了煤层气地面开发和利用,总抽采利用量约 1.6 亿 m^3。此外,南非、澳大利亚等国还将煤层气用于发电、与整体煤气化联合循环发电系统联用等。

2. 废弃矿井地下空间再利用模式

针对巨大的矿井地下空间,多个国家提出利用废弃矿井地下空间储气、储油、储存危险固体废料及储能的设想,储能又包括压缩空气蓄能、抽水蓄能等。

(1)储能再利用

废弃矿井地下空间储能主要是压缩空气蓄能和抽水蓄能。压缩空气蓄能方面,德国洪托夫(Huntorf)电站是世界上第一座投入商业运行的压缩空气储能电站，其机组的压缩机功率为 60MW，释能输出功率为 290MW。世界上第二座压缩空气储能电站美国亚拉巴马州的麦景图(McIntosh)电站投运，发电容量为 110MW。抽水蓄能方面，将废弃矿井地下空间作为抽水蓄能地下水库必须具备几个必要条件，即充足的地下空间、丰富的水源和不被淹没的矿井。目前，国外已有一些利用废弃矿井进行抽水蓄能的案例。例如，奥地利在阿尔卑斯山的纳斯菲尔德(Nassfeld)建造了世界上首个真正意义的半地下抽水蓄能电站，总蓄水量为 16 万 m^3。德国下萨克森州能源研究中心计划利用废弃的金属矿巷道建立全地下的抽水蓄能电站；德国 Prosper-Haniel 煤矿也建立了 200MW 抽水蓄能电站。美国新泽西州的霍普山抽水蓄能电站利用的是已经废弃的岩石矿和霍普湖。抽水蓄能工程必须具有两个不同高程的水库，即上水库和下水库，上水库在地面开挖，而下水库则是利用距地面 762m 深处的废弃矿洞。芬兰皮海萨尔米矿废弃矿井是欧洲最深的金属矿井之一(1445m)，现已在地下 75m 处建成一座物理实验室，并在地下 1430m 处开拓出 120m^2 空间供实验室建设所需，规划关闭后开发利用方向包括抽水蓄能、建设数据中心等。比利时的学者提出利用露天石灰石矿坑作为抽水蓄能的下水库。

(2)储物再利用

废弃矿井地下空间可用于储气、储油、储存危险固体废料等。在储气方面，美国利用莱登(Leyden)废弃矿井(地下 240～260m 深处空间)建成世界上首座废弃矿井地下储气库，形成 1.4 亿 m^3 储气空间；比利时在安德鲁(Anderlues)和佩罗讷(Peronnes)建成废弃矿井地下储气库，分别形成 1.8 亿 m^3 和 1.2 亿 m^3 的储气空间；德国、法国、美国等储气库发达国家广泛利用废弃盐穴进行天然气地下储存。在废弃物处置方面，如德国阿瑟(Asse)矿中低放射性废弃物处置库、德国孔拉德(Konrad)铁矿低中放射性废弃物处置巷道、捷克理查德(Richard)石灰岩矿处置库；废弃矿井地下空间还建造有地下医院、冷库、实验室(如斯坦福大学修建 1500m 极深地下实验室)、文件存储中心(艾恩山地下文件存储中心)等。国外关闭废弃矿井开发利用案例如表 1-2 所示。

3. 地热资源再利用模式

利用废弃矿井中的水，通过热泵升级热能，并与地暖循环连接实现建筑

表 1-2　国外关闭废弃矿井开发利用案例

地点	废弃矿山类型	开发利用方式	特点	项目功能
德国鲁尔区波鸿市	煤矿	鲁尔工业文化区	资源型城市转型的典范,煤矿关停后在原有矿区进行采矿机械设备及生产系统展览,创建了独具特色的矿业博物馆,积极进一步开发废弃煤矿利用	科普教育、旅游观光、工业利用
英国康沃尔郡	陶土矿	伊甸园	世界上最大的单体温室,围绕植物文化而打造,融合高科技手段建成	科普教育、生态景观观光、休闲体验
加拿大温哥华维多利亚市	石灰石矿	布查德花园	保持矿坑原有地形,因地制宜,地势起伏有层次,结合花园主题,突出园艺文化	花卉景观、生态观光、休闲体验、科普教育
罗马尼亚特兰西瓦尼亚地区	盐矿	盐矿主题公园	真实存在的地下世界,保留原有坑道、洞窟和盐湖等,设有博物馆、运动设施和游乐场,特色鲜明,还设置了盐矿疗养处	休闲体验、科普教育、运动疗养
美国密歇根州	石灰岩矿	港湾高尔夫球场	依势而建,集游艇码头、27 洞高尔夫球场、度假酒店于一体	观光游憩、休闲度假、康体运动
美国南达科他州	金矿	桑福德地下实验室	进行地下氙暗物质实验、长基线中微子设备及相关的深层地下中微子实验,主持生物学、地质学和工程学等领域的实验项目	科学技术、科普教育
美国明尼苏达州	铁矿	苏丹地下实验室、地下矿山公园	一方面供游客游览采矿设施等,另一方面供明尼苏达大学作地下敏感物理实验室。实验室项目:中微子实验(MINOS)和暗物质实验(CDMS Ⅱ)	科学技术、科普教育
美国宾夕法尼亚州	煤矿	文顿达尔煤矿废水处理艺术公园	借助信托资金、政府拨款、民间集资等资金,在尊重历史文化的前提下,治理净化煤矿酸性废水,修复废墟区域,并积极引导公众参与	观光游憩、科普教育
荷兰林堡省海尔伦市	煤矿	制冷供热系统	利用矿井水和地下空间蓄热和蓄冷,通过涡轮机实现转动供热,周边的建筑物借助这一资源实现对室内温度的调节,水回到矿井深处起到循环加热作用	工业利用、民生工程
美国宾夕法尼亚州	石灰岩矿	地下数据中心	主要储存纸质文件、照片、电影胶卷和单片缩影胶片,优势在于空气干燥、温度低,文件保存时间可长达 2000 年;另外,设有地下办公室、实验室等	商业利用、文件储存
德国不伦瑞克市	盐矿	放射性废弃物处置(Assc Ⅱ)	已储存 25000m³ 放射性废弃物	工业利用、垃圾处理
德国黑森州	钾矿	放射性废弃物处置(Hcrfa-Ncurodc)	1972 年以来一直在运行,废弃物处置区位于地表以下 700m	工业利用、垃圾处理
澳大利亚阿德莱德市	蛋白石矿	库伯佩迪"地下之城"	地下旅馆沙漠洞穴酒店(Desert Cave Hotel)、地下教堂圣彼得 & 保罗天主教堂、地下博物馆甚至地下书店,独特的气候和地质环境造就独特的地下小镇	地下城市

物的供暖,有些热泵可以在夏季逆转水流方向进行空间制冷。国外开展废弃矿井地热资源利用的研究较早,如荷兰、德国、英国和加拿大等已有相关装置从废弃矿井水中回收地热能。加拿大建立了世界上第一座废弃矿井地热能源采集系统。荷兰利用废弃矿井地热能,为住宅、商业建筑和社区建筑供暖和制冷。为了解决矿井水质的问题,英国约克郡为废弃矿井设计了一种闭环系统,系统通过热泵采集临时蓄水池的热量,为居民社区供暖。德国对废弃矿竖井进行修复,并进行矿井地热再利用的研究,建立了地热发电站,并与公共热电厂并网,以满足用户高峰时期的使用需求。西班牙的阿斯图里亚矿区关闭后遗留了严重的环境与经济问题。针对此,相关国家考虑矿井水温度与当地气温的波动,通过估算矿井水量和地区能源需求,设计规划了适当功率的地热发电厂,已运行部分地热能源厂现状如表 1-3 所示。荷兰海尔伦市废弃煤矿矿井水地热能开发利用工程如图 1-1 所示。

表 1-3 已运行部分地热能源厂现状

地区(国家)	功率/kW	水温/℃	性能系统
新斯科舍(加拿大)	3.73	18.0	3.50
海尔伦(荷兰)	2800.00	22.0~28.0	5.60
马林贝格(德国)	690.00	12.0	4.30
弗赖贝格(德国)	25.00	10.2	3.50
帕克希尔斯(美国)	112.00	14.0	3.67
科罗拉多州甘尼森县(美国)	10.00	14.0	3.95
卡普豪斯(英国)	10.50	17.0	5.20
巴雷多(西班牙)	3500.00	23.0	5.50

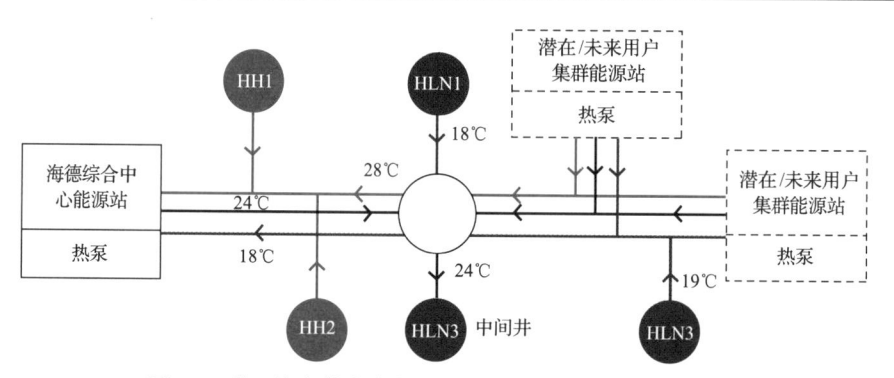

图 1-1 荷兰海尔伦市废弃煤矿矿井水地热能开发利用工程

HH1、HLN1、HH2、HLN3 为水井的标号名称

4. 生态开发模式

废弃矿山生态开发在发达国家有很多成功的案例,如德国然梅尔斯贝格矿山博物馆、波兰维利奇卡盐矿博物馆和圭多(Guido)煤矿博物馆等工程实践;芬兰奥托昆普、德国鲁尔区波鸿市、波兰等国家和地区有煤矿工业旅游、煤炭博物馆等建设案例;美国科罗拉多州的大理石矿井出产纹理细腻、色彩华丽的名贵大理石材,开采枯竭后,遗址洞穴被人以"大理石之旅"为招牌开发旅游(图1-2)。

图1-2 "大理石之旅"为主题的废弃矿井旅游开发

德国鲁尔区波鸿市将废弃矿井的采矿机械设备及生产系统进行展览,创建了独具特色的矿业博物馆,建成了高端的旅游矿区。英国利用采掘陶土遗留下的巨坑,围绕植物文化而打造了伊甸园,主要项目包括潮湿热带馆、温暖气候馆、凉爽气候馆三大种植馆,各馆内种植了来自全球的数万种植物,发展生态观光、休闲体验、科普教育,开业至今游客量过千万人次(图1-3)。加拿大温哥华维多利亚市的布查德花园始建于1904年,利用石灰石矿坑改造而成,被誉为世界上最美的花园之一,游客络绎不绝。花园主将花木种在下沉的矿坑内,精心培育,最终形成错落有致的园艺典范。

5. 废弃矿井再利用其他模式

除煤矿外,其他类型废弃矿井的应用经验也具有借鉴意义,如德国上哈茨山(Upper Harz)区计划利用废弃的金属矿巷道建立全地下抽水蓄能电站;

(a) 1999年   (b) 如今

图 1-3 英国伊甸园

德国在阿瑟盐矿处置低中放射性废弃物是利用地下空间资源处置废弃物的典型案例;英国低中放射性废弃物处置公司决定使用英国最大的石膏矿作为低中放射性废弃物处置场场址。

美国的一处废弃金矿开采深度达 2400m,为极深地实验提供了条件,该废弃金矿的地下空间被用于提供粒子物理前沿领域的暗物质直接探测实验等重大研究课题所需要的深地低辐射环境。同样是在美国,明尼苏达大学利用废弃的苏丹铁矿的地下空间建立了敏感物理实验室,用于中微子实验和暗物质实验,如图 1-4 所示。

(a) 美国桑福德地下实验室大型氙暗物质探测器   (b) 美国明尼苏达州苏丹地下Minos中微子实验室

图 1-4 深地实验室

美国 Ironmoutain 公司利用废弃石灰岩矿的地下空间建立了世界上首个地下数据中心,用于存储文件、档案和数据,安全级别仅次于白宫和国防部的秘密资料库(图 1-5)。

尽管开发利用经验和模式都非常丰富,但即使在发达国家,对废弃煤矿的开发利用仍然存在盲区。2007~2017 年,美国煤炭生产量下降了 1/3,大量煤矿被废弃。根据美国 Climate Home News 统计的数据,36.2%的关闭矿区面积没有得到任何特殊的开发利用,基本上就是闲置长草,成为牧场;

30.2%成为鱼塘或其他野生动物区；17.7%改造为休闲、住宿、娱乐设施；15.9%成为林区或待开发(图 1-6)。

图 1-5 美国废弃石灰岩矿地下数据中心

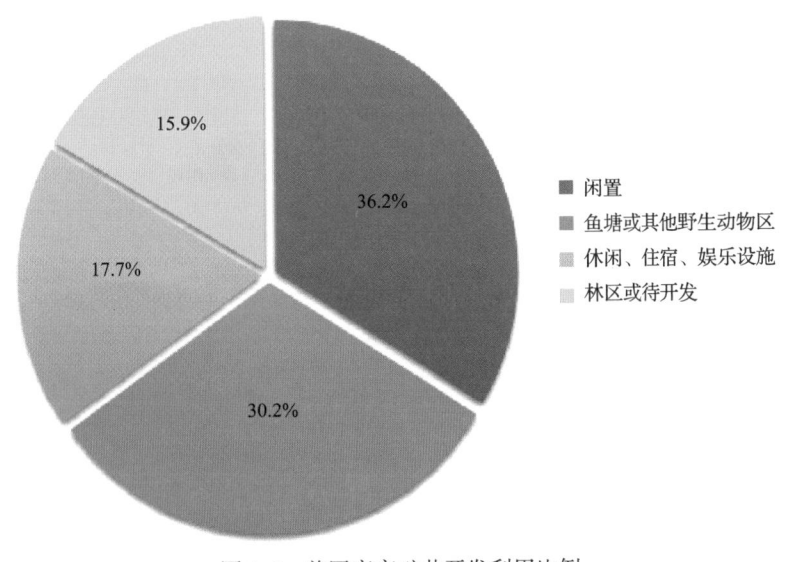

图 1-6 美国废弃矿井开发利用比例

二、国内废弃矿井资源再利用现状

随着去产能政策的逐步推进，我国关闭/废弃矿井数量逐年增多，关闭/废弃矿井资源再利用刻不容缓。2017 年，由袁亮院士牵头的中国工程院重大战略咨询项目"我国煤矿安全及废弃矿井资源开发利用战略研究"启动，研究废弃矿井资源综合开发利用，挖掘水、煤层气、地下空间、工业旅游等资源潜力,同时重视煤的材料属性等多元属性,将资源优势转变为经济、环境、科技优势。

目前,我国关闭/废弃矿井资源开发利用整体仍处于试验阶段,针对关闭/废弃矿井遗留煤炭、煤层气、地下空间与土地等资源开展了塌陷区治理(徐州潘安湖湿地公园)、煤炭地下气化(山东新汶鄂庄煤矿煤炭地下气化)、塌陷区光伏发电(大同熊猫电站、淮南漂浮式光伏电站)、地热能利用(冀中能源水源/地源热泵)、建立储气库(安徽含山石膏矿、金坛)、地下储水库(神东矿区)、煤层气抽采(辽宁铁法矿区、晋圣永安煤矿、岳城煤矿废弃矿井、中节能宁夏新能源股份有限公司下属乌兰煤矿)、国家地质公园(淮南大通国家矿山公园、淮北国家矿山公园)和伴生矿产开发(淮北矿业集团开采伴生高岭土)等方面的基础理论攻关和先期工业试验。然而,关闭/废弃矿井智能精准开发利用涉及多学科交叉协作,内容纷繁复杂,我国对关闭/废弃矿井能源资源开发利用的研究起步较晚,基础理论与关键技术研发仍有待提高,且没有形成可复制推广的成熟模式。

1. 开展光伏发电研究

例如,江西新余利用废弃矿山发展渔光、林光、农光互补发电项目,2021年总装机容量已达425MW。

2. 开展关闭矿井水资源开发利用探索性研究

例如,国家能源集团神东煤炭建设了地下水库。神华集团在神东矿区进行了工程示范,2010年在神东大柳塔煤矿建成了首个煤矿分布式地下水库,截至2015年,已建成水库35座,储水量约3100万 m^3,是目前世界上唯一的煤矿地下水库群,供应了矿区95%以上的用水。

3. 煤炭气化利用

我国已在江苏徐州、山东新汶、河北唐山、山西昔阳等地废弃矿井煤炭资源中进行了地下气化的试验研究。煤矿地下气化炉示意图如图1-7所示。

4. 煤层气抽采利用

我国在山西省开展了废弃矿井煤层气抽采的初步试验;山西蓝焰煤层气

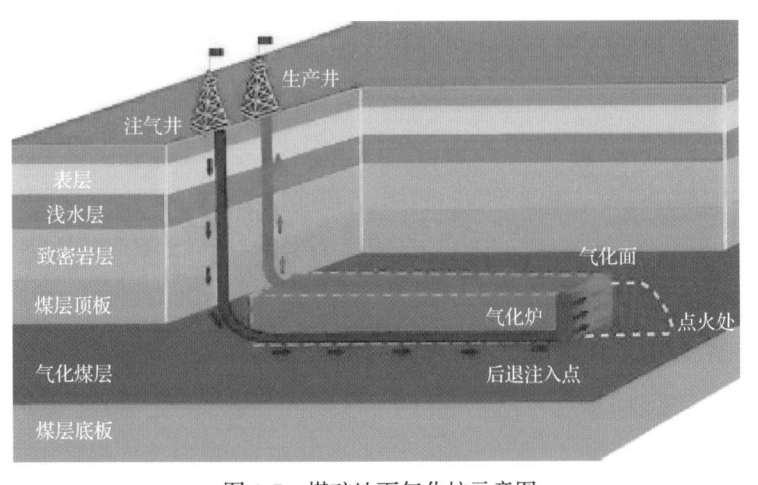

图 1-7   煤矿地下气化炉示意图

集团有限责任公司抽采废弃矿井煤层气效果显著；晋圣永安煤矿示范基地实施 27 口废弃矿井采空区煤层气井，20 余口完成设备运行，单井日均产量 5040m³，采空区井抽采天数超过 3 年，平均抽采浓度高于 81%。

5. 能源互补光伏发电利用

我国部分矿井废弃后,利用其特殊的地理与环境优势,建立风光、水光、林光、渔光、农光互补光伏发电基地。2019 年，废弃矿井采矿沉陷区面积约为 150 万 hm²，可用于太阳能光伏发电的面积约为 30 万 hm²。按照 1MW 占地 2.56hm² 估算，可实现装机容量为 11.8 万 MW。

6. 抽水蓄能发电利用

废弃矿井抽水蓄能地下水库的构建既可有效利用废弃矿井地下空间，又可实现风能、光能等可再生能源的大规模利用，还可防止废弃矿井地质灾害的发生。废弃矿井储水蓄能利用,不仅可以解决废弃矿井地下空间高效利用、生态环境修复、工人就地安置等问题，而且可以突破常规抽水蓄能电站的选址限制。从地理位置上看,横向废弃矿井区、纵向废弃矿井区分别与北部风/光能源带、东部沿海风/核能源带地理分布相一致,因此建立废弃矿井抽水蓄能电站可为我国能源结构调整，特别是新能源、智能电网的发展提供巨大的战略空间，与传统的化学蓄能相比能很好地解决部分地区弃风弃光的问题。废弃矿井抽水蓄能地下水库建设技术路线如图 1-8 所示。

与发达国家相比，我国抽水蓄能电站建设起步晚，20 世纪 60 年代，从

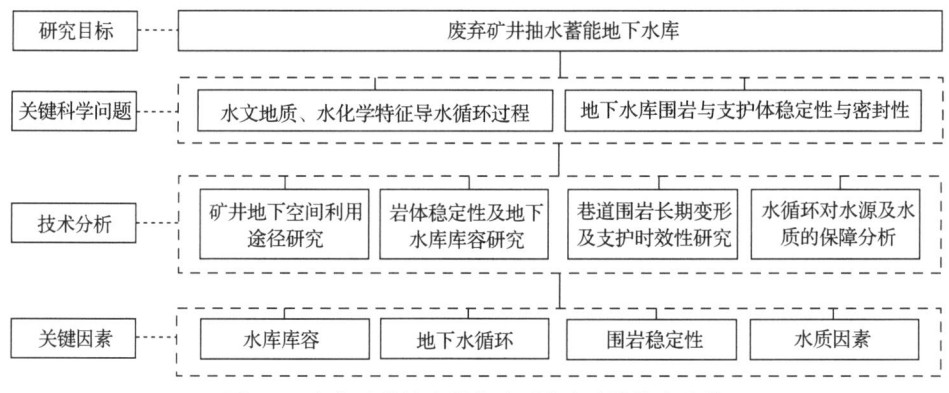

图 1-8 废弃矿井抽水蓄能地下水库建设技术路线

国外引进第一台抽水蓄能机组，21 世纪初，我国陆续有 11 座抽水蓄能电站开工，总规模达 11220MW。而利用废弃矿井抽水蓄能还在试验阶段。我国煤矿井下蓄能发电量数据统计了已报废的煤矿和目前正在运行的国有煤矿，可以看出利用废旧煤矿和矿井水库的蓄能发电量是极为惊人的，废旧煤矿蓄水发电量约为 2014 年我国全年发电总量的 1.5 倍。这项新技术将为我国废弃矿井重复利用、可再生能源利用和电力调蓄、矿区生态保护、西部地区煤炭绿色开采等开拓崭新的道路。

7. 地热能开发利用

目前，国外针对废弃矿井地热能的利用多集中于浅部，如荷兰、德国等多为 200～600m。与之相比，我国现有矿井 1000m 已成常态，部分矿井甚至达 1500m。当深度超过千米时，矿井原始围岩温度能达到 50℃左右，有些矿井温度甚至能达到 60℃以上，地热开采潜力巨大。地热资源利用模式主要有供热和发电两种。国内现有矿井深度一般不超过 1500m，一般可用的发电技术主要是双循环发电系统、低温地热能与太阳能联合发电系统等。

8. 地下储气库和储油库

目前，我国关闭/废弃矿井资源开发利用整体处于试验阶段，比较成熟的是利用废弃盐矿矿井建设地下储气库。在金坛成功改造 3 口废弃盐岩溶腔，形成近 5000 万 m^3 的工作气量，而在云应、淮安、平顶山等废弃盐岩溶腔改造储气库工作正在开展。2017 年，我国石油储备 3773 万 t，仅为 30 天储备，缺口极大。2017 年，我国已建成 9 座国储库，国家能源局要求三期国储库全部建设地下储库，废弃矿井地下空间可满足其较大需求。安徽含山废弃石膏矿采空区改建储油库开辟了世界先例，建成后预计可形成 500 万 m^3 的储油库，比建同等规模的地面石油库节约 30 亿元。安徽含山石膏矿计划利用废弃矿山采空区改建储油库，建成后预计可形成 500 万 m^3 的储油量。

9. 生态环境与工业旅游利用

江西实施了景德镇、萍乡、赣州等废弃矿区地质环境治理示范工程，4900余处废弃矿山基本实现复垦复绿，恢复面积约 $57km^2$。如图 1-9 所示，山西、江苏、四川、河北等建设了一大批国家矿山公园或生态湿地公园。

(a) 江苏九里湖国家湿地公园　　　　(b) 山西太原西山国家矿山公园

(c) 河北唐山开滦国家矿山公园　　　　(d) 四川乐山嘉阳国家矿山公园

图 1-9　利用废弃矿井进行生态开发

第二节　山西省煤炭资源开发现状

一、山西省煤炭资源概况

2017 年，山西省规模以上原煤产量 85581 万 t，同比增长 3.5%，煤炭工业增加值同比增长 3.6%。

截至 2018 年底，山西省共有生产煤矿 616 处，合计产能 9.64 亿 t/a。其中，产能在 1000 万 t/a 及以上的生产煤矿 7 处，产能在 500 万～1000 万 t/a 的生产煤矿 20 处，产能在 120 万～500 万 t/a 的生产煤矿 328 处。120 万 t/a 及以上的生产煤炭产能占比 74%。500 万 t/a 及以上的生产煤矿 8 处。

截至 2019 年底，山西省共有生产煤矿 643 处，合计产能 99475 万 t/a。产能在 120 万 t/a 及以上的生产煤矿有 309 处，合计产能 74380 万 t/a，占总产能的 74.77%；产能在 300 万 t/a 及以上的生产煤矿有 75 处，合计产能 39255 万 t/a，占总产能的 39.46%。

截至 2020 年底，山西省共有生产煤矿 668 处，合计产能 104560 万 t/a。其中，产能在 120 万 t/a 及以上的生产煤矿有 324 处，合计产能 77360 万 t/a，占总产能的 74%；产能在 90 万 t/a 及以下的生产煤矿有 340 处，合计产能 26590 万 t/a，占总产能的 25%。2020 年 1～2 月，山西省原煤产量为 12681.2 万 t，相比 2019 年同期减少 784.7 万 t；3～12 月，山西省原煤产量于 12 月达到最高值，为 9592.3 万 t；在 5 月达到最低值，为 8533.4 万 t。

2016～2020 年山西省原煤月均产量如图 1-10 所示。

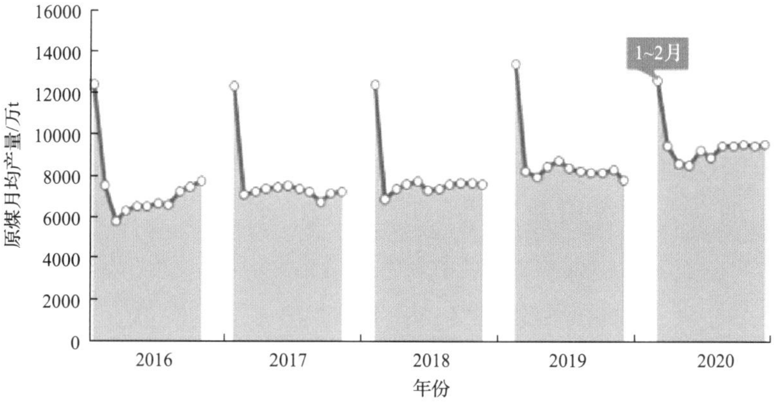

图 1-10　2016～2020 年山西省原煤月均产量

截至 2020 年山西省产能与生产煤矿数量如表 1-4 所示。

表 1-4　截至 2020 年山西省产能与生产煤矿数

地级市	产能/(万 t/a)	生产煤矿数量/处
太原市	5375	31
长治市	15820	92
运城市	510	6
临汾市	8180	73
晋中市	10220	99
晋城市	10920	92
大同市	8560	46
吕梁市	12625	91

续表

地级市	产能/(万 t/a)	生产煤矿数量/处
朔州市	18260	59
忻州市	8270	45
阳泉市	5820	34

二、山西省废弃矿井现状

1. 山西省废弃矿井概况

我国国土资源辽阔，物产丰富，而山西省是我国具有代表性的资源大省，矿产资源总量大。作为能源重化工基地，山西省采矿业及相关加工制造业的生产总值占全国的 3/10 左右，可以说采矿业是山西省工业经济的主导性力量。通过结合相关资料并展开实地调查可以明确的重要指标是，山西省矿产类型约 117 种，其中金属矿产 28 种，非金属矿种 82 种，能源矿产 4 种，水气矿产 3 种；储量矿产 62 种，矿产储量价值高达 13 亿 t 以上，位列全国第二。煤炭是山西省的主体资源，资源分布从北至南有大同、宁武、西山、沁水、霍西、河东六大煤田及浑源、五台等煤产地。煤、铝土矿、耐火黏土、石灰岩、白云岩等沉积矿产分布十分广泛，其中 2000m 以浅的含煤面积达 5.4 万 km^2，占全省总面积的 35%；占全省 90% 以上的铁矿资源储量分布在五台山区和吕梁山区；石膏均分布在北纬 38° 以南的太原—襄汾和潞城一带；占全省 95% 以上的铜矿储量集中分布在中条山区；芒硝、镁盐和盐矿全部分布在运城盐湖；锰、石墨、银、膨润土、沸石、珍珠岩等矿产资源则分布在晋北的阳高、灵丘、大同、浑源一带。2000 年，山西省煤矿数量超过 9800 处，在对小煤矿进行关闭整顿后仍有 6183 处；2005 年，经过第一轮煤炭资源整合和升级改造，山西省共有 2598 处煤矿；2009 年，第二轮兼并重组整合启动，年产能 30 万 t 以下的矿井被淘汰，经过这一轮兼并重组，截至 2015 年底，山西省共有煤矿 1078 处，年产能 14.6 亿 t；2016 年，山西省启动了去产能工作，落后和有安全隐患的产能进一步被淘汰，截至 2018 年，山西省共有煤矿(井)988 处，其中生产煤矿 605 处，合计年产能达 94605 万 t，五大煤矿集团是生产主力，山西焦煤集团 13 处矿山，年产能 4495 万 t；大同煤矿集团 8 处矿山，年产能 2620 万 t；阳煤集团 4 处矿山，年产能 2510 万 t；潞安集团 5 处矿山，年产能 3020 万 t；晋煤集团 4 处矿山，年产能 2130

万 t。605 处生产煤矿中，年产能达 1000 万 t 以上的有 7 处，低于 60 万 t 的有 44 处。

近年来，随着我国经济发展进入新常态，我国大力推动供给侧结构性改革，开展煤炭去产能，优化产业经济结构。2016 年，为支持山西省进一步深化改革，促进山西省资源型经济转型发展，培育和发展先进产能，山西省出台了《山西省煤炭供给侧结构性改革实施意见》及 32 项实施细则，明确了山西省煤炭供给侧结构性改革的总体架构和推进方略，推进了山西省煤矿的去产能工作，加快淘汰落后产能。同时，2016 年至今，山西省煤炭工业厅(现山西省能源局)、省发展和改革委员会每年均制订山西省各年度化解煤炭过剩产能验收时间进度安排表，明确每处煤矿的井筒封闭时间和市政府及集团验收完成时间，确保工作按时有序推进。2016 年 9 月，晋能集团对赵屋煤业、永丰煤业实施了永久性关闭，在山西省首次完成煤炭去产能关闭矿井任务。2016 年 10 月，有着 90 年历史、矿井资源枯竭的潞安集团石圪节煤矿成为山西省首处关闭退出矿井。截至 2019 年底，山西省共关闭退出煤矿 106 处，共退出产能 11586 万 t(关闭煤矿 8815 万 t)，提前 1 年完成"十三五"去产能目标任务。

"十三五"期间山西省及各地级市关闭退出煤矿情况如图 1-11 和图 1-12 所示。

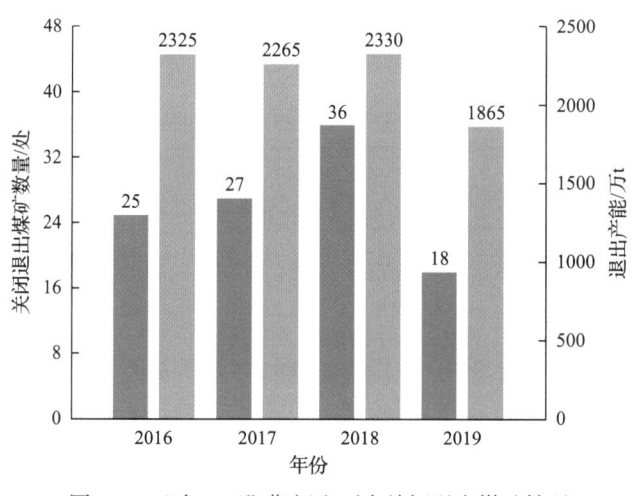

图 1-11　"十三五"期间山西省关闭退出煤矿情况

"十三五"期间，山西省推进去产能和减量化生产，促进了山西省煤炭经济改善和经济结构趋于优化。随着煤炭去产能工作的深入推进，大量

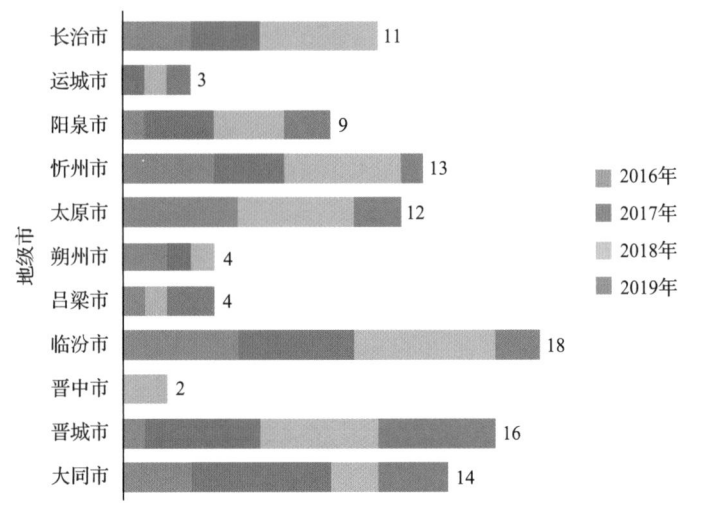

图 1-12 "十三五"期间山西省各地级市关闭退出煤矿情况（单位：处）

关闭煤矿，一方面遏制了煤炭行业的产能过剩现象，另一方面形成了大量废弃矿井，遗留了一系列问题，给煤矿企业的转型发展带来了机遇和挑战。关闭退出煤矿资产处置难的问题尚未得到解决。在这一情势下，探索如何利用废弃矿井，实现废弃矿井绿色转型发展迫在眉睫。在供给侧结构性改革的浪潮中，作为煤炭资源大省的山西省身先士卒，有序推进煤炭去产能，并启动了能源革命，支持煤矿企业转型升级发展。推进废弃矿井绿色转型发展，培育发展替代产业，是山西省能源革命推进必须要解决的问题，这一问题能否得到有效解决对促进山西省资源型地区经济转型和高质量发展具有重大的意义。

2. 山西省废弃矿井空间分布特征

（1）整体分布特征

山西省煤类分布齐全，从低变质的长焰煤到高变质的贫煤、无烟煤均有分布。

依照山西省煤类分布及煤质特征，晋北煤炭基地包括大同煤田、宁武煤田及河东煤田兴县以北地区，埋深在 1000m 以浅区域以低变质煤类为主，主要为动力用煤生产基地；晋中煤炭基地包括太原西山煤田、霍西煤田、河东煤田中南部及沁水煤田西部，1200m 埋深以浅区域煤类以焦煤、肥煤、瘦煤为主，主要为炼焦用煤生产基地；晋东煤炭基地分布于沁水煤田东部，煤类以无烟煤、贫煤为主，主要为化工用煤生产基地。

山西省含煤地层覆盖面积 $5.66×10^4km^2$ 左右,约占全省总面积的 36%。主要成煤时代为石炭-二叠纪、侏罗纪,具有开采价值的煤层主要赋存于上石炭统太原组、下二叠统山西组和中侏罗统大同组。大同煤田、宁武煤田、河东煤田、太原西山煤田、霍西煤田、沁水煤田六大煤田都有关闭煤矿分布。

截至 2019 年底,山西省关闭煤矿约 799 处,总面积约 $1600km^2$。其中,2009 年兼并重组前,在浅部煤炭资源赋存区内,约关闭小煤矿及古窑 529 处,面积约 $590km^2$,多为平硐或斜井巷采,通风条件差,采掘工艺落后,资源浪费严重;2009 年兼并重组中单独关闭煤矿约 165 处,面积约 $160km^2$,基本为年产量 30 万 t 及以下的煤矿;2016～2020 年去产能关闭 105 处煤矿,面积约 $850km^2$。

山西省煤炭地质勘查研究院对山西省既设采矿权区外埋藏深度在 300m 以浅的煤炭资源进行了调查,圈定了浅部煤炭资源赋存范围总面积 $4455.94km^2$,估算浅部煤炭资源 4832624 万 t,了解了全省浅部煤炭资源分布现状。

(2)各市分布特征

山西省各市废弃矿山分布图如图 1-13 所示。

山西省 11 个地级市 2021 年在生产煤矿 616 处,产能 9.63 亿 t,最少产能 30 万 t,最大产能 2000 万 t。

山西省生产煤矿生产能力情况如表 1-5 所示。

图 1-14 为山西省生产煤矿数量图。

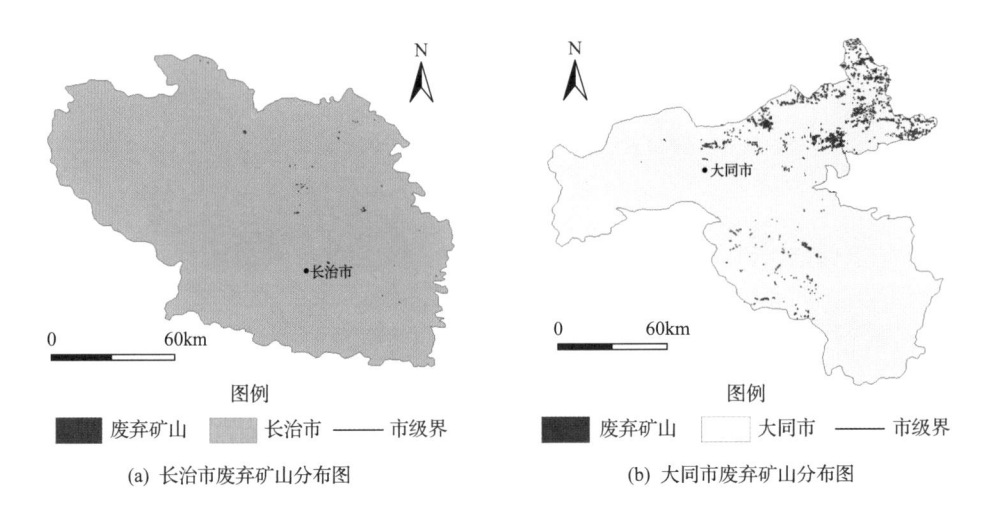

(a) 长治市废弃矿山分布图　　　　(b) 大同市废弃矿山分布图

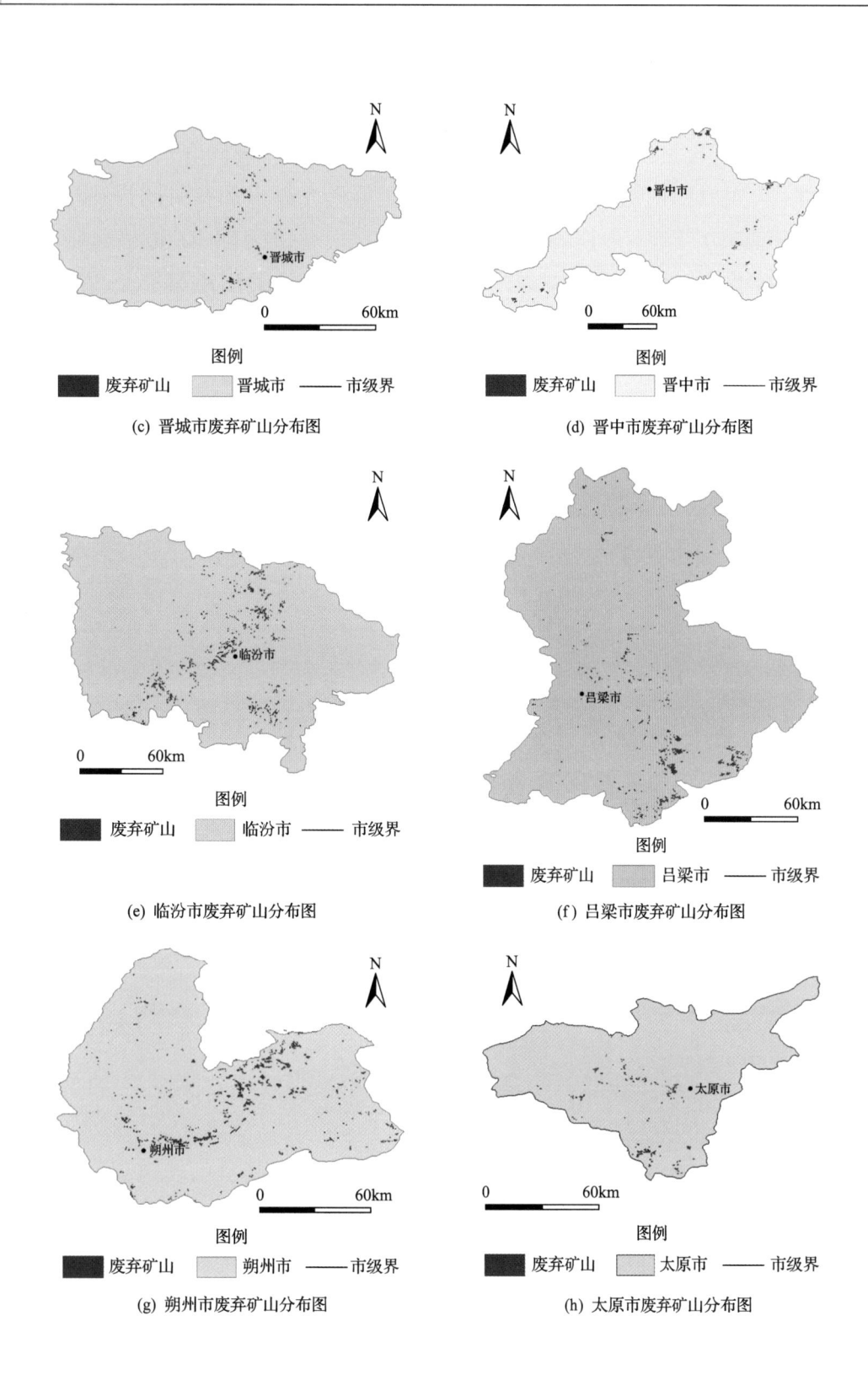

(c) 晋城市废弃矿山分布图

(d) 晋中市废弃矿山分布图

(e) 临汾市废弃矿山分布图

(f) 吕梁市废弃矿山分布图

(g) 朔州市废弃矿山分布图

(h) 太原市废弃矿山分布图

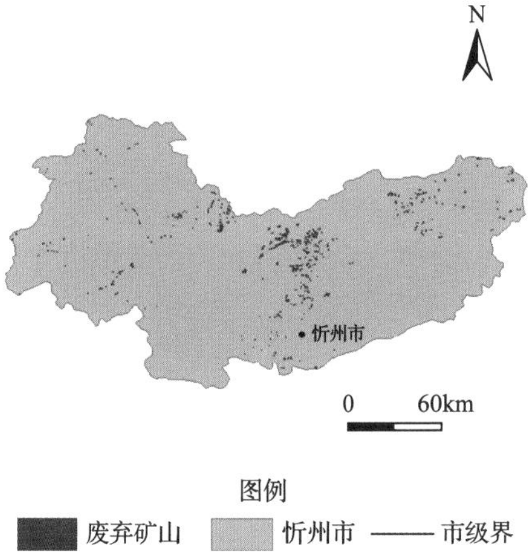

(i) 忻州市废弃矿山分布图

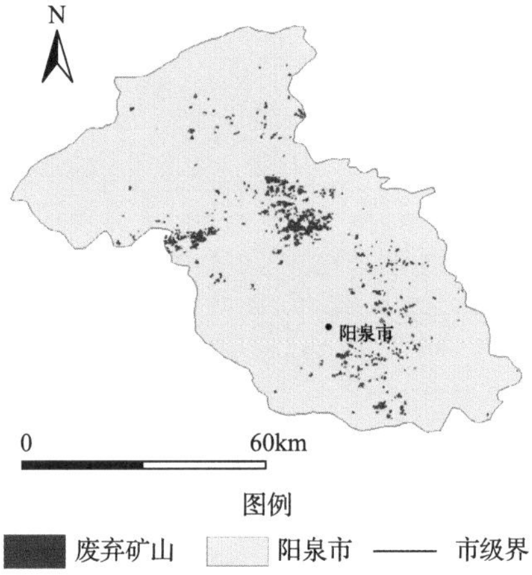

(j) 阳泉市废弃矿山分布图

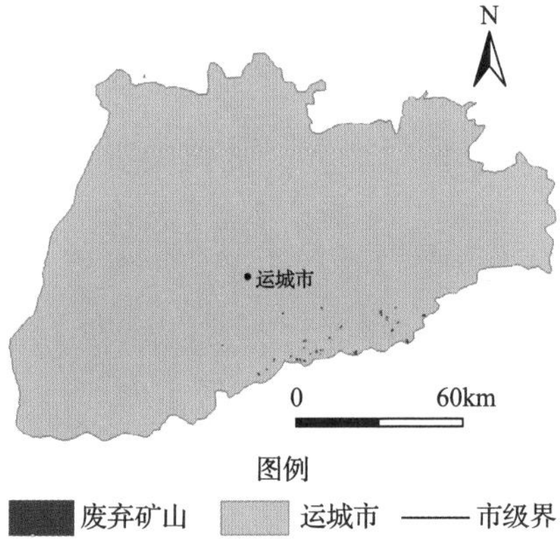

(k) 运城市废弃矿山分布图

图 1-13　山西省各市废弃矿山分布图

表 1-5　山西省生产煤矿生产能力情况

地级市	煤矿数量/处	产能/(万 t/a)	规模/(万 t/a)
太原市	30	5360	60~450
大同市	32	5970	30~1500
阳泉市	31	5505	45~850
长治市	84	14390	30~800
晋城市	89	10320	45~830
朔州市	54	17720	90~2000
忻州市	42	7850	90~800
吕梁市	85	11845	60~500
晋中市	94	9220	30~500

续表

地级市	煤矿数量/处	产能/(万 t/a)	规模/(万 t/a)
临汾市	70	7760	45～600
运城市	5	420	60～120
合计	616	96360	30～2000

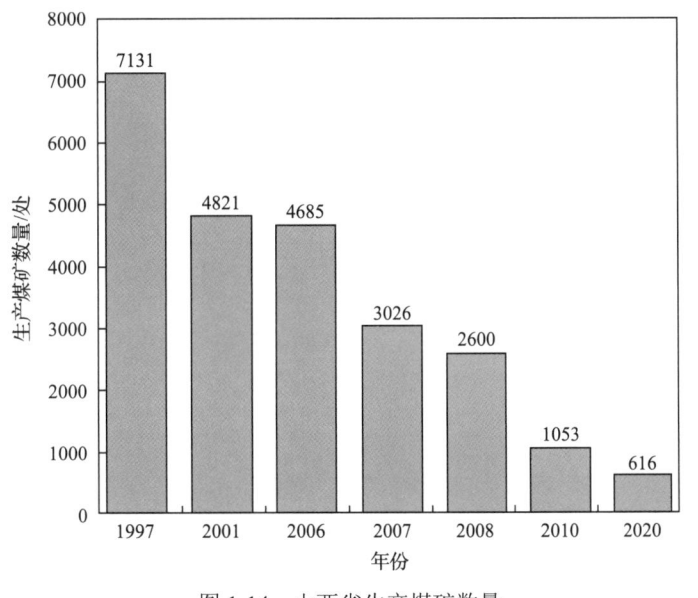

图 1-14　山西省生产煤矿数量

太原市 2003 年生产煤矿 336 处，2020 年剩余 30 处；晋城市 2001 年生产煤矿 752 座，2020 年剩余 89 处。

2016～2020 年，山西省合计关闭 138 处煤矿，合计退出产能约 10889 万 t/a；2016 年关闭 25 处煤矿，退出产能 2325 万 t/a；2017 年关闭 27 处煤矿，退出产能 2265 万 t/a；2018 年关闭 36 处煤矿，退出产能 2330 万 t/a；2019 年关闭 18 处煤矿，退出产能 1895 万 t/a；2020 年关闭 32 处煤矿，退出产能 2074 万 t/a。

山西省关闭/废弃矿井地区分布数据如表 1-6 所示。

表 1-6　山西省关闭/废弃矿井地区分布

地级市	废弃矿井数量/处
太原市	420
大同市	644
阳泉市	364

续表

地级市	废弃矿井数量/处
长治市	364
晋城市	588
朔州市	308
忻州市	448
吕梁市	252
晋中市	196
临汾市	780
运城市	140
合计	4504

第三节　山西省废弃矿井资源利用现状

一、山西省废弃矿井资源分类

1. 地下空间资源

目前，我国煤矿的掘进总进尺达到较高标准，煤矿的井下空间一般由井筒、井底车场、井底煤仓、消防材料库等硐室、运输及回风大巷、顺槽、联络巷、水泵房等工程构成。这些井下工程在施工时进行了锚网索支护、锚杆架设、锚索架设、金属网制作铺设、铺轨或混凝土砌碹加固，支护条件十分优良且稳定性强。矿井废弃后，这些已处理过的地下空间资源被大量闲置，但实际仍有很高的利用价值。

以山西柳林汇丰兴业同德焦煤有限公司矿井下组煤延深为例，该项目副斜井井底车场巷道和硐室位于 8 号煤层底板的岩层中。井底车场巷道均采用锚网喷+锚索支护方式。井底硐室除井底煤仓、井底水仓采用现浇混凝土砌碹支护方式，其余硐室均采用锚网喷+锚索支护方式，局部地段围岩不稳定采取金属支架或注浆等措施加强支护。该煤矿下组煤延深带来的地下空间体积多达 17170m^3。井底车场巷道及硐室工程量如表 1-7 所示。

矿山地下空间的可利用渠道及范围十分广泛，现已成功应用于矿山公园、博物馆、地下储存空间、地下医院、地下实验室及地下车库等方面。谢和平院士等依据典型煤矿的调研数据，估算出山西省煤矿规模与其井巷可利用地下空间量的比例系数，如表 1-8 所示。

表 1-7   井底车场巷道及硐室工程量

序号	单位名称	煤岩类别	支护方式	井巷长度/m	掘进体积/m³		
					巷道	硐室	合计
1	副斜井井底车场	岩	锚网喷+锚索	130.00	2800.00		2800.00
2	井底煤仓	岩	混凝土砌碹	40.00		2500.00	2500.00
3	主变电所及通路	岩	锚网喷+锚索	60.00		1000.00	1000.00
4	主水仓及水仓通路	岩	混凝土砌碹	300.00	2800.00		2800.00
5	主水泵房及通路	岩	锚网喷+锚索	67.00		750.00	750.00
6	管子道	岩	锚网喷+锚索	35.00	280.00		280.00
7	消防材料库及通路	岩	锚网喷+锚索	60.00		450.00	450.00
8	等候室及通路	岩	锚网喷+锚索	60.00		400.00	400.00
9	永久避难硐室	岩	锚网喷+锚索	75.00		1500.00	1500.00
10	无极绳连续牵引车硐室	岩	锚网喷+锚索	35.00		720.00	720.00
11	副斜井摘挂钩硐室	岩	锚网喷+锚索	4.00		60.00	60.00
12	急救室	岩	锚网喷+锚索			60.00	60.00
13	一采区水泵房及通路	岩	锚网喷+锚索	60.00		950.00	950.00
14	一采区水仓	岩	混凝土砌碹	215.00	1800.00		1800.00
15	一采区变电所及通路		锚网喷+锚索	110.00		1100.00	1100.00
合计				1251.00	7680.00	9490.00	17170.00

表 1-8   山西省煤矿规模与其井巷可利用地下空间量的比例系数

煤矿生产规模/(万 t/a)	比例系数
(0,30]	0.19
(30,120]	0.16
(120,500]	0.14
(500,1000]	0.13
(1000,2000]	0.12

根据山西省人民政府发布的 2016～2019 年煤炭行业化解过剩产能关闭退出煤矿名单和各关闭退出煤矿的生产规模，对山西省"十三五"期间废弃矿井规模及可利用地下空间量进行估算，如表 1-9 所示。

表 1-9　"十三五"期间山西省废弃矿井规模及可利用地下空间量估算

年份	煤炭生产规模/(万 t/a)	关停煤矿数量/处	关停煤矿总规模/(万 t/a)	可利用地下空间量/万 m³
2016	(0,30]	5	150	28.5
	(30,120]	17	1225	196
	(120,500]	3	950	133
	(500,1000]	0	0	0
	(1000,2000]	0	0	0
2017	(0,30]	7	210	39.9
	(30,120]	15	1035	165.6
	(120,500]	5	1020	142.8
	(500,1000]	0	0	0
	(1000,2000]	0	0	0
2018	(0,30]	8	210	39.9
	(30,120]	27	1940	310.4
	(120,500]	1	180	25.2
	(500,1000]	0	0	0
	(1000,2000]	0	0	0
2019	(0,30]	0	0	0
	(30,120]	14	825	132
	(120,500]	4	1070	149.8
	(500,1000]	0	0	0
	(1000,2000]	0	0	0
合计		106	8815	1363.1

从计算结果可以看出,矿井废弃后,遗留的可利用地下空间量非常可观。2016～2019 年,仅去产能关闭的煤矿,就给山西省带来了 1363.1 万 m³ 的地下空间。对这些空间资源加以处理和利用,借助地下空间优势,创建地下新型经济业态,是行之有效的实现废弃矿井绿色转型发展的途径。

2. 煤层气

煤层气是重要的非常规天然气清洁能源,可广泛用作工业、城镇居民、化工、发电等燃料,其主要成分为甲烷,浓度一般为 80%～95%,另外还含有少量的乙烷、丙烷、氨气和二氧化碳等。

近年来,随着煤层气产供储销体系的不断完善,煤层气开发行业形势良好,产量稳步增长。根据国家统计局发布的数据,2018 年,我国共生产非常规天然气 469 亿 m³,比 2017 年增长 28 亿 m³。同年,山西省煤层气产量突破 56 亿 m³，占全国煤层气产量的 70.6%。2019 年，山西省规模以上煤层气采掘业增加值同比增长 17.5%，煤层气产量 71.4 亿 m³，同比增长 26.4%。山西省煤层气生产量在一次能源产量构成中的占比逐年增加，能源地位越来越高。山西省煤层气产量与增速如图 1-15 所示。

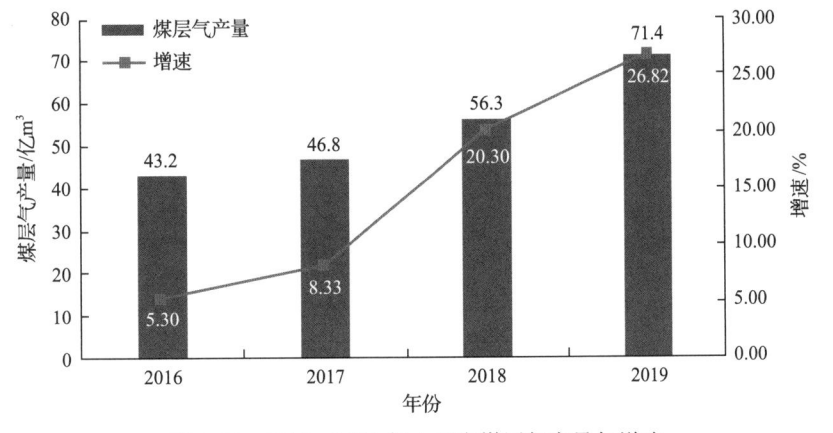

图 1-15　2016～2019 年山西省煤层气产量与增速

与此同时，"煤改气"的大规模推行推动了我国天然气需求的快速增长。如图 1-16 所示，2015～2019 年我国天然气消费量逐年快速增长。2018 年我国天然气需求增长创下了历史新高，消费量达到 2808 亿 m³，同比增长 17.7%，2019 年天然气需求增速虽有所回落，但消费量仍然上涨至 3049 亿 m³。而从能源消费构成来看，山西省 2018 年天然气消费占比达到 4.35%。2019 年，山西省煤层气利用量达到 66.1 亿 m³，同比增长 29.6%。这些数据都表明，煤层气开发利用有着非常大的市场空间和发展机遇。

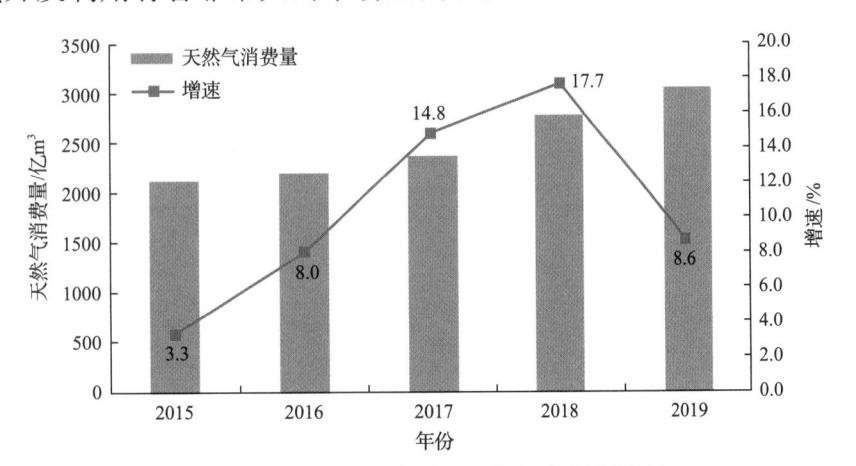

图 1-16　2015～2019 年我国天然气消费量与增速

废弃矿井中蕴含着丰富的煤层气资源。长期以来，受采煤技术和地质条件的限制，山西省煤炭资源回采率较低，有些煤矿甚至低于 50%。因此矿井废弃后，废弃矿井中遗留的煤柱和未开采的残煤数量十分可观。废弃矿井遗留的煤柱和残煤不断向外逸出煤层甲烷，随着甲烷的不断逸出，井下聚集了大规模的煤层气资源。与从生产矿井抽取煤层气相比，废弃矿井煤层气一般赋存在已减压的煤层中，渗透性增加，具有回收迅速的特点。

山西省埋深 2000m 以内的煤层气资源量可达 8.31 亿 m^3，累计探明的煤层气储量已有 5784 亿 m^3。据山西省自然资源厅和山西省科学技术厅等有关机构统计，山西省煤炭采空区面积超过 5000km^2，包含的废弃矿井有 4700 余处，这些采空区中赋存的煤层气资源量多达 2100 亿 m^3 以上。而其中具有开发利用价值的煤炭采空区面积大约有 2052km^2，残余可利用的煤层气资源量大约为 726 亿 m^3，若全部开采利用，可供山西省使用 11 年(以 2019 年煤层气利用量计)。对废弃矿井的煤层气加以全面开发利用，不仅能够获得可观的经济回报，增加清洁能源供应，还能够有效消除煤炭采空区瓦斯逸出带来的安全隐患和大气污染。

作为煤炭资源大省，山西省在煤层气的开发利用上一直走在我国前列，已逐渐形成了从勘探开发抽采到压缩液化运输，最后到终端利用的全产业链。在废弃矿井煤层气开发利用方面，山西省更是"排头兵"，勇于创新实践。2019 年 12 月，山西省自然资源厅和山西省能源局联合下发了《关于开展煤炭采空区(废弃矿井)煤层气抽采试验有关事项的通知》，以政策法规的形式引导各类市场主体充分认识废弃矿井煤层气资源利用的重要性和特殊性，积极参与、有序实施煤炭采空区煤层气抽采试验，探索配套政策和保障措施，为有效开发利用采空区煤层气资源奠定基础。山西省煤层气产业链如图 1-17 所示。

3. 矿井水

一直以来，山西省都属于水资源匮乏的省份，主要水资源为河川径流，补给依赖于降水。根据山西省水利厅发布的《2017 年山西省水资源公报》，山西省水资源总量为 130.2397 亿 m^3，其中地表水资源量 87.8474 亿 m^3，地下水资源量 104.1416 亿 m^3，两者重复计算量 61.7492 亿 m^3。2017 年，山西省供水总量为 74.8954 亿 m^3，其中矿井水的利用量为 1.7117 亿 m^3。

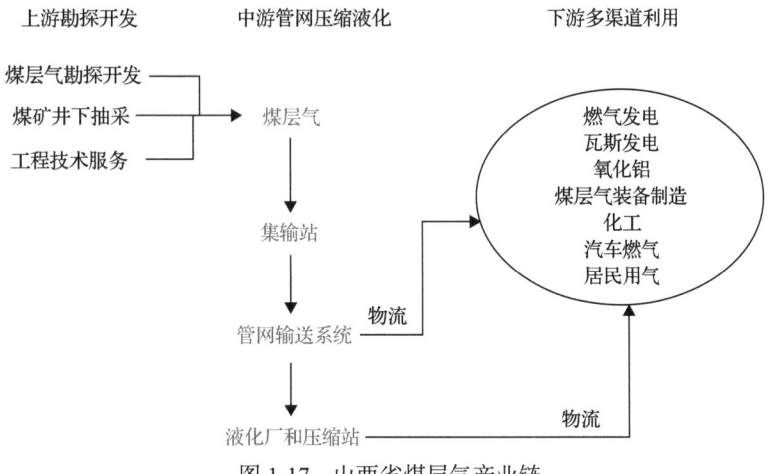

图 1-17　山西省煤层气产业链

有学者从供需关系的角度，对我国废弃矿井水资源的潜力做了分析研究，计算出我国矿井水储量约为 202.40 亿 m^3，同时预测出，2030 年我国矿井水供应量预计达到 141.68 亿 m^3，而 2050 年我国矿井水供应量预计达到 182.16 亿 m^3。

煤矿生产时，受开采活动影响，矿井区域地下水的运动、循环和环境发生变化，水文地质有所改变。而当矿井废弃后，矿井排水条件发生改变，地下水的运动、循环条件和赋存环境随之再次发生变化，形成新的动态平衡。含水层涌水和水源井的泄漏，最终将导致废弃矿井逐渐积水，在地下形成一定量的静态储水。如果任由废弃煤矿的矿井水积存而不进行处理，这些矿井水将因水文地质条件的变化对周边地下水环境造成明显影响，通过采动裂隙、断层或钻孔等向外扩散导致周边地下水受到污染。

针对山西省水资源匮乏的情况，将废弃矿井排出的矿井水作为辅助水资源加以处理利用，能够有效缓解污染，保持生态系统平衡，是缓解水资源紧张压力的有效途径之一，具有非常可观的发展潜力。矿井水净化的技术水平已经趋于成熟，根据矿井水本身的物理性质和成分特性对其进行处理，供工业、灌溉甚至饮用使用，对水资源供应起到补充作用。长治市屯留区崔蒙村采煤沉陷区充分利用地表水和地下水长期汇聚形成的矿井水，大力发展生态农业，对面积不大、易于恢复的水域进行填埋，变成了水浇地。将面积较大的水域改造成鱼塘或景观湖。另外，矿井水还有一个非常有发展潜力的用途是蓄热，即将矿井水作为地热能的载体，通过技术手段对地热能进行回收利用。这一用途需和废弃矿井的地下空间、地热能等多种资源结合起来开发利用，目前在国外已有成功的商业化案例。

4. 土地资源及基础设施设备

矿井废弃后，留下了大量的闲置土地资源。土地资源主要包括采空区、工业广场和矸石处理场地等。2013 年底，山西省煤炭采空区面积已超过 5000km²。按照每个煤矿井田面积 10km² 计算，"十三五"期间山西省废弃煤矿增加了约 1060km² 的闲置土地。这些土地资源中很大一部分是采煤形成的沉陷区，地基不稳定，给商业开发利用造成了一定限制，但仍然存在很大的开发潜力。例如，对离城市较远的矿区，可以进行土地复垦和生态修复，复耕复林；对地质条件适合的废弃矿区，适当开发房地产或者工业园区等商业性产业，盘活土地，提高土地价值；对有区位优势的矿区，可以利用特有地势开发工业遗址旅游，将改善环境和资源利用结合起来；对面积较大的采煤沉陷区或露天矿坑，可充分利用大片的土地，结合风能、太阳能等可再生能源，建设风力、光伏发电站，实现能源的清洁化和低碳化。

废弃矿井的基础设施设备主要包括地面生活建筑、工业建筑、水电暖管路系统、场区道路和机电设备等闲置资源。地面生活建筑有联合建筑、办公楼、宿舍楼、食堂等可重复利用的建筑物；工业建筑有地面栈桥、筒仓、污水处理系统、运输系统、供配电系统等可以加以改造利用的建筑物；机电设备包括综采设备、运输设备、通风排水设备、提升设备、污水处理设备等。对基础设施设备的开发利用需要以废弃矿井绿色转型发展的路径为前提，根据替代产业的需要选择性充分利用。在培育废弃矿井替代产业的同时，充分利用原有设施设备，一方面节约资金，另一方面体现绿色发展的可持续性。

5. 可再生能源

煤炭资源属于化石能源，资源消耗殆尽后便永久枯竭不可再生，而矿井废弃后，其独特的空间环境给可再生能源的利用创造了条件。可再生能源持续存在于自然界中，借助废弃矿井留下的大量地面和地下空间，可实现对其大规模开发利用。

（1）地热能

煤矿生产过程中，地热作为一种深井自然灾害给煤炭开采带来了一定的限制和困难，然而矿井废弃后，地热资源可"摇身一变"，成为有广泛开发利用价值的清洁资源。地热能绝大部分来自地球本身，属于可再生能源，可以持续利用。我国《煤矿安全规程》规定，煤层开采深度不得超过 1200m，因此废弃矿井地下空间最深可达 1200m。废弃矿井地层中所蕴含的热能资源具有储量丰富、热量稳定、清洁低碳的优点。山西省地质勘查局的地质资料显示，山西省属于地热能资源丰富的省份，据初步测算，山西省确定可回收的地热资源折合标准煤超过 1.46 亿 t，这些地热资源的主要分布区域为大同、忻州、太原、临汾和运城五大盆地。

废弃矿井地热能的开发利用在世界范围内已有成功案例，最典型的便是荷兰林堡省海尔伦市利用废弃矿井的地热能发电，同时通过热泵循环系统制冷制热的实践案例。这一案例对地热能的利用方式也代表了当前地热能利用的两个主要方向：一是对煤矿废弃巷道加以改造，利用巷道空间，将矿井水资源或空气作为热能传输介质，结合热泵系统和输送管道，实现热交换，以此提高或降低周边建筑物室内的温度；二是利用地热能进行发电，原理是采集地热蒸汽，驱动涡轮机将热能转化为电能，使用后的热蒸汽或液体回注入管道。这一利用方向对矿井深度要求较高，存在一定的局限性，但优势在于不需要固体燃料，减少了空气污染。综合利用废弃矿井的地下空间、地热资源、矿井水资源进行取暖、制冷或者发电，是废弃矿井绿色转型发展的有效途径之一。

(2) 太阳能、风能

山西省海拔相对较高，日照充足，太阳能资源十分充沛。据统计，山西省境内全年日照量可达 2200～3000h，年日照百分率高达 51%～67%，可开发利用日照数较多，全省太阳能年总辐射量为每平方米 1350～1650kW·h，省内年总辐射量根据地形情况由南向北逐渐增加，运城区域总辐射最低，每平方米不到 1400kW·h，五台山以北、大同以南区域总辐射最高，每平方米达到 1650kW·h。吕梁市方山县、左云县、右玉县一带和五台山及其西北部的繁峙县、应县的部分地区，每平方米年总辐射量为 1630kW·h。临汾市部分及晋城市、沁源县每平方米年总辐射量为 1400～1510kW·h。运城市是山西省太阳辐射的低值区，每平方米年总辐射量大部分在 1400kW·h 以下。其余约占山西省 60%面积的地区每平方米年总辐射量为 1510～1590kW·h。

基于山西全省区域丰富的太阳能资源,在废弃矿井区域结合大面积闲置土地资源、废弃露天矿坑或采煤沉陷区进行太阳能开发利用的资源优势十分明显。2011～2018 年山西省太阳能发电量如图 1-18 所示。

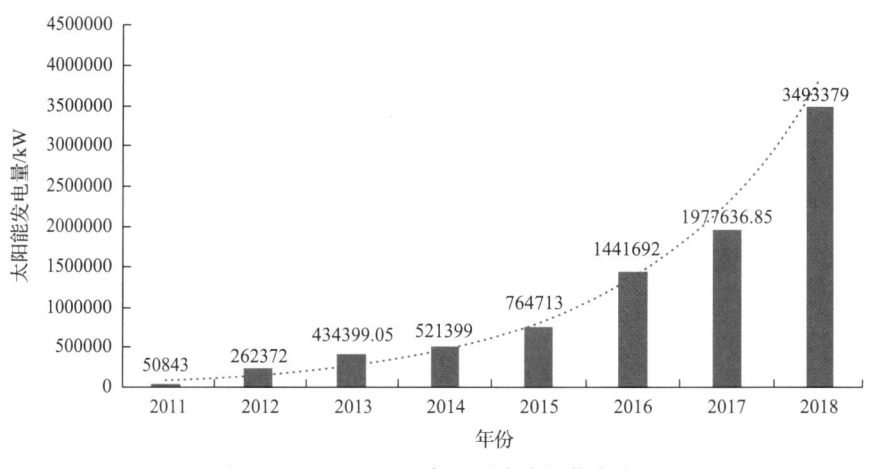

图 1-18　2011～2018 年山西省太阳能发电量

风能资源的分布和地形地势有密切的关系。山西省地势北高南低,山脉连绵起伏,受复杂地形的影响,山西省的平均风速规律为北部比南部大,山区比盆地大,高海拔地区比低海拔地区大。以中部断陷盆地为界,山西省西部的管涔山、吕梁山及其周边区域和东部的恒山、五台山、太行山、太岳山、中条山及其周边地区主要为高山和丘陵地形,风能资源分布较好,属于重点风能开发区域,风功率密度每平方米均≥300W,其中西部区域技术开发量为 5020MW,技术开发面积为 1612km²;东部区域技术开发量为 7900MW,技术开发面积为 2449km²。

在进行地基稳定性评价的基础上,利用废弃矿井区域的地面空间进行风力发电,是废弃矿井利用风能实现绿色转型发展的模式。如图 1-19 所示,在能源产业结构优化调整的大背景下,加之太阳能、风能资源丰富,2011 年以来,山西省一次能源生产量的构成中,风、光能等可再生能源占比逐年提高,煤层气占比也逐年提高,原煤占比逐年下降,可再生能源逐渐成为主导能源。

6. 煤矸石

煤矸石是成煤过程中,与煤共同沉积的有机化合物和无机化合物混合在

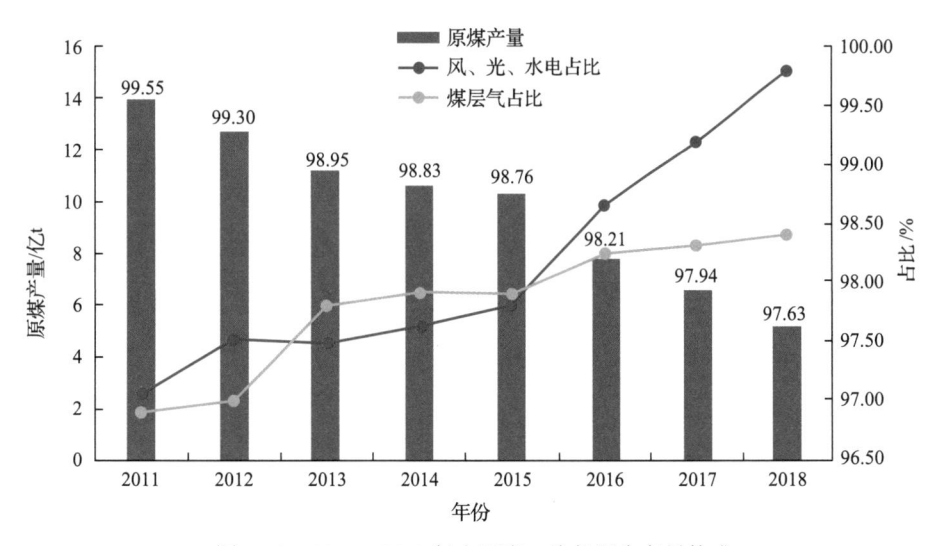

图 1-19　2011～2018 年山西省一次能源生产量构成

数据来源：山西省统计局

一起的含碳岩石。煤矸石含碳量比较低、相对煤来说比较坚硬，主要成分为 Al_2O_3 和 SiO_2，同时含有不定量的铁、钙、镁、钠、钾、硫、磷等氧化物以及钒、钛、钴等稀有微量元素。山西省煤炭资源丰富，相应的煤矸石产量也相当大，一般每生产 10t 原煤，可排出 1t 矸石。数据表明，仅 1998～2017 年，山西省共产生 16.33 亿 t 煤矸石。煤矸石作为煤矿开拓掘进、采煤和洗选过程中不可避免的固体废弃物，有其危害性，同时有其不可忽视的利用价值。传统煤矸石处理方法为简单堆放，存在扬尘、一氧化碳和硫化物逸出、自燃、滑坡、多环芳烃类有毒有害物质产生等各种污染问题与环境隐患。

2018 年末，山西省市场监督管理局发布了山西省地方标准《煤矸石堆场生态恢复治理技术规范》（DB 14/T 1755—2018），对煤矸石堆场进行了技术规范，规定了自然倾向性、安全稳定性、场址适宜性等评估内容，要求对煤矸石堆场进行覆土和生态恢复。煤矸石堆场生态恢复的原则为"宜农则农、宜林则林、宜草则草"。但事实上，即使对煤矸石堆场进行生态恢复治理，仍不能完全阻止煤矸石本身所含的硫化物和多环芳烃类有毒有害物质向周围的土壤和水体渗出，造成土壤和地下水环境污染。在这种情况下，更需重视煤矸石的利用价值，对其加以开发利用，发展循环经济，实现污染治理、资源利用和经济增长的绿色统一。

矿山废弃，矸石山并不会随之消失。将煤矸石综合利用与废弃矿井废弃资源开发利用结合起来，依托山西省充沛的电力资源、众多的煤化工企业以及高速发展的建筑行业，可为山西省废弃矿井绿色转型发展提供更多的选择。具体到山西省，目前大规模利用煤矸石方式主要有利用煤矸石循环流化床锅炉发电及供应热能(蒸汽)和生产墙体材料两种途径。做好废弃煤矸石的综合利用，对山西省废弃矿井来说，主要有以下积极作用：①改善环境；②节约能源，降低煤炭消耗量；③降低下游产业造价，提高砌砖速度，增加使用面积；④节能效果较好；⑤社会效益可观；⑥促进产业结构调整，加速经济转型。为提高废弃矿井绿色转型发展的经济效益，煤矸石除现有利用模式外，还可探索利用煤矸石制作高附加值产品，产品方向有净水剂、沸石、肥料等。

二、山西省废弃矿井资源利用情况

图 1-20 是 2020 年太原市废弃矿井利用比例。

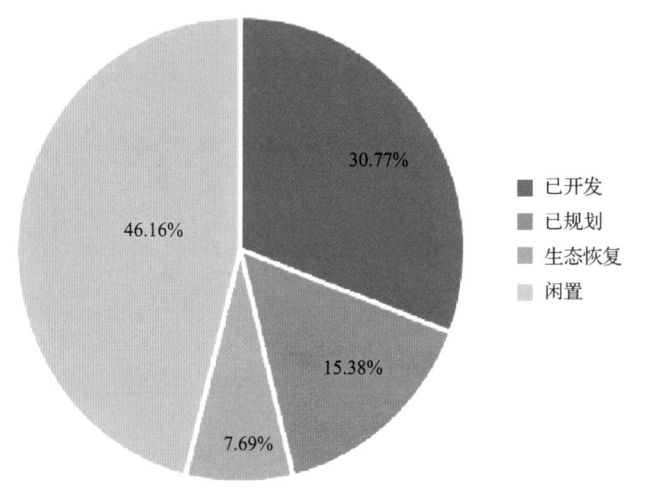

图 1-20　2020 年太原市废弃矿井利用比例

目前，山西省很多煤矿"一关了之"，仅进行井口封闭，甚至未进行生态修复，开发利用率很低。根据实地调查得到的结果，经过兼并重组和减量重组，太原市 2020 年一共有 13 处废弃矿井，进入开发利用状态的仅有 4 处，有 2 处有开发计划但暂未实施，有 1 处废弃矿井进行了矿山生态环境恢复治理，其余 6 处废弃矿井完全处于闲置状态，开发利用率仅有 30.77%。太原市废弃矿井现状如表 1-10 所示。

表 1-10 太原市废弃矿井现状

序号	太原市关停煤矿	现状	
1	太原市东山煤矿有限责任公司	太原西山国家矿山公园	已开发
2	山西西山白家庄矿业有限责任公司南坑井		
3	山西西山白家庄二号井		
4	太原市西峪煤矿	西山万亩生态园	
5	太原煤炭气化(集团)有限责任公司长沟煤矿	周边拟开发房地产	规划中
6	山西梅园永兴煤业有限公司	周边拟建新型产业园、城南特色城镇	
7	太原煤气化股份有限公司嘉乐泉煤矿	矿山生态环境恢复治理	
8	山西煤炭运销集团鼎盛煤业有限公司	闲置	
9	太原东山东昇煤业有限公司		
10	太原煤气化(集团)清河二煤矿有限公司		
11	太原煤气化(集团)清河一煤矿有限公司		
12	山西煤炭运销集团大成煤业有限公司		
13	古交市矾石沟煤焦有限公司大川河煤矿		

1. 山西省废弃矿井资源利用发展进程

根据山西省废弃矿井调查研究,提出 2035 年和 2050 年山西省废弃矿井可再生能源开发利用战略目标。

2035 年,山西省废弃矿井可再生能源基本得到综合利用,适宜利用的可再生能源资源利用率达到 30%。大力推进废弃矿井"光伏+""地热+"工程建设,"重点开发区"具有开发利用价值的资源基本得到开发利用;山西省以可再生能源为主、分布式电源多元互补、抽水蓄能为缓冲的废弃矿井新能源微电网技术体系逐步建立。山西省废弃矿井可再生能源开发利用战略目标如表 1-11 所示。

表 1-11 山西省废弃矿井可再生能源开发利用战略目标

项目	2035 年	2050 年
总体	废弃矿井可再生能源基本得到综合利用,适宜利用的可再生能源资源利用率达到 30%	废弃矿井可再生能源全面综合利用,适宜利用的可再生能源资源利用率达到 50%
"光伏+"项目	大力推进废弃矿井"光伏+"工程建设,"重点开发区"具有开发利用价值的资源基本得到开发利用。完成 4 万 MW 光伏示范工程	全面推进废弃矿井"光伏+"工程建设,"重点开发区"具有开发利用价值的资源全面得到开发利用,"潜在开发区"可再生能源逐步得到有效利用。完成 6 万 MW 光伏示范工程
"地热+"项目	大力推进废弃矿井"地热+"工程建设,"重点开发区"具有开发利用价值的资源基本得到开发利用	全面推进废弃矿井"地热+"工程建设,"重点开发区"具有开发利用价值的资源全面得到开发利用,"潜在开发区"可再生能源逐步得到有效利用

　　2050 年，山西省废弃矿井可再生能源得到全面综合利用，适宜利用的可再生能源资源利用率达到 50%。全面推进废弃矿井"光伏+""地热+"工程建设，"重点开发区"具有开发利用价值的资源全面得到开发利用，"潜在开发区"可再生能源逐步得到有效利用；可再生能源为主、分布式电源多元互补、抽水(压缩空气)蓄能为缓冲的废弃矿井新能源微电网技术体系趋于成熟。

2. 山西省废弃矿井资源开发案例

　　目前，山西省有代表性的绿色转型发展案例有以下几例。

(1) 矿山公园建设

　　大同煤矿集团的晋华宫矿是一座生产矿，与云冈石窟隔河相望，建成投产已 60 多年，为山西省煤炭事业做出了重要贡献。该矿整体仍在生产，其中南山井于 2018 年因化解过剩产能关闭。除南山井外，数十年以来煤炭资源的持续开采也留下了一些废弃矿井。在做好煤炭主业的同时，晋华宫矿积极探索废弃矿井的绿色转型发展之路。借助大同市良好的旅游环境，依托其依山傍水、离市区近的区位优势，晋华宫矿利用废弃矿井建成了晋华宫国家矿山公园，设立了煤炭博物馆、工业遗址参观区、仰佛台、石头村、晋阳潭、井下探秘游、棚户区遗址七个景点，形成了集旅游观光、煤炭科普教育、工业怀旧、探险休闲、环境保护为一体的大型现代工业文化景观旅游公园，被文化和旅游部评为 AAAA 级旅游景区，如图 1-21 所示。

图 1-21　大同市晋华宫国家矿山公园

（2）煤层气井建设

从晋能控股集团煤与煤层气共采国家重点实验室获悉，截至 2021 年 8 月 15 日，山西省废弃矿井采空区已累计施工抽采井 100 余口，抽采利用煤层气 1.28 亿 m^3，相当于减排二氧化碳 192 万 t。山西省是我国重要的能源基地。中华人民共和国成立以来，山西省已累计生产煤炭超过 200 亿 t，在为国家提供充足煤炭能源的同时，也产生了许多采空区和废弃矿井。据初步调查，山西省有开发价值的煤炭采空区和废弃矿井面积约 2052km^2，预测残余煤层气资源量约 726 亿 m^3。煤层气是一种与煤伴生、共生的非常规天然气，也是一种温室效应较强的温室气体，其逸散后的温室效应是二氧化碳的 21 倍。开发利用煤炭采空区煤层气，既可以消除废弃矿井采空区赋存瓦斯积聚造成的安全隐患，又可以增加能源供应量，还可以减少温室气体排放量。晋能控股集团煤与煤层气共采国家重点实验室负责人表示，相比一般煤层气开采，废弃矿井采空区煤层气抽采开发成本低、施工环节少、产能释放快，经过产、学、研、用联合攻关，目前已形成较为成熟的技术体系[①]。在山西晋城、西山、阳泉等矿区的抽采实践显示，单井煤层气日产量高达 8000m^3，抽采甲烷浓度平均保持在 50% 以上。

2017 年，以晋城蓝焰煤业股份有限公司为项目牵头单位，山西省实现了对 27 口废弃矿井采空区的煤层气井建设，其中 15 口井的设备已经安装完成并实现运行，每口井的日均产量能够达到 1155m^3，节约了大量的煤炭资源。山西省通过应用空气钻井技术，开展了对应的采空区井过裂隙带钻井技术试验，并推出了相对可行的改造方案，研发了"按需固井、筛管护壁、油管排水、环空抽气"的新工艺，从根本上解决了原有的技术难题。

（3）压缩空气储能电站

2019 年 8 月，大同煤矿集团云岗矿压缩空气储能电站开工建设，首期建设 60MW，总规模 100MW。云冈矿的北大巷巷道废弃已久，基于技术创新，大同煤矿集团将其作为储气库，构建压缩空气储能系统。建成后，这将是我国第一个基于煤矿巷道的压缩空气储能电站。不仅可以有效地促进新能源消纳，提高新能源利用率，也能将闲置的地下空间盘活。项目目前正在建

① 山西从煤炭采空区抽采利用煤层气超 1 亿立方米.https://www.gov.cn/xinwen/2021-08-14/content_5631318.htm[2023-11-17].

设中，尚未完工。

(4)固体废弃物利用

废弃矿井将遗留大量的煤矸石、粉煤灰、煤渣等固体废弃物，将其加工生产出泡沫陶瓷，不仅降低了生产成本，更实现了对废弃物的回收利用。山西省煤矸石的废弃量相当大，环境污染问题严重，目前山西省通过变废为宝，不仅将其转化为发电材料，更被用作新型墙体材料的原料，这一举措提高了煤矿废弃资源利用率，大大带动了废弃资源利用理念及技术的转变，其中粉煤灰及煤矸石的利用量显著上升。

对山西省 2011～2017 年的煤炭消费量及能源生产弹性指数进行数据分析可以发现，在能源生产弹性指数明显下降的趋势下，电力生产却相对增长，其弹性指数也有所上升，这表明山西省的废弃资源得到了有效应用，在保障能源需求的基础上，实现了对能源的替代性应用。山西省煤炭消费量和能源生产弹性指数如表 1-12 和表 1-13 所示。

表 1-12　2011～2017 年山西省煤炭消费量　　　　(单位：万 t)

年份	生产建设消费	发电用煤	炼焦用煤	生活用煤	合计
2011	29702	10980	12498	1194	54374
2012	29840	11547	11800	1245	54432
2013	32043	12271	12334	1019	57667
2014	31078	11597	11971	978	55624
2015	28497	10248	10914	931	50590
2016	29124	10324	10969	937	51354
2017	31193	12112	11161	978	55444

表 1-13　2011～2018 年山西省能源生产弹性指数

年份	能源生产比去年增长/%	电力生产比去年增长/%	地区生产总值比去年增长/%	能源生产弹性指数	电力生产弹性指数
2011	15.75	9.01	12.9	1.22	0.70
2012	4.94	8.13	10.1	0.49	0.80
2013	5.62	3.57	8.9	0.63	0.40
2014	−3.22	0.22	4.9	−0.66	0.04
2015	3.95	−7.16	3.1	1.27	−2.31
2016	−16.05	2.16	4.5	−3.75	0.48
2017	−1.24	10.16	7.0	0.18	1.45
2018	13.48	11.65	6.7	−2.01	1.74

(5)采煤沉陷区光伏发电

山西省大同市素来被称作"煤都",煤炭资源的大肆开采,给大同市带来了盛名,同时也给这个城市带来了大面积的采煤沉陷区。据统计,大同市采煤沉陷区面积超 16002km²。为了改善人居环境,有效治理采煤沉陷区带来的地质灾害,大同市积极推动能源结构转型,综合利用采煤沉陷区的大片闲置土地和太阳能资源,建设光伏发电站。2016 年 6 月,全国首个百万千瓦光伏领跑基地——大同采煤沉陷区国家先进技术光伏示范基地实现全部并网发电,建设规模 100 万 kW,总投资 84 亿元,如图 1-22 所示。采煤沉陷区光伏发电是废弃矿井绿色转型的有效新模式,一方面能够有效改善采煤沉陷区的生态环境,另一方面能够充分利用可再生资源,真正实现了能源结构的转型升级。

图 1-22   大同采煤沉陷区国家先进技术光伏示范基地

第四节   山西省废弃矿井资源开发战略研究的必要性

一、山西省废弃矿井数量日益增多

煤炭是我国的主导能源,长期以来为我国经济发展和社会进步做出了重要贡献,2018 年全国能源消费总量 46.4 亿 tce,煤炭消费总量 27.4 亿 tce,占我国能源消费结构的比例高达 59%。我国能源资源赋存的基本特点是贫油、少气、相对富煤,煤炭的主体能源地位相当长一段时期内无法改变,仍将长期担负国家能源安全、经济持续健康发展重任。随着我国经济社会的发展和煤炭资源的持续开发，部分矿井已到达其生命周期，也有部分落后产能矿井不符合安全生产的要求，或开采成本高、亏损严重，面临关闭或废弃。尤其是近年来实施的煤炭去产能政策,促使一批资源枯竭及落后产能矿井和露天矿坑加快关闭，形成大量的去产能矿井。据统计，2016～2018 年，我国煤炭行业分别淘汰落后产能 2.9 亿 t、2.5 亿 t 及 2.7 亿 t，累计完成淘汰8.1 亿 t，提前两年实现"十三五"煤炭行业去产能目标；中国工程院重点咨询项目"我国煤炭资源高效回收及节能战略研究"研究结果表明，至 2020年底，我国去产能矿井数量达到 12000 处，预计 2030 年数量将达到 15000处。去产能矿井关闭后，仍赋存着多种巨量的可利用资源。开展煤矿安全及废弃矿井资源开发利用战略研究，不仅能够减少资源浪费、变废为宝，提高去产能矿井资源开发利用效率,而且可为去产能矿井企业提供一条转型脱困和可持续发展的战略路径，推动资源枯竭型城市转型发展。2017～2019 年全国部分省份关闭煤矿数量如图 1-23 所示。

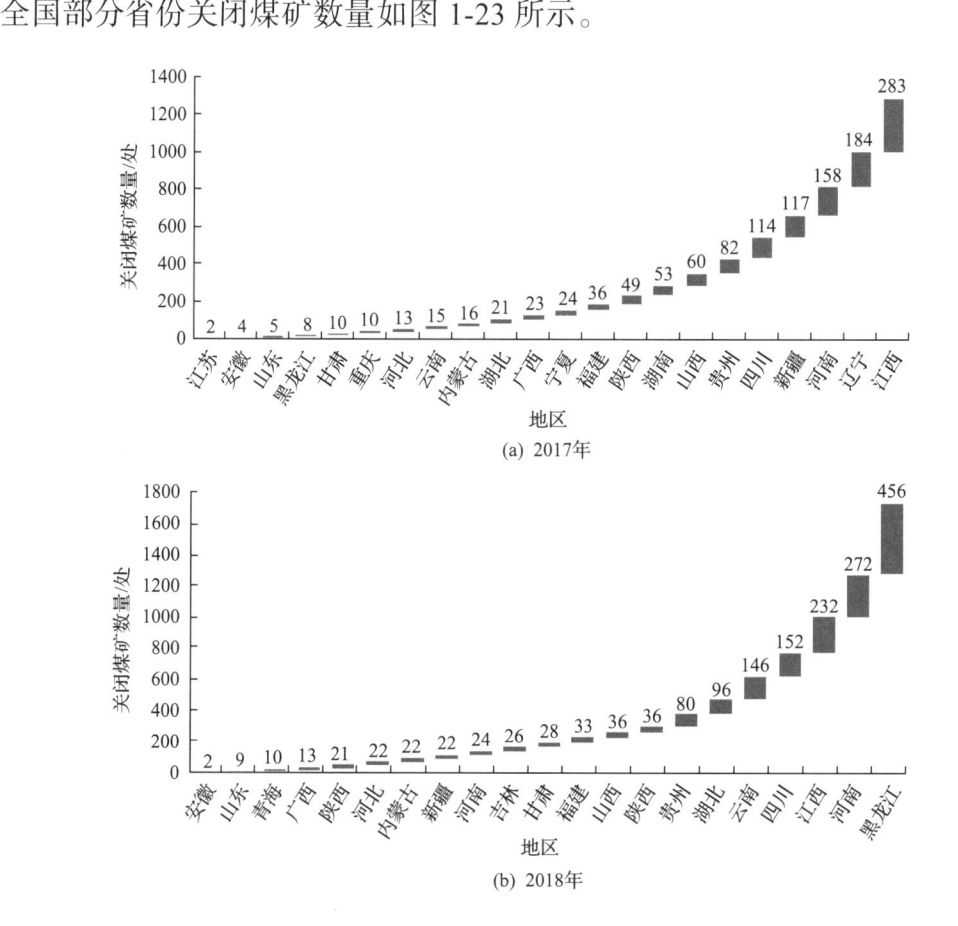

(a) 2017年

(b) 2018年

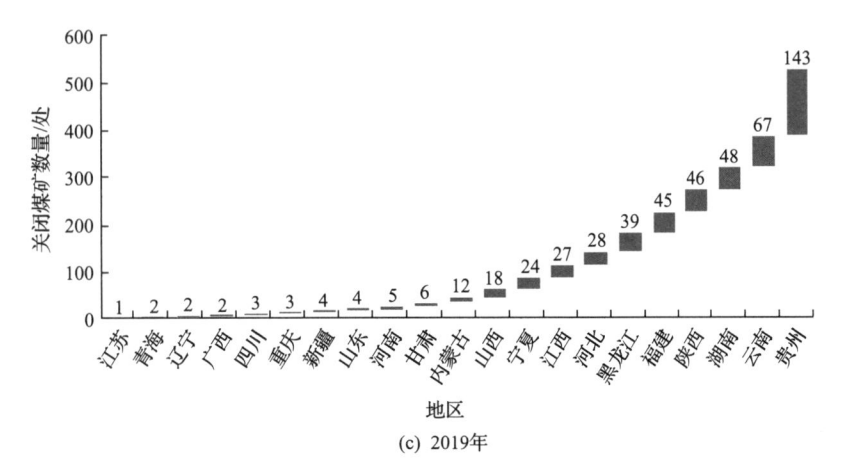

(c) 2019年

图 1-23　2017～2019 年全国部分省份关闭煤矿数量

根据《2020 煤炭行业发展年度报告》，2020 年国内煤炭产量同比增长 1.4%至 39 亿 t，全年煤炭进口量为 3.04 亿 t，同比增长 1.5%。中国煤炭工业协会认为，全国煤炭产量将保持增长期态势，增量进一步向山西、陕西、内蒙古、新疆等主产区集中，这些区域的新增优质产能也将继续释放，南方省份如湖南、江西、重庆等地的落后产能也将逐步退出。

山西省是中国煤炭大省、国家能源基地，全省年煤炭产量常年占全国煤炭产量的 25%左右。中华人民共和国成立 70 年来，山西省累计生产煤炭 192 亿 t，占全国煤炭总产量的 1/4 以上。近年来，随着煤炭、钢铁行业去产能政策的实施，山西省 2016 年以来累计关闭、退出煤矿 88 处，关闭煤矿数量和退出产能全国第一。而煤炭开采后形成了大面积地表塌陷区，因地制宜地发展风能、太阳能等，可以解决山西省采煤沉陷区土地资源大量闲置的问题，且对于矿区生态环境的治理具有积极意义。同时，可以有效利用废弃矿井周边闲置的变电站、输电管网等公用工程和电力设备设施，提高资源的利用效率。

二、"双碳"目标下煤炭行业遭受冲击

碳达峰碳中和已经成为全球大趋势，机遇与挑战并存，而应对气候变化问题是增进科学认知的过程，其本质在于发展与创新。煤炭、石油、天然气等化石能源都面临挑战，煤炭作为中国的主体能源，在经济发展等多方面都起到"压舱石"的作用，在碳中和约束下，煤炭也将做好国家能源兜底保障和顶层设计，将科技创新和产业转型作为重要发展方向，行业将组织成立碳

达峰碳中和相关机构，开展高端对话、煤炭转型相关研究，发展低碳技术，研究培育煤炭行业技术的市场机制，构建碳中和相关的标准体系、开展相关转型培训，借鉴国外经验，发掘低碳技术资源，建设煤炭行业企业减碳的目标数据库等。

"双碳"目标既是焦点，也是煤炭行业必须面对的问题，其首要任务仍是担负能源安全兜底保障，在此基础上要通过科技进步实现节能减排、利用煤炭矿区发展森林碳汇、提高煤炭清洁利用水平，另外也可超前布局二氧化碳循环转化利用的科研项目，如二氧化碳加氢制甲醇等。

供给侧结构性改革贯穿煤炭行业"十三五"时期，"十二五"期间下降的煤炭产量和消费量在过去五年得以回升，煤炭消费量占能源消费总量的比例下降，但消费量持续增加。根据《中华人民共和国 2020 年国民经济和社会发展统计公报》，2020 年能源消费总量为 49.8 亿 tce，比上年增长 2.2%。煤炭消费量增长 0.6%，煤炭消费量占能源消费总量的 56.8%，比上年下降 0.9 个百分点。

三、废弃矿井资源开发缺乏顶层设计

山西省已有大批矿井集中加速关闭退出，面对数量巨大的废弃矿井所带来的各种资源与生态环境破坏、社会经济发展问题，废弃矿井生态开发不仅是资源开采企业、当地生活居民的问题，更是关系民生与生态文明建设的地方发展规划问题，废弃矿井生态开发需要制定宏观的全局规划与发展战略，构建与国家生态文明建设、地区和城市经济协调发展的生态开发宏观建设思路。废弃矿井生态开发范畴不但要突出矿区范围的经济开发问题，更是涉及所在区域与城市新兴产业培育和区域经济转型问题，其中资源枯竭型城市转型、城镇化建设是我国当前经济发展和城市发展的必经之路。

鉴于废弃矿井的总量、退出时间、生态环境本底特征和资源赋存情况的差异性，需要建立中长期的生态开发时序规划，时间维度上的开发规划应从新增废弃矿井到历史性形成的废弃矿井，从生态开发潜力高的废弃矿井到生态开发潜力较差的废弃矿井，从易到难开发规划布局，遵循生态开发方向选择—生态开发功能区划—生态开发适宜性评价—生态开发技术配置—生态开发规划，明确分级分类差异性生态开发。

未来，山西省废弃矿井多种能源立体化开发利用还需要从全面识别山西

省废弃矿井生态环境本底特征与损害现状、科学评价山西省废弃矿井/矿区生态开发潜力、有效提升废弃矿井/矿区生态功能恢复能力、统筹协调废弃矿井的生态恢复与空间重构、促进废弃矿井/矿区环境资源整合与生态开发 5 个方面展开研究与规划。

四、山西省能源结构调整志在必行

由于煤矿矿区环境恢复治理措施单一，多数矿井直接关闭或废弃，存在诸多安全隐患，如地面塌陷、矿井水污染、瓦斯逸散、地面矸石山危害等地质环境灾害风险。废弃矿井(不限于煤矿)治理问题早在十多年前就被提出，2008 年，国土资源部、国家发展和改革委员会、环境保护部、国家安全生产监督管理总局联合下发《关于加强废弃矿井治理工作的通知》；在近几年的"两会"上，废弃矿井被频繁提起，这也间接反映了对各类型废弃矿井的综合治理和利用研究迫在眉睫。

山西省作为我国煤炭矿产资源丰富的地区，长期发展以来逐渐形成了特色化的开采历史，作为资源绿色转型的试验区，对如何采取战略措施做好转型工作提出了高标准要求。当前我国经济发展进入新常态，对资源型经济转型发展提出了新的更高要求；以能源供给结构转型为重点，以产业延伸、更新和多元化发展为路径，建设安全、绿色、集约、高效的清洁能源供应体系和现代产业体系；推动能源供给革命；引导退出过剩产能、发展优质产能，推进煤炭产能减量置换和减量重组。

在山西省去产能取得成效的同时，废弃矿井所造成的资源浪费、闲置问题也日益突出。据统计，目前山西省废弃矿井超过 6000 处。经历了结构失衡、市场剧变带来的切肤之痛，山西省对转型发展有了更深切的认识，推进转型的紧迫感明显增强。中央赋予山西省建设国家资源型经济转型综合配套改革试验区的重大任务，形成促进转型发展的支撑条件和大环境，要用好这一机遇，按照习近平总书记关于扎实转变经济发展方式的指示精神，着力解决制约发展的结构性、体制性、素质性矛盾和问题，力求在转型发展上取得突破性进展。

第二章　山西省废弃矿井遗留煤层气开发战略研究

第一节　废弃矿井遗留煤层气资源开发利用战略价值

我国的能源占比格局是"富煤贫油少气"，未来很长时间内煤炭资源依旧会在能源结构中占据主体位置。随着煤炭资源的不断开发和国家经济发展战略的转型，大量煤矿企业会在行业的优化调整中被关闭。国内煤炭开采活动从 20 世纪初开始发展，长期的煤矿生产在国内形成了巨量的废弃采空区。在煤矿生产过程中，由于回采率的制约，据估算有将近 50% 的可采煤层和不可采煤层的煤炭残留于井下，这些未被采出的煤层中聚集着大量的煤层气资源。

《中华人民共和国国民经济和社会发展第十四个五年计划和 2035 年远景目标纲要》提出的经济社会发展主要目标中要求生态文明建设实现新进步，能源资源配置更加合理、利用效率大幅提高。在经济发展新常态和"双碳"目标的背景下，随着煤炭去产能政策的推进，资源枯竭及落后产能矿井的关闭势在必行。而"双碳"目标是应对气候变化加快经济结构和能源转型的重要战略决策，在能源转型过程中，天然气是唯一可以担此大任的能源。提高天然气产量、壮大天然气产业是山西省能源转型不可或缺的一环。目前，我国废弃煤矿煤层气开发与泄漏的管理研究仍处于起步阶段，对废弃矿井特殊的地质情况和水文地质条件下气体的赋存与运移机理尚不明确，大大制约了废弃矿井煤层气再利用与环境风险管理工作的进程。

山西省是我国重要的能源大省，全省总含煤面积 6.2 万 km²，约占全省总面积的 40%，全省埋深 2000m 以浅的含气面积约 3.6 万 km²，预测的煤层（成）气资源量约 8.3 万亿 m³。据调查，山西省累计形成 7000 多处废弃矿井，采空区面积达 2 万 km²，其中有开发利用价值的煤炭采空区面积约 2052km²，预测遗留煤层气资源量约 726 亿 m³。在 7 个瓦斯含量较高的矿区（西山、阳泉、武夏、潞安、晋城、霍东、离柳），采空区面积约 870km²，预测遗留煤层气资源 303 亿 m³，相当一部分废弃矿井煤层气资源相对富集，具备商业性开发利用价值。为此，开发利用废弃矿井遗留煤层气资源，对实现山西省上述战略目标具有"双重"战略价值：

其一，山西省"十四五"末天然气年产量拟达到 200 亿 m³，但"十三五"末以煤系气(矿井瓦斯)在内的天然气实际产量不足 100 亿 m³，5 年达到翻番目标任重道远，如果废弃矿井煤层气年产量能够达到 20 亿 m³ 左右，则将会有力支持翻番目标的实现，并可大力推动废弃矿井资源的高效利用。

其二，山西省万元国内生产总值(GDP)碳排放强度远远高于 1.07t 的全国平均水平，开发利用 20 亿 m³ 废弃矿井煤层气资源来替代煤炭资源开发利用，相当于减排二氧化碳 12 万 t，在支持"双碳"目标实现的同时，也可有效降低废弃矿井煤层气危害。

第二节　山西省遗留煤层气资源开发利用基础

一、废弃矿井遗留煤层气资源赋存地质条件特点

废弃矿井遗留煤层气赋存与原位地质条件下煤层气赋存有所区别，主要体现在赋存空间、运聚特征、赋存状态和组分上。

1)赋存空间的差异。遗留煤层气资源可以按赋存空间分成三类：①赋存在原位区煤层中，为主采煤层扰动范围外的未开采煤层；②主采煤层扰动范围内邻近层中的煤层气；③开采煤层的落煤、保留煤柱等剩余煤炭中所赋存的煤层气。

煤层开采的卸压使得主采煤层和围岩发育大量裂隙，煤层气向新的裂隙系统中运移流动，其中煤层气富集区是重点开采区域，开采扰动区中的储气空间特征描述是后续进行遗留煤层气资源量评估的基础。传统理论将废弃煤矿煤层气资源的富集空间范围定为：主采煤层开采扰动区内的裂隙场及其四周围岩中的各类含气地层，其中的扰动裂隙场主要分布在主采煤层上、下地层中，由原位煤层中的裂隙和开采影响下发育的裂隙及残留采空区之间相互连通形成。韩保山(2018)将传统"三带"理论和煤层气吸附理论相结合，确定遗留煤层气赋存范围大致可等效为一个横向上的圆饼状区域，并根据采动角确定了其半径。

煤矿开采受到实际生产中回采率和地质条件的限制，采空区内含有大量本煤层遗煤，并且会有矿井水聚集，导致遗留煤层气资源以各种状态赋存于

采空区中。国内煤炭平均回采率仅为 30%，较低的煤炭回采率使得本煤层及关闭矿井采空区上、下(邻近层)残留有大量卸压而未开采的残煤。残煤中瓦斯缓慢解吸、运移，导致大量煤层气积聚于巷道、采空区及采动裂隙带中，为废弃矿井煤层气开发提供了资源基础。废弃矿井遗留煤层气资源构成如图 2-1 所示。

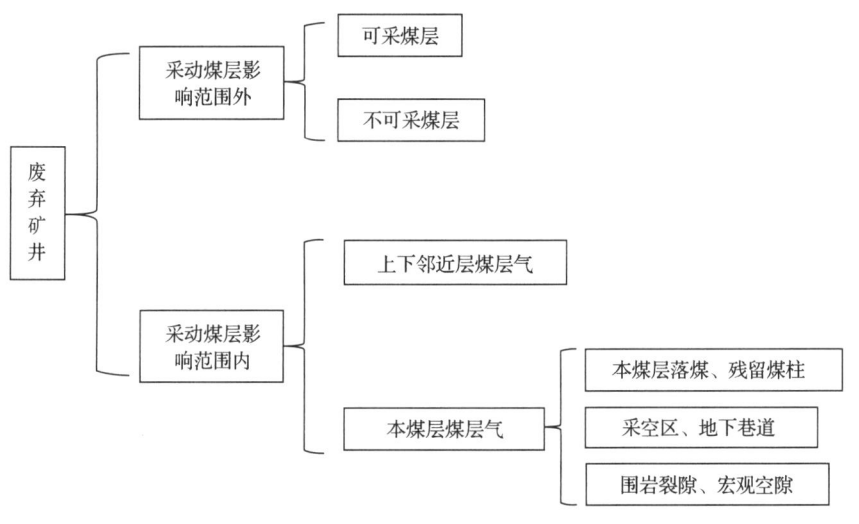

图 2-1　废弃矿井遗留煤层气资源构成

图 2-2 和图 2-3 分别为开采扰动条件下煤层气分布图及不同状态煤层气运移规律运移分带图。

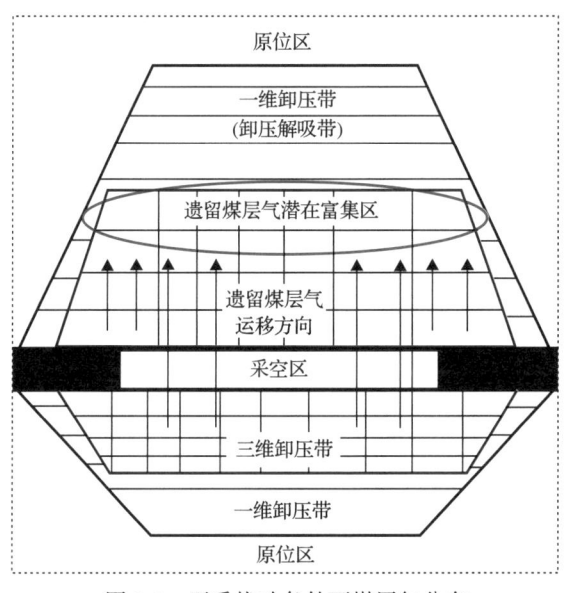

图 2-2　开采扰动条件下煤层气分布

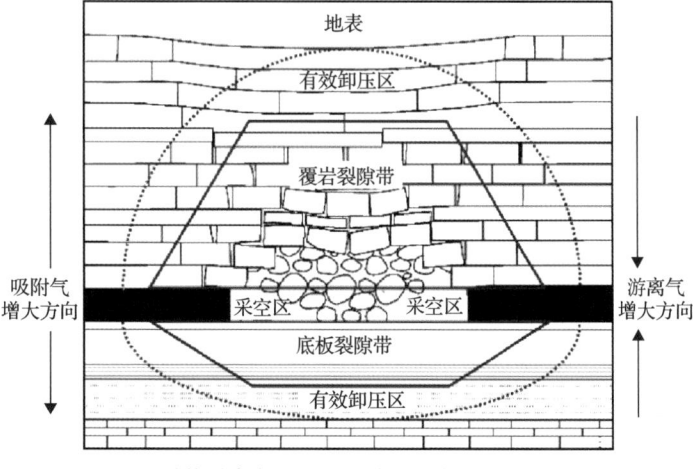

图 2-3　开采扰动条件下不同状态煤层气运移规律运移分带

2）运聚特征的差异。主采煤层受开采扰动使煤层及围岩应力场重新分布，覆岩和底板地层在此过程中不同程度卸压，裂隙带的分布特征为距离开采工作面越近的地层，裂隙密度和破断张开度均较大，这使得在靠近工作面的上、下地层中存在一个三维卸压带，此区域内大量发育竖直和水平方向裂隙，因此煤层气可以自由流动；煤层气自由流动区边界至过渡卸压区边界内属于一维卸压带，其内地层形变较小，少量发育平行微观裂隙，该范围内邻近煤层中煤层气仅可以解吸，不可以自由运移；一维卸压带范围外为原始应力区，煤层气无法自然解吸并运移。由于废弃矿井开采扰动区内多组分气体间的物理作用，遗留煤层气会在升浮作用下向整个开采扰动区上部运移聚集，并在三维卸压带上部产生一个潜在的富集区。

3）赋存状态和组分的差异。魏庆喜和刘丽民（2008）对封闭采空区煤层气赋存方式进行了研究，依据存在形式将其分为游离气、吸附气和溶解气，不过三者之间的比例相较原始状态发生了变化，其中吸附气比例有下降，游离气则在采煤扰动的影响下比例大增，溶解气比例有所下降。游离态甲烷主要赋存在煤、岩层断裂空间与煤炭开采形成的采空区中，受采动空间范围的影响；吸附气赋存在煤柱和残留煤层、邻近未采煤层及围岩的泥岩和碳质页岩中；溶解气以溶解的方式赋存在地下水中。因甲烷在水中溶解度较低且采空区积水量有限，溶解气的总量相对游离气和吸附气可忽略。开采扰动条件下各状态煤层气运移分布规律表现为：吸附气含量在采掘工作面附近最低，在覆岩和底板中随着远离工作面而逐渐增大；游离气分布规律恰好相反，含量从采掘工作面开始向周围逐渐降低。

采空区煤层气气体组分相关研究结果表明,采空区煤层气的化学组分主要包括甲烷、氧气、氮气、二氧化碳、少量的重烃气(乙烷、丙烷、丁烷和戊烷)和一氧化碳。相关研究表明,采用房柱式开挖形成的采空区,煤矿采空区甲烷浓度较高,大于 86%;而采用长壁式垮落法开采的煤矿采空区甲烷浓度变化较大(3.6%~95.0%),一般为 20%~50%。煤矿采空区煤层甲烷浓度变化受采煤方法和采空区密闭性情况的共同影响。采煤方法的差异在很大程度上决定了采空区的形态特征、顶底板断裂分布与扩展、煤层气运移与富集通道、残留煤层气的资源量,进而对地面抽采造成重大影响。采煤方法的种类很多,大体可分为壁式和柱式两大体系。采用壁式采煤法的大中型煤矿由于采出率较高,采空区残留煤炭和煤层气资源较少,煤层甲烷浓度低,相对降低了资源价值。由于煤炭开采强度大,"三带"中冒落断裂带发育,成为采空区煤层气运移和富集的主要空间,煤层气易于逸散,导致采空区煤层气浓度降低。采用柱式采煤法的小煤矿由于采出率较低,采空区残留煤炭和煤层气资源较多,拥有较大的资源潜力。由于煤炭开采强度低,断裂带发育较差,采空区煤层气封盖和储集条件较好,采空区甲烷浓度高。煤矿采空区密闭性不仅决定了煤层气资源量和逸散速率,更直接影响了地面抽采的甲烷浓度,而甲烷浓度的高低决定了抽采设备的选型、运行成本的高低、利用方式和抽采年限等。

不同采煤工艺形成的采空区裂隙发育特征如图 2-4 所示。

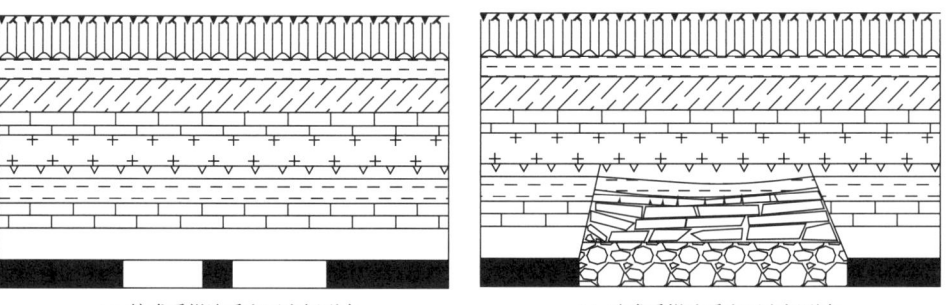

(a) 柱式采煤法采空区空间形态　　　　(b) 壁式采煤法采空区空间形态

图 2-4 不同采煤工艺形成的采空区裂隙发育特征

山西省煤炭地质勘查研究院实施的"山西省煤炭采空区煤层气资源调查评价"项目于 2018 年结题。基于以上成果,对山西省内的西山古交矿区、阳泉矿区、晋城矿区等 7 个矿区进行了煤层气原始地质特征及采动特征的总结评价，结果如下。

1. 晋城矿区

区域发育的主要地层有奥陶系、石炭系、二叠系、新近系、第四系，主要含煤地层为石炭-二叠系的太原组和山西组。太原组主要包括 2～8 号、9 号、15 号三套煤层，山西组 3 号煤层为本组主要煤层，含煤线 2～3 层，1 号、2 号、3 号煤。矿区内褶曲极为发育，沁水复式向斜主向斜轴大致呈北东向沿半坡—东峪一线展布，两翼次级褶曲极发育，其特征是平行密集，幅度不大。

晋城矿区煤储层渗透率为 $0.0042 \times 10^{-3} \sim 41.08 \times 10^{-3} \mu m^2$，平均为 $2.37 \times 10^{-3} \mu m^2$。晋城矿区煤储层孔隙度为 $0.0729\% \sim 14.87\%$，一般为 $2\% \sim 8\%$。上主煤层微孔、小孔孔容占总孔容的 $25.6\% \sim 67.5\%$，平均为 40.56%；大孔孔容占总孔容的 $22.1\% \sim 71.0\%$，平均为 54.63%；中孔孔容占总孔容的 $2.8\% \sim 10.4\%$，平均为 4.81%。

数值模型的构建选择晋煤集团寺河矿东区 3 号煤层 3313 号工作面(图 2-5)。利用地质柱状图，将其数值模型范围内的岩性简化为 36 个不同岩层。该模型建立高度 257.80m，顶部未至地表，在顶部边界施加等效载荷。

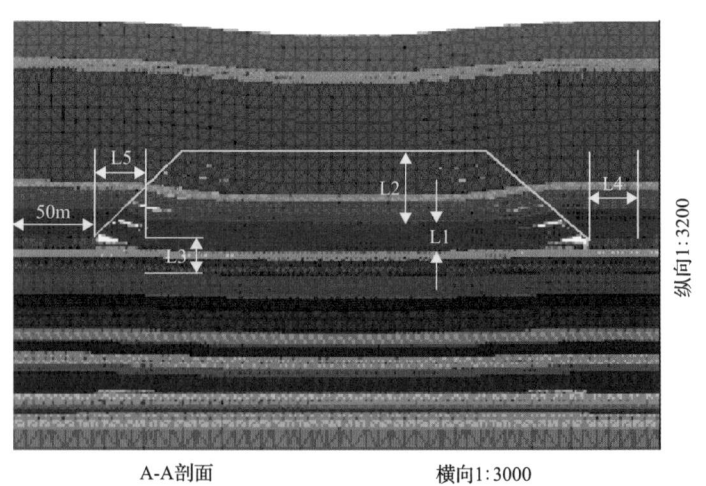

A-A剖面　　　　　　　　　横向1:3000

图 2-5　寺河矿东区 3 号煤层 3313 号工作面采动塌陷模拟横切面图

L1～L5 表示距离，下同

由水文地质"三带"公式算得，综采面平均采厚 6.05m，垮落带高度 10.90～15.30m，平均高度 13.10m；裂隙带高度 42.40～53.60m，平均高度

48.00m；"两带"高度 53.30～68.90m，平均高度 61.10m。在 3DEC 软件界面可以通过调用相应节点坐标值的方法间接计算各个数据的具体数值，经过计算：冒落带高度 11.60m，裂隙带高度 45.40m，底鼓影响范围 32.40m，裂隙带宽度 35m，破断角 46.60°，"O"形圈宽度 35m，高度 57m。

2. 西山古交矿区

区域发育的主要地层有寒武系、奥陶系、石炭系、二叠系、三叠系、新近系、第四系。主要含煤地层为石炭-二叠系的太原组和山西组，太原组共含煤 10 层，主要可采煤层为下部的 8 号、9 号煤层，其次为上部的 6 号、7 号、10 号煤层。山西组共含煤 9 层，主要可采煤层为中上部的 2 号、3 号、4 号煤稳定可采，下部 5 号煤为局部可采。矿区内的主要构造形态有狮子河—马兰向斜、水峪贯—泉泉寺向斜、云梦山褶皱群、狐偃山断裂带、清交断裂带。

西山古交矿区煤田钻孔实测煤层含气量为 0～20m³/t，山西组煤层孔隙度为 2.29%～9%，平均为 5.81%；太原组煤层孔隙度为 2.86%～10.60%，平均为 5.48%。矿区井下割理观测结果表明，西山煤田煤层割理密度为 2～25 条/5cm，割理一般未填充，连通性较好。煤层气井注入/压降法测试结果显示，2 号煤层原始渗透率为 $0.04706×10^{-3}μm^2$，8 号煤层原始渗透率为 $0.02964×10^{-3}μm^2$，9 号煤层原始渗透率为 $0.04929×10^{-3}μm^2$，渗透率总体偏低。

数值模型的构建选取屯兰矿 2 号煤层 12202 号工作面(图 2-6)和 8 号煤层 18201 号工作面(图 2-7)，利用地质柱状图，将其数值模型范围内的岩性简化为 19 个不同岩层。该模型建立高度 267.3m，顶部未至地表，在顶部边

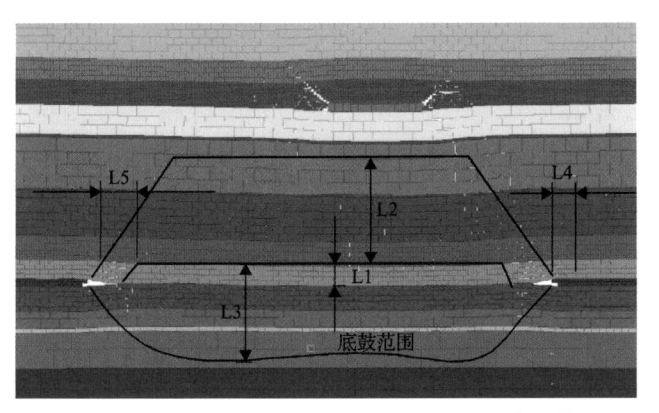

图 2-6 屯兰矿 2 号煤层 12202 号工作面采动塌陷模拟横切面图

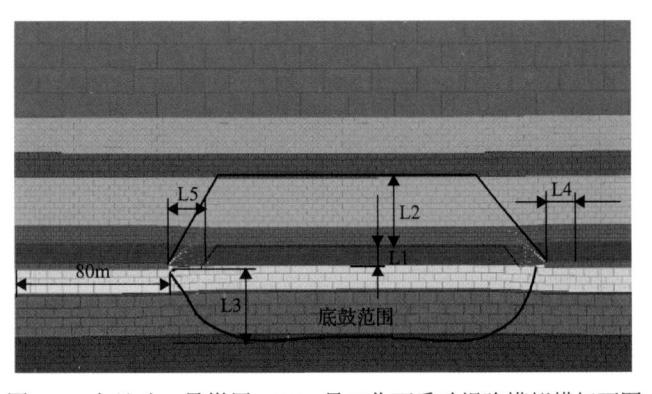

图 2-7　屯兰矿 8 号煤层 18201 号工作面采动塌陷模拟横切面图

界施加等效载荷。由水文地质"三带"公式算得，开采完 2 号煤层 12202 号工作面的垮落带高度 7.33～11.73m，平均高度 9.53m；裂隙带高度 31.47～42.67m，平均高度 37.07m；"两带"高度 38.80～54.40m，平均高度 46.60m。在 3DEC 软件界面可以通过调用相应节点坐标值的方法间接计算各个数据的具体数值，经过计算：L1=10.2m，L2=36.4m，L3=35.2m，L4=17.2m，L5=25m，α=48.7°。底鼓影响范围 35.2m，横向裂隙影响边界 17.2m，破断角 48.7°，"O"形圈宽度 25m，高度 46.60m。

由水文地质"三带"算得，开采完 8 号煤层 18201 号工作面的垮落带高度 7.67～12.07m，平均高度 9.87m；裂隙带高度 32.44～43.64m，平均高度 38.04m。在 3DEC 软件界面可以通过调用相应节点坐标值的方法间接计算各个数据的具体数值，经过计算：L1=11.53m，L2=37.41m，L3=34.9m，L4=17.4m，L5=25m，β=58°。横向裂隙影响边界 17.4m，破断角 58°，"O"形圈宽度 25m，高度 48.94m。

3. 阳泉矿区

区域发育的主要地层有奥陶系、石炭系、二叠系、三叠系、第四系，主要含煤地层为石炭-二叠系的太原组和山西组，太原组煤层自上而下共 11 套煤层，15 号为稳定型，8 号、9 号、12 号、15$_{下}$号为较稳定型。9$_{上}$号、11 号为不稳定局部可采煤层。山西组自上而下共 6 套煤层，3 号、6 号为较稳定和不稳定的可采煤层。矿区位于沁水煤田东北缘，受东翼太行山背斜和北翼阜平隆起两大构造体系控制，使该区寿阳—阳泉—平定—和顺一带的地层走向大致由北东转为北西至北北东向，倾向由南东转为南西至北西向盆地中心倾斜的单斜构造。

阳泉矿区煤层含气量较高，含气量一般为 6～15m³/t。主力 3 号煤层甲烷含量为 1.42～24.50m³/t，平均 11.21m³/t；主力 15 号煤层甲烷含量为 0.24～24.04m³/t，平均 13.27m³/t；阳泉矿区寿阳地区煤储层孔隙度为 2.82%～18.84%，阳泉地区煤储层孔隙度为 2.78%～5.47%。储层孔隙系统以微孔、小孔最为发育，占总孔容的 86.88%～92.77%，平均 90.79%；中孔次之，占总孔容的 4.48%～7.08%，平均 5.76%；大孔不发育，占总孔容的 1.39%～6.91%，平均 3.45%。

阳泉矿区以阳煤集团二矿与五矿分南北两块，北部可采煤层较多，上组以 3 号、6 号、8 号、9 号为主采煤层，下组以 12 号、15 号为主采煤层。南部区块可采煤层为下组 15 号煤层。

北部选择阳煤集团三矿 7212～7216 号连续三个工作面，利用地质柱状图，将其数值模型范围内的岩性简化为 11 个不同岩层。该模型建立高度 96.20m，顶部未至地表，在顶部边界施加等效载荷，如图 2-8 和图 2-9 所示。

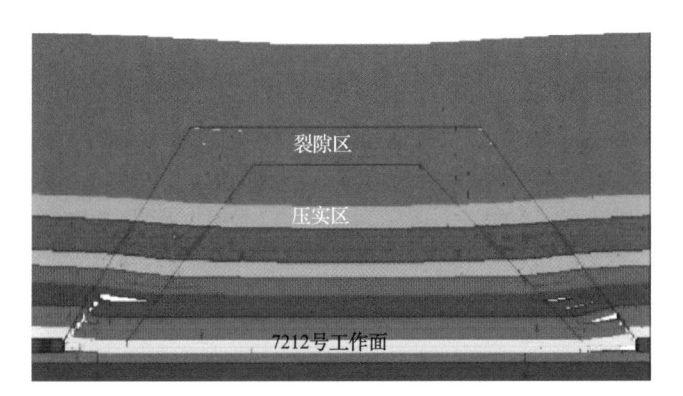

图 2-8　阳煤集团三矿 7212 号工作面回采时的覆岩垮落情况

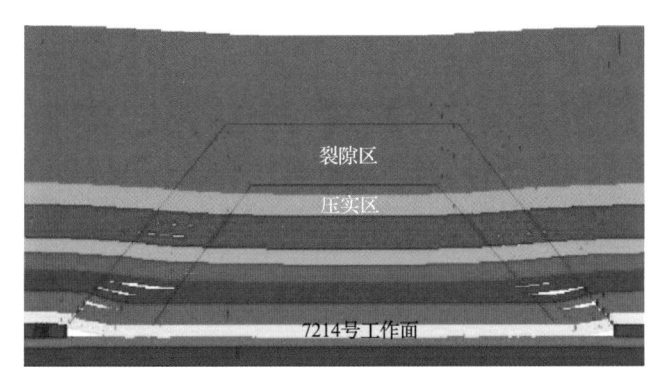

图 2-9　阳煤集团三矿 7214 号工作面回采时的覆岩垮落情况

阳煤集团三矿 7212～7216 号三个工作面采动塌陷数据如表 2-1 所示。

表 2-1　阳煤集团三矿 7212～7216 号三个工作面采动塌陷数据

工作面编号	垮落带高度/m	裂隙带高度/m	梯形底角外，内/(°)	外内梯形高度差/m
7212	13.40	45	60°, 56°	16
7214	11.40	43	52°, 56°	16.20～21.40
7216	3.40	45	47°, 55°	14.80～21.40

由水文地质"三带"公式算得，阳煤集团三矿主采 3 号煤层，综采面平均采厚 2.3m，垮落带高度 5.85～23.40m，平均高度 14.63m；裂隙带高度 26.20～37.40m，平均高度 31.80m。在 3DEC 软件界面可以通过调用相应节点坐标值的方法间接计算各个数据的具体数值，经过计算：冒落带高度 3.40～13.40m，裂隙带高度 43～45m，裂隙带宽度 14.80～21.40m，破断角 47°～60°，"O"形圈宽度 14.80～21.40m，高度 48.40～58.40m。

南部选择阳煤集团五矿 15 号煤层 8407～8413 号连续四个工作面，实际回采接替顺序 8409 号→8407 号→8411 号→8413 号。利用地质柱状图，将其数值模型范围内的岩性简化为 27 个不同岩层。该模型建立高度 169.60m，顶部未至地表，在顶部边界施加等效载荷。阳煤集团五矿 15 号煤层 8407～8413 号四个工作面采动塌陷数据如表 2-2 所示。

表 2-2　阳煤集团五矿 15 号煤层 8407～8413 号四个工作面采动塌陷数据

工作面编号	垮落带高度/m	裂隙带高度/m	梯形底角外，内/(°)	外内梯形高度差/m
8407	19	104	58°, 53°	25
8409	32.80	104	61°, 56°	25
8411	28.50	101.40	55°, 59°	26
8413	13.20	101.40	55°, 59°	26

由水文地质"三带"公式算得，阳煤集团五矿主采 15 号，综采面平均采厚 2.41～9.23m，垮落带高度 13.94～28.59m，平均高度 21.27m；裂隙带高度 56.57～101.14m，平均高度 78.86m。在 3DEC 软件界面可以通过调用相应节点坐标值的方法间接计算各个数据的具体数值：冒落带高度 13.20～32.80m，裂隙带高度 101.40～104m，裂隙带宽度 25～26m，破断角 55°～61°，"O"形圈宽度 25～26m，高度 114.60～136.80m。

4. 潞安、武夏矿区

区域发育的主要地层有奥陶系、石炭系、二叠系、三叠系、第四系，主要含煤地层为石炭-二叠系的太原组和山西组。太原组 15 号煤全区稳定可采，北部 15 号煤层合并为一层，中部、南部分叉为 15-1、15-2、15-3，其他煤层为局部可采或不可采。山西组 3 号煤层为全区稳定可采煤层，北部薄、南部厚。其他煤层为局部可采或不可采煤层。矿区位于沁水煤田东部中段，东侧为晋(城)—获(鹿)断褶带南段西缘武乡—阳城凹褶带。矿区总体构造形态为向西倾斜的单斜，伴有轴向东北或近南北向宽缓褶曲。

矿区东部瓦斯含量较低，瓦斯含量在 5m³/t 以下，西部瓦斯含量较高，瓦斯含量为 5~21.84m³/t。潞安矿区煤储层孔隙度为 2.6%~12.79%，长子区块孔隙度为 2.52%~4.00%。矿区 3 号煤层以微孔、小孔为主，占总孔容的 18.80%~66.30%，平均 52.50%；中孔孔容占总孔容的 3.10%~22.90%，平均 8.16%；大孔孔容占总孔容的 21.60%~78.00%，平均 39.32%。

选择潞安集团常村矿 3 号煤层 S3-9 号工作面。利用地质柱状图，将其数值模型范围内的岩性简化为 10 个不同岩层(图 2-10)。该模型建立高度 160m，顶部未至地表，在顶部边界施加等效载荷。

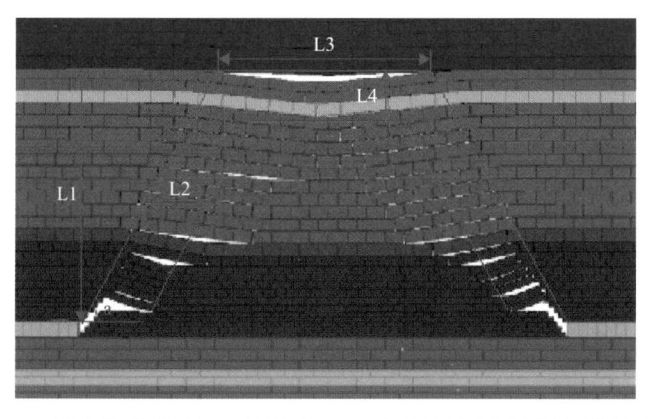

图 2-10　潞安集团常村矿 3 号煤层 S3-9 号工作面采动塌陷模拟横切面图

由水文地质"三带"公式算得，潞安集团常村矿主采 3 号煤层，综采面平均采厚 6.05m，垮落带高度 10.90~15.30m，平均高度 13.10m；裂隙带高度 42.40~53.60m，平均高度 48.00m；"两带"高度 53.30~68.90m，平均高度 61.10m。在 3DEC 软件界面可以通过调用相应节点坐标值的方法间接计算各个数据的具体数值,经过计算:冒落带高度 13.48m,裂隙带高度 49.35m,裂隙带宽度 48m,破断角 55.18°,"O"形圈宽度 48m,高度 62.83m。

5. 霍东矿区

区域发育的主要地层有奥陶系、石炭系、二叠系、三叠系、新近系、第四系。主要含煤地层为石炭-二叠系的太原组和山西组。太原组共含煤 10 层,山西组含有 3 层主要可采煤层,1 号煤层位于上部,只有零星可采点。2 号煤层位于中下部,全局稳定可采。3 号煤层位于底部,全区基本稳定可采。矿区南部位于霍山隆起的东翼,沁水煤田的西南缘。总体为北部大致走向南北,向东倾斜,南部走向北东,向南东倾斜的单斜,地层倾角一般为 5°～15°。

霍东矿区上组煤层平均孔隙度为 9.22%;孔隙结构系统中,微孔、小孔孔容占总孔容的 32.4%～45.2%,平均 40.30%;中孔孔容占总孔容的 3.4%～11.7%,平均 7.40%;大孔孔容占总孔容的 45.7%～64.2%,平均 52.30%。

霍东矿区为 7 个高瓦斯矿区中煤层较薄,瓦斯含量中等,采空区范围偏小,且均为地方煤矿的矿区。本次选择采空区范围较大的兼并重组矿井山西沁新能源集团股份有限公司沁新矿 2 号煤层 2001 号、2002 号工作面。利用地质柱状图,将其数值模型范围内的岩性简化为 13 个不同岩层。该模型建立高度 112m,顶部未至地表,在顶部边界施加等效载荷。

6. 离柳矿区

区域发育的主要地层有奥陶系、石炭系、二叠系、三叠系、新近系、第四系。含煤地层为石炭-二叠系的山西组和太原组。太原组共发育 10 层煤,8+9 号煤层层位稳定,为稳定可采煤层;10 号煤层为较稳定局部可采煤层。6 号煤层为较稳定局部可采煤层。山西组含 1 号、2 号、3 号、4(3+4)号、5 号煤层,其中 4(3+4)号煤层为全区稳定的可采煤层,5 号煤层为较稳定的大部可采煤层,2 号、3 号煤层为较稳定的局部可采煤层,其余为不可采煤层。本区位于吕梁山块隆中的离石—中阳菱形复向斜,向斜轴向北北西,为一不对称向斜。西翼倾角较大,一般为 15°～25°;东翼宽缓,倾角 10°左右。

离柳矿区煤层渗透率为 0.0012×10^{-3}～453.00×$10^{-3}μm^2$,平均 25.41×$10^{-3}μm^2$,渗透率变化大,反映储层非均质性强,但总体上储层渗透性较好。

选取双柳矿 4(3+4)号煤 33407～33411 号连续三个工作面,利用地质柱状图，将其数值模型范围内的岩性简化为 14 个不同岩层。该模型建立高度 93.20m，顶部未至地表，在顶部边界施加等效载荷。

由水文地质"三带"公式算得，双柳煤矿主采 4(3+4) 号煤层，综采面平均采厚 3.6m，垮落带高度 10.5～14.9m，平均高度 12.7m；裂隙带高度 40～51.2m，平均高度 45.6m。在 3DEC 软件界面可以通过调用相应节点坐标值的方法间接计算各个数据的具体数值：冒落带高度 10～16m，裂隙带高度 40～45m，裂隙带宽度 26～30m，破断角 54°，"O"形圈宽度 26～30m，高度 54～61m。

上述各矿区典型工作面模拟的"两带"高度及裂隙带宽度是采动影响的主要扰动带，是遗留煤层气资源的主要储气空间，也是有别于原位储层的采动扰动带。

二、山西省废弃矿井遗留煤层气资源类型

山西省是我国重要的能源重化工基地，煤炭、煤层(成)气资源丰富。全省含煤区域划分为 6 大煤田和 8 个煤产地，总含煤面积为 6.2 万 km²，约占全省总面积的 40%。预测 2000m 以浅潜在煤炭资源约 6652 亿 t。截至 2012 年底，累计探明的煤炭资源/储量为 2910 亿 t，保有资源/储量为 2674 亿 t，占全国的 18.8%，居全国第三。全省埋深 2000m 以浅含气面积为 3.6 万 km²，预测煤层(成)气资源量为 8.3 万亿 m³，其中沁水煤田资源量为 5.4 万亿 m³，河东煤田资源量为 2.2 万亿 m³，霍西煤田资源量为 0.2 万亿 m³，西山煤田资源量为 0.1 万亿 m³，宁武煤田资源量为 0.4 万亿 m³。沁水、河东两大煤田为山西省煤层(成)气资源的主要赋存区，煤层(成)气资源总量占全省的 91%。截至 2020 年底，山西省累计探明的煤层(成)气地质储量为 7348 亿 m³。

山西省煤炭地质勘查研究院实施的"山西省煤炭采空区煤层气资源调查评价"项目是国内首次在省级范围内对采空区煤层气资源情况进行摸底调查的项目，于 2018 年通过验收。依据该项目的主要成果，截至 2017 年底，生产及在建矿井数为 1026 处。关闭煤矿 52 处，共化解产能 4590 万 t/a。截至 2019 年底，山西省关闭煤矿总计约 801 处，总面积约 1600km²。山西省有开发利用价值的煤炭采空区面积约 2052km²，预测残余采空区煤层气资源量约 726 亿 m³，其中 7 个煤层气含量较高的矿区(西山、阳泉、武夏、潞安、晋城、霍东、离柳)，采空区面积达 676.18km²，预测煤层气资源量

约 303.96 亿 m³。

根据调研资料，分别统计山西省各大矿区瓦斯突出、高瓦斯和低瓦斯等级矿井数，其中阳泉矿区高瓦斯含量矿井数和占比均最高。2020 年山西省主要矿区各瓦斯等级矿井数如表 2-3 所示。

表 2-3　2020 年山西省主要矿区各瓦斯等级矿井数　　　　（单位：处）

矿区	瓦斯突出矿井	高瓦斯矿井	低瓦斯矿井	合计
西山矿区	4	15	14	33
离柳矿区	1	22	31	54
阳泉矿区	16	52	17	85
武夏矿区	5	15	14	34
潞安矿区	0	13	9	22
晋城矿区	15	40	23	78
霍东矿区	0	19	19	38

2020 年，西山矿区煤层气赋存矿权 33 个，矿权总面积 749.22km²，设计总产能 5570 万 t/a，矿权内煤层气赋存面积 628.6km²，矿权内煤层气资源总量 797.23 亿 m³，现有采空区煤层气资源量 56.54 亿 m³，其中有资料矿井采空区煤层气资源量 47.40 亿 m³，剩余未收集到资料推断采空区煤层气资源量 9.14 亿 m³。西山矿区采空区煤层气资源量大于 1 亿 m³ 的高瓦斯含量矿井有 10 处，其中屯兰、马兰和东曲矿为瓦斯突出矿井，具有较大的开发潜力。2020 年西山矿区采空区煤层气资源赋存矿井信息如表 2-4 所示。

表 2-4　2020 年西山矿区采空区煤层气资源赋存矿井一览表

序号	矿井名称	矿井面积/km²	瓦斯等级	设计产能/(万 t/a)	采空区煤层气总量/亿 m³
1	山西焦煤集团有限责任公司杜儿坪煤矿	69.77	高瓦斯	500	9.6
2	山西焦煤集团有限责任公司官地煤矿	104.5	高瓦斯	500	8.29
3	山西西山煤电股份有限公司西铭矿	43.05	高瓦斯	360	8.19
4	山西焦煤集团有限责任公司屯兰煤矿	73.36	瓦斯突出	450	6.57
5	山西西山煤电股份有限公司马兰矿	104.44	瓦斯突出	360	5.58
6	山西焦煤集团有限责任公司东曲煤矿	59.9	瓦斯突出	400	3.25
7	山西汾西中兴煤业有限责任公司	19.86	高瓦斯	300	2.08
8	太原南峪煤业有限责任公司	15.28	高瓦斯	120	1.58
9	山西阳煤集团碾沟煤业有限公司	10.18	高瓦斯	120	1.53

续表

序号	矿井名称	矿井面积/km²	瓦斯等级	设计产能/(万t/a)	采空区煤层气总量/亿m³
10	山西美锦集团东于煤业有限公司	16.85	高瓦斯	150	1.04
11	古交市矾石沟煤焦有限公司大川河煤矿	1.29	高瓦斯	45	0.36
12	太原华润煤业有限公司原相煤矿	18.25	瓦斯突出	90	0.27
13	山西西山煤电股份有限公司西曲矿	40.69	低瓦斯	300	0.25
14	山西汾西香源煤业有限责任公司	8.83	高瓦斯	45	0.18
15	山西阳煤集团南岭煤业有限公司	9.02	高瓦斯	90	0.18
16	太原东山李家楼煤业有限公司	8.34	低瓦斯	120	0.13
17	山西东辉集团赵家山煤业有限公司	6.64	高瓦斯	120	0.04
18	山西煤炭运销集团古交铂龙煤业有限公司	5.99	高瓦斯	120	<0.01
19	山西西山煤电股份有限公司镇城底矿	23.85	低瓦斯	150	<0.01
20	山西华润煤业有限公司新桃园煤矿	6.33	低瓦斯	90	<0.01
21	古交市千峰精煤有限公司	7.14	低瓦斯	120	<0.01
22	山西石鑫煤业有限公司	3.87	低瓦斯	90	<0.01
23	山西古交煤焦集团金之中煤业有限公司	0.95	低瓦斯	45	<0.01
24	太原东山王封煤业有限公司	2.35	低瓦斯	60	<0.01
25	山西梅园永兴煤业有限公司	5.99	高瓦斯	45	<0.01
26	山西煤炭运销集团碾底煤业有限公司	10.48	高瓦斯	120	<0.01
27	山西煤炭运销集团大成煤业有限公司	5.01	低瓦斯	90	<0.01
28	山西瑞源煤业有限公司	3.24	低瓦斯	90	<0.01
29	山西美锦集团锦富煤业有限公司	19.48	高瓦斯	180	<0.01
30	山西交城鑫河煤业有限公司	3.9	低瓦斯	90	<0.01
31	山西交城县岭底乡泽鑫煤业有限公司	6.23	低瓦斯	90	<0.01
32	山西瑞泽煤炭有限公司	4.61	低瓦斯	90	<0.01
33	山西省交城县火山煤矿	29.55	低瓦斯	30	<0.01
	合计	749.22		5570	49.12

2020 年，离柳矿区煤层气赋存矿权 54 个，矿权总面积 702.21km²，设计总产能 6284 万 t/a，矿权内煤层气赋存面积 532.82km²，矿权内煤层气资源总量 986.72 亿 m³，现有采空区煤层气资源量 41.26 亿 m³，其中有资料矿井采空区煤层气资源量 30.24 亿 m³，剩余未收集到资料推断采空区煤层气资源量 11.02 亿 m³。离柳矿区采空区煤层气资源量大于 1 亿 m³ 的高瓦斯含

量矿井有 8 处，其中沙曲矿为瓦斯突出矿井，具有较大的开发潜力。2020年离柳矿区采空区煤层气资源赋存矿井信息如表 2-5 所示。

表 2-5 2020 年离柳矿区采空区煤层气资源赋存矿井一览表

序号	矿井名称	矿井面积/km²	瓦斯等级	设计产能/(万 t/a)	采空区煤层气总量/亿 m³
1	华晋焦煤有限责任公司沙曲矿	138.35	瓦斯突出	300	5.03
2	山西柳林兴无煤矿有限责任公司	11.63	高瓦斯	175	4.01
3	山西汾西矿业(集团)有限责任公司双柳煤矿	29.61	高瓦斯	300	3.51
4	山西柳林汇丰兴业同德焦煤有限公司	9.83	高瓦斯	120	3.18
5	山西柳林煤矿有限公司	8.94	高瓦斯	150	2.75
6	山西柳林鑫飞贺昌煤业有限公司	7.25	高瓦斯	90	2.16
7	山西柳林宏盛聚德煤业有限公司	16.44	低瓦斯	150	1.58
8	山西柳林鑫飞毛家庄煤业有限公司	5.65	高瓦斯	150	1.29
9	山西柳林金家庄煤业有限公司	6.08	高瓦斯	175	1.14
10	山西汾西矿业(集团)有限责任公司贺西煤矿	18.91	高瓦斯	150	0.92
11	山西东辉集团西坡煤业有限公司	44.97	高瓦斯	210	0.68
12	山西吕梁离石炭窑坪煤业有限公司	13.96	高瓦斯	120	0.66
13	山西柳林汇丰兴业曹家山煤业有限公司	8.44	低瓦斯	90	0.47
14	山西东辉集团邓家庄煤业有限公司	13.18	高瓦斯	120	0.47
15	山西柳林庄上煤矿有限公司	1.62	高瓦斯	60	0.36
16	山西临县华烨煤业有限公司	6.97	低瓦斯	120	0.34
17	山西中阳沈家峁煤业有限公司	7.7	高瓦斯	90	0.33
18	山西柳林王家沟煤业有限公司	5.49	低瓦斯	90	0.32
19	山西柳林凌志王家焉煤业有限公司	3.87	高瓦斯	60	0.28
20	山西柳林寨崖底煤业有限公司	13.91	低瓦斯	120	0.26
21	山西柳林联盛郭家山煤业有限公司	3.89	低瓦斯	60	0.21
22	山西坤龙煤业有限公司	4.4	高瓦斯	60	0.17
23	山西柳林联盛龙门塔煤业有限公司	8.77	低瓦斯	90	0.15
24	山西吕梁中阳桃园鑫隆煤业有限公司	13.4	低瓦斯	90	0.11
25	山西吕梁中阳西合煤业有限公司	4.3	高瓦斯	90	0.1
26	山西吕梁中阳付家焉煤业有限公司	9.12	高瓦斯	120	0.1
27	临县裕民焦煤有限公司	11.75	低瓦斯	90	0.1
28	山西中阳华润联盛苏村煤业有限公司	6.1	低瓦斯	90	0.06
29	山西柳林凌志柳家庄煤业有限公司	7.92	高瓦斯	120	0.03

续表

序号	矿井名称	矿井面积/km²	瓦斯等级	设计产能/(万 t/a)	采空区煤层气总量/亿 m³
30	山西中阳张子山煤业有限公司	9.43	高瓦斯	120	<0.01
31	山西中阳余锦煤业有限公司	1.74	低瓦斯	30	<0.01
32	山西中吕煤业有限公司碛口煤矿	18.38	高瓦斯	150	<0.01
33	山西神州煤业有限责任公司	12.63	低瓦斯	84	<0.01
34	山西三兴煤焦有限公司	5.01	低瓦斯	30	<0.01
35	山西吕梁中阳梗阳煤业有限公司	13.75	低瓦斯	120	<0.01
36	山西吕梁离石西山亚辰煤业有限公司	1.49	低瓦斯	60	<0.01
37	山西吕梁离石王家庄煤业有限公司	9.15	低瓦斯	120	<0.01
38	山西吕梁离石交口煤业有限公司	5.47	低瓦斯	90	<0.01
39	山西楼俊集团泰业煤业有限公司	6.51	低瓦斯	120	<0.01
40	山西吕梁离石贾家沟煤业有限公司	13.15	低瓦斯	120	<0.01
41	山西柳林鑫飞下山峁煤业有限公司	4.07	低瓦斯	90	<0.01
42	山西柳林碾焉煤矿有限责任公司	5.1	低瓦斯	90	<0.01
43	山西柳林凌志兴家沟煤业有限公司	7.9	低瓦斯	90	<0.01
44	山西柳林凌志成家庄煤业有限公司	8.09	低瓦斯	90	<0.01
45	山西柳林联盛哪哈沟煤业有限公司	6.13	低瓦斯	90	<0.01
46	山西柳林联盛陈家湾煤业有限公司	4.21	低瓦斯	90	<0.01
47	山西临县焉头煤业有限公司	2.95	低瓦斯	90	<0.01
48	山西柳林大庄煤矿有限责任公司	6.01	低瓦斯	120	<0.01
49	山西离柳焦煤集团有限公司朱家店煤矿	17.15	低瓦斯	120	<0.01
50	山西离柳鑫瑞煤业有限公司	4.23	低瓦斯	120	<0.01
51	山西离柳焦煤集团有限公司宏岩煤矿	5.82	高瓦斯	90	<0.01
52	山西东江煤业集团有限公司	4.73	低瓦斯	90	<0.01
53	临县胜利煤焦有限责任公司	7.68	低瓦斯	120	<0.01
54	临县锦源煤矿有限公司	78.98	高瓦斯	300	<0.01
	合计	702.21		6284	30.77

2020 年，阳泉矿区煤层气赋存矿权 85 个，矿权总面积 1286.52km²，设计总产能 11425 万 t/a，矿权内煤层气赋存面积 987.80km²，矿权内煤层气资源总量 2189.96 亿 m³，现有采空区煤层气资源量 97.33 亿 m³，其中有资料矿井采空区煤层气资源量 83.44 亿 m³，剩余未收集到资料推断采空区煤层

气资源量 13.89 亿 m³。阳泉矿区采空区煤层气资源量大于 1 亿 m³ 的高瓦斯含量矿井有 14 处，其中阳泉三矿、阳泉五矿等 8 处矿井为瓦斯突出矿井，具有较大的开发潜力。2020 年阳泉矿区采空区煤层气资源赋存矿井信息如表 2-6 所示。

表 2-6 2020 年阳泉矿区采空区煤层气资源赋存矿井一览表

序号	矿井名称	矿井面积/km²	瓦斯等级	设计产能/(万 t/a)	采空区煤层气总量/亿 m³
1	山西国阳新能股份有限公司二矿	60.06	高瓦斯	400	17.6
2	阳泉煤业(集团)有限责任公司三矿	39.97	瓦斯突出	350	16.69
3	山西国阳新能股份有限公司一矿	83.61	高瓦斯	350	10.28
4	阳泉煤业(集团)有限责任公司五矿	82.53	瓦斯突出	440	5.95
5	山西和顺天池能源有限责任公司	18.68	瓦斯突出	120	4.4
6	阳泉煤业(集团)有限责任公司新景矿	64.75	瓦斯突出	580	3.45
7	山西新元煤炭有限责任公司	136.77	瓦斯突出	300	2.77
8	昔阳县坪上煤业有限责任公司	7.41	高瓦斯	150	2.01
9	山西平舒煤业有限公司温家庄矿	27.82	瓦斯突出	90	1.68
10	阳泉煤业(集团)有限责任公司寺家庄矿	120.25	瓦斯突出	600	1.55
11	山西寿阳段王煤业集团有限公司	36.98	高瓦斯	300	1.49
12	阳煤集团寿阳景福煤业有限公司	9.56	高瓦斯	90	1.43
13	国投昔阳能源有限责任公司黄岩汇煤矿	15.05	瓦斯突出	90	1.31
14	阳泉市燕龛煤炭有限责任公司程庄煤矿	8.92	高瓦斯	240	1.09
15	山西昔阳丰汇乐平煤业有限公司	2.92	高瓦斯	60	0.91
16	山西汾西瑞泰井矿正行煤业有限公司	10.47	瓦斯突出	300	0.91
17	山西平定古州东升阳胜煤业有限公司	19.3	高瓦斯	90	0.87
18	阳泉煤业(集团)平定泰昌煤业有限公司	6.81	高瓦斯	60	0.84
19	国投昔阳能源有限责任公司白羊岭煤矿	12.48	高瓦斯	150	0.84
20	阳泉市上社二景煤炭有限责任公司	3.39	瓦斯突出	90	0.71
21	山西和顺正邦煤业有限公司	6.28	高瓦斯	180	0.71
22	阳煤集团寿阳开元矿业有限责任公司	27.9	瓦斯突出	300	0.61
23	山西昔阳安顺乐安煤业有限公司	7.82	高瓦斯	90	0.6
24	山西潞安集团和顺李阳煤业有限公司	17.03	高瓦斯	120	0.56
25	阳泉市上社煤炭有限责任公司	12.46	瓦斯突出	210	0.55
26	山西和顺正邦神磊煤业有限公司	4.07	高瓦斯	90	0.53

续表

序号	矿井名称	矿井面积/km²	瓦斯等级	设计产能/(万 t/a)	采空区煤层气总量/亿 m³
27	山西昔阳丰汇煤业有限责任公司	13.95	高瓦斯	120	0.5
28	山西昔阳运裕煤业有限责任公司	6.11	高瓦斯	150	0.41
29	山西煤炭运销集团和顺益德煤业有限公司	4.88	低瓦斯	90	0.31
30	山西煤炭进出口集团左权宏远煤业有限公司	9.33	瓦斯突出	90	0.3
31	阳泉煤业集团长沟煤矿有限责任公司	9.07	高瓦斯	180	0.26
32	山西阳泉煤业集团兴峪煤业有限责任公司	6.5	高瓦斯	90	0.19
33	山西平定汇能煤业有限公司	18.46	高瓦斯	180	0.18
34	山西博大集团寿阳京鲁煤业有限责任公司	21.61	高瓦斯	120	0.17
35	山西煤炭运销集团左权盘城岭煤业有限公司	8.03	高瓦斯	90	0.16
36	山西和顺正邦良顺煤业有限公司	4.27	低瓦斯	90	0.14
37	山西煤炭运销集团寿阳亨元煤业有限公司	6.24	高瓦斯	60	0.13
38	山西煤炭进出口集团左权鑫顺煤业有限公司	5.35	高瓦斯	180	0.12
39	阳泉市燕龛煤炭有限责任公司燕龛煤矿	4.59	高瓦斯	90	0.11
40	山西平定古州冠裕煤业有限公司	4.28	高瓦斯	60	0.09
41	山西阳泉郊区神堂煤业有限公司	4.01	高瓦斯	90	0.07
42	山西圣天宝地清城煤矿有限公司	3.36	高瓦斯	150	0.07
43	山西阳泉郊区坡头煤业有限公司	1.07	高瓦斯	45	0.06
44	山西煤炭运销集团旧街煤业有限公司	1.5	高瓦斯	60	0.06
45	山西省阳泉荫营煤矿	23.46	高瓦斯	240	0.02
46	山西南娄集团阳泉盂县大贤煤业有限公司	10.71	高瓦斯	120	0.02
47	山西煤炭运销集团盂县恒泰常顺煤业有限公司	7.6	高瓦斯	90	0.02
48	山西煤炭运销集团阳泉二景和谐煤业有限公司	3.66	高瓦斯	90	0.01
49	阳泉市南庄煤炭集团有限责任公司	12.57	高瓦斯	200	<0.01
50	山西阳泉盂县坤宁煤业有限公司	7.1	高瓦斯	120	<0.01
51	山西阳泉盂县辰通煤业有限公司	7.02	高瓦斯	60	<0.01
52	山西天兴矿业有限责任公司	1.79	低瓦斯	45	<0.01
53	山西寿阳潞阳祥升煤业有限公司	10.41	高瓦斯	90	<0.01
54	山西寿阳潞阳麦捷煤业有限公司	8.02	高瓦斯	150	<0.01
55	山西寿阳潞阳长榆河煤业有限公司	6.56	高瓦斯	90	<0.01
56	山西寿阳段王集团友众煤业有限公司	10.48	高瓦斯	60	<0.01
57	山西平定古州丰泰煤业有限公司	8.99	低瓦斯	90	<0.01

序号	矿井名称	矿井面积/km²	瓦斯等级	设计产能/(万 t/a)	采空区煤层气总量/亿 m³
58	山西煤炭运销集团盂县恒泰皇后煤业有限公司	3.03	高瓦斯	90	<0.01
59	山西煤炭运销集团阳泉上社晋玉煤业有限公司	2.73	高瓦斯	60	<0.01
60	山西煤炭运销集团阳泉郊区漾泉煤业有限公司	4.3	高瓦斯	60	<0.01
61	山西煤炭运销集团晋中紫金煤业有限公司	22.77	低瓦斯	120	<0.01
62	山西煤炭运销集团鸿泰煤业有限公司	1.61	高瓦斯	45	<0.01
63	山西煤炭运销集团保安煤业有限公司	14.32	瓦斯突出	120	<0.01
64	阳泉煤业集团和顺新大地煤业有限公司	6.53	高瓦斯	150	<0.01
65	阳泉煤业(集团)平定裕泰煤业有限公司	8.96	高瓦斯	60	<0.01
66	阳泉煤业(集团)平定恒昌煤业有限公司	4.71	低瓦斯	60	<0.01
67	阳泉煤业(集团)平定东升兴裕煤业有限公司	7.9	高瓦斯	90	<0.01
68	山西昔阳丰汇铁炭窑沟煤业有限公司	3.27	低瓦斯	60	<0.01
69	山西昔阳丰汇红土沟煤业有限公司	2.52	低瓦斯	30	<0.01
70	山西昔阳安顺胜利煤业有限公司	3.36	低瓦斯	45	<0.01
71	山西昔阳安顺李夫峪煤业有限公司	5.74	低瓦斯	90	<0.01
72	山西昔阳安顺北坪煤业有限公司	8.5	低瓦斯	60	<0.01
73	山西石港煤业有限责任公司	7.47	瓦斯突出	90	<0.01
74	山西平定古州中盛煤业有限公司	7.12	低瓦斯	60	<0.01
75	山西平定古州卫东煤业有限公司	7.27	高瓦斯	90	<0.01
76	山西平定古州伟峰煤业有限公司	4.67	低瓦斯	60	<0.01
77	山西平定古州同意煤业有限公司	7.5	低瓦斯	60	<0.01
78	山西煤炭运销集团和顺运通煤业有限公司	12.79	高瓦斯	120	<0.01
79	山西煤炭运销集团和顺鸿润煤业有限公司	10.81	低瓦斯	90	<0.01
80	山西潞安集团左权佳瑞煤业有限公司	4.73	高瓦斯	90	<0.01
81	山西潞安集团左权阜生煤业有限公司	5.81	瓦斯突出	120	<0.01
82	山西潞安集团和顺一缘煤业有限责任公司	5.66	高瓦斯	180	<0.01
83	山西和顺新鼎基煤业有限公司	4.51	低瓦斯	30	<0.01
84	山西和顺隆华煤业有限责任公司	11.19	高瓦斯	45	<0.01
85	山西和顺隆华北关煤业有限公司	2.47	低瓦斯	30	<0.01
合计		1286.52		11425	83.74

2020 年武夏矿区煤层气赋存矿权 34 个，矿权总面积 288.55km²，设计

总产能 3600 万 t/a，矿权内煤层气赋存面积 254.96km²，矿权内煤层气资源总量 218.54 亿 m³，现有采空区煤层气资源量 19.01 亿 m³，其中有资料矿井采空区煤层气资源量 10.82 亿 m³，剩余未收集到资料推断采空区煤层气资源量 8.19 亿 m³。武夏矿区采空区煤层气资源量大于 1 亿 m³ 的高瓦斯含量矿井有 3 处，其中无瓦斯突出矿井。2020 年武夏矿区采空区煤层气资源赋存矿井信息如表 2-7 所示。

表 2-7　2020 年武夏矿区采空区煤层气资源赋存矿井一览表

序号	矿井名称	矿井面积/km²	瓦斯等级	设计产能/(万 t/a)	采空区煤层气总量/亿 m³
1	山西襄矿晋平煤业有限公司	16.55	高瓦斯	240	2.36
2	山西襄垣七一新发煤业有限公司	11.2	高瓦斯	150	1.63
3	山西潞安温庄煤业有限责任公司	9.94	高瓦斯	120	1.47
4	山西襄矿石板沟煤业有限公司	11.99	瓦斯突出	120	0.87
5	山西襄矿西故县煤业有限公司	9.24	低瓦斯	90	0.79
6	山西襄矿上良煤业有限公司	4.36	瓦斯突出	120	0.65
7	山西王家岭煤业有限公司	11.98	高瓦斯	120	0.53
8	山西东庄煤业有限公司	17.1	高瓦斯	120	0.44
9	山西三元福达煤业有限公司	8.14	高瓦斯	120	0.41
10	山西阳迪煤业有限公司	10.69	高瓦斯	120	0.39
11	山西石泉煤业有限责任公司	12.22	高瓦斯	120	0.28
12	山西襄垣七一善福煤业有限公司	5.15	高瓦斯	90	0.27
13	山西大平煤业有限公司	7.93	高瓦斯	180	0.27
14	山西襄矿辉坡煤业有限公司	2.49	低瓦斯	45	0.22
15	山西马堡煤业有限公司	12.87	高瓦斯	150	0.21
16	山西庄底煤业有限公司	2.4	低瓦斯	30	0.11
17	山西汾西瑞泰井矿正明煤业有限公司	5.15	瓦斯突出	210	0.01
18	左权永兴煤化有限责任公司永佛寺煤矿	8.57	瓦斯突出	45	<0.01
19	山西永红煤业有限公司	6.44	低瓦斯	120	<0.01
20	山西新村煤业有限公司	5.3	低瓦斯	90	<0.01
21	山西襄垣七一大雁沟煤业有限公司	3.97	低瓦斯	45	<0.01
22	山西襄矿新庄煤业有限公司	6.5	低瓦斯	90	<0.01
23	山西显王煤业有限公司	7.6	低瓦斯	45	<0.01
24	山西下合煤业有限公司	3.45	低瓦斯	30	<0.01

序号	矿井名称	矿井面积/km²	瓦斯等级	设计产能/(万t/a)	采空区煤层气总量/亿m³
25	山西太行王家峪村煤业有限公司	2.41	低瓦斯	30	<0.01
26	山西煤炭运销集团三元鑫能煤业有限公司	7.53	低瓦斯	60	<0.01
27	山西煤炭运销集团三元古韩永丰煤业有限公司	4.09	低瓦斯	45	<0.01
28	山西煤炭运销集团三元古韩荆宝煤业有限公司	10.61	高瓦斯	120	<0.01
29	山西潞安矿业集团慈林山煤业有限公司夏店煤矿	13.23	高瓦斯	60	<0.01
30	山西潞安集团左权五里垭煤业有限公司	9.85	高瓦斯	120	<0.01
31	山西潞安集团华润煤业有限公司	2.45	低瓦斯	120	<0.01
32	山西潞安环能上庄煤业有限公司	3.95	高瓦斯	90	<0.01
33	山西槐安煤业有限公司	5.2	低瓦斯	45	<0.01
34	山西汾西瑞泰正太丈八煤业有限公司	28	瓦斯突出	300	<0.01
	合计	288.55		3600	10.91

2020 年，潞安矿区煤层气赋存矿权 22 个，矿权总面积 858.47km²，设计总产能 6315 万 t/a，矿权内煤层气赋存面积 588.10km²，矿权内煤层气资源总量 602.02 亿 m³，现有采空区煤层气资源量 19.87 亿 m³，其中有资料矿井采空区煤层气资源量 15.62 亿 m³，剩余未收集到资料推断采空区煤层气资源量 4.25 亿 m³。潞安矿区采空区煤层气资源量大于 1 亿 m³ 的高瓦斯含量矿井有 8 处，其中无瓦斯突出矿井。

2020 年，晋城矿区煤层气赋存矿权 78 个，矿权总面积 1096.84km²，设计总产能 10465 万 t/a，矿权内煤层气赋存面积 893.23km²，矿权内煤层气资源总量 1109.51 亿 m³，现有采空区煤层气资源量 63.45 亿 m³，其中有资料矿井采空区煤层气资源量 48.43 亿 m³，剩余未收集到资料推断采空区煤层气资源量 15.02 亿 m³。晋城矿区采空区煤层气资源量大于 1 亿 m³ 的高瓦斯含量矿井有 20 处，但采空区煤层气总量均低于 5 亿 m³，其中有寺河煤矿、永红煤矿等 5 座瓦斯突出矿井，具有开发潜力。

2020 年，霍东矿区煤层气赋存矿权 38 个，矿权总面积 372.55km²，设计总产能 3498 万 t/a，矿权内煤层气赋存面积 323.91km²，矿权内煤层气资源总量 137.20 亿 m³，现有采空区煤层气资源量 6.70 亿 m³，其中有资料矿井采空区煤层气资源量 4.14 亿 m³，剩余未收集到资料推断采空区煤层气资源量 2.56 亿 m³。霍东矿区采空区煤层气资源量均小于 1 亿 m³，且无瓦斯突出矿井。

　　针对不同类型的废弃煤矿，基于"一矿一策"的废弃煤矿管理需求，根据本次调研的山西省 7 个矿区的废弃煤矿数据，对其进行不同标准的分类，以便后续开发废弃煤矿遗留资源更具科学性和可操作性，分类如下。

　　1）按照瓦斯含量高低对废弃矿井进行分类，可以将废弃矿井分为瓦斯突出矿井、高瓦斯矿井、低瓦斯矿井三类。2020 年，山西省主要矿区各瓦斯含量等级矿井数如图 2-11 所示。

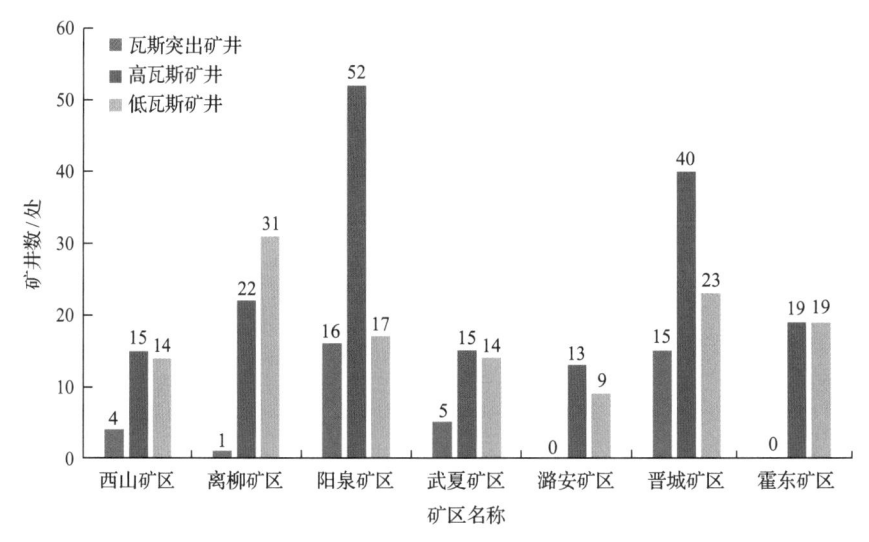

图 2-11　山西省主要矿区各瓦斯含量等级矿井数

　　根据山西省主要矿区调研资料，对各矿区不同瓦斯含量等级矿井数占比进行统计，西山矿区煤层气赋存矿权 33 个，其中瓦斯突出矿井和高瓦斯矿井为 19 处，占比为 58%；离柳矿区煤层气赋存矿权 54 个，其中瓦斯突出矿井和高瓦斯矿井 23 处，占比为 43%；阳泉矿区煤层气赋存矿权 85 个，其中瓦斯突出矿井和高瓦斯矿井 68 处，占比为 80%；武夏矿区煤层气赋存矿权 34 个，其中瓦斯突出矿井和高瓦斯矿井 20 处，占比为 59%；潞安矿区煤层气赋存矿权 22 个，其中高瓦斯矿井 13 处，占比为 59%，无瓦斯突出矿井；晋城矿区煤层气赋存矿权 78 个，其中瓦斯突出矿井和高瓦斯矿井 55 处，占比为 71%；霍东矿区煤层气赋存矿权 38 个，其中高瓦斯矿井 19 处，占比为 50%，无瓦斯突出矿井。

　　2）按照采空区煤层气资源丰度对废弃煤矿进行分类，可以将山西省内主要矿区分为高丰度矿区(煤层气资源丰度≥0.5 亿 m^3/km^2)和低丰度矿区(煤层气资源丰度<0.5 亿 m^3/km^2),废弃矿井采空区煤层气资源丰度是影响遗留煤层气资源开发效果的重要因素。由调研情况可知,潞安矿区、霍东矿区、晋城矿区采空区煤层气资源丰度均小于 0.5 亿 m^3/km^2,为低丰度矿区;西山矿区、武夏矿区、离柳矿区、阳泉矿区北和阳泉矿区南采空区煤层气资源丰度均大于 0.5 亿 m^3/km^2,为高丰度矿区,较为适合进行废弃矿井煤层气资源开发(图 2-12)。

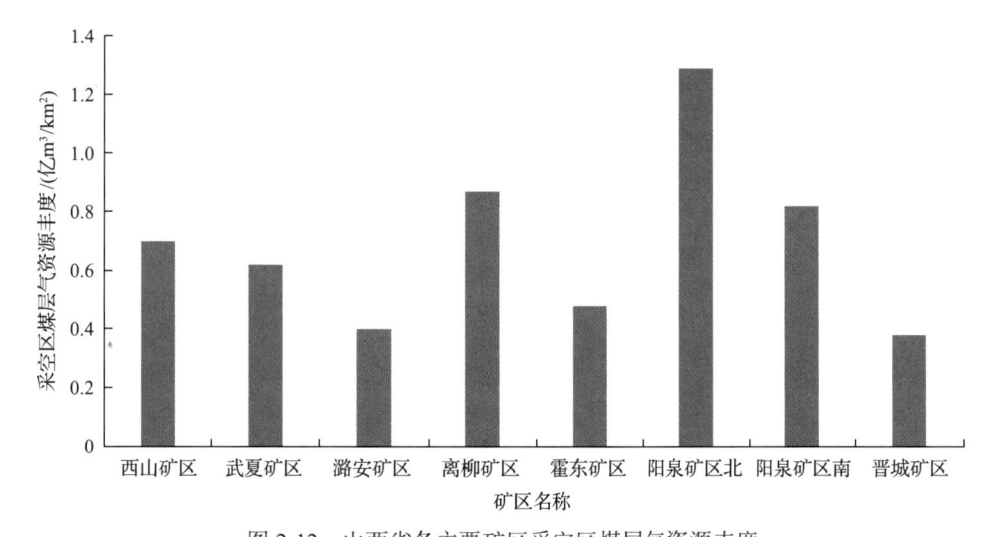

图 2-12 山西省各主要矿区采空区煤层气资源丰度

3)按照废弃矿井煤层气资源总量进行分类。根据最终计算的采空区煤层气资源总量,阳泉矿区的煤层气资源量最大,为 97.33 亿 m^3,其次为晋城矿区和西山矿区,这三个矿区的遗留煤层气资源量均达 50 亿 m^3 以上,遗留煤层气资源量丰富。目前,这三个矿区采空区煤层气抽采也是产量最高,开发利用走在全国前列的,霍东矿区煤层气资源量最低,为 6.7 亿 m^3(图 2-13)。

三、废弃矿井煤层气资源开发利用现有技术

1. 废弃矿井煤层气资源开发技术

(1)废弃矿井采空区煤层气资源勘查技术

经过多年的发展,煤田地震勘探、电法、重力、磁法、测井等地球物理勘探技术均已达到国际与国内领先水平,全方位服务于煤炭及伴生矿产、化工、石油等众多领域。在废弃矿井煤层气资源开发利用中可应用于探测老窑

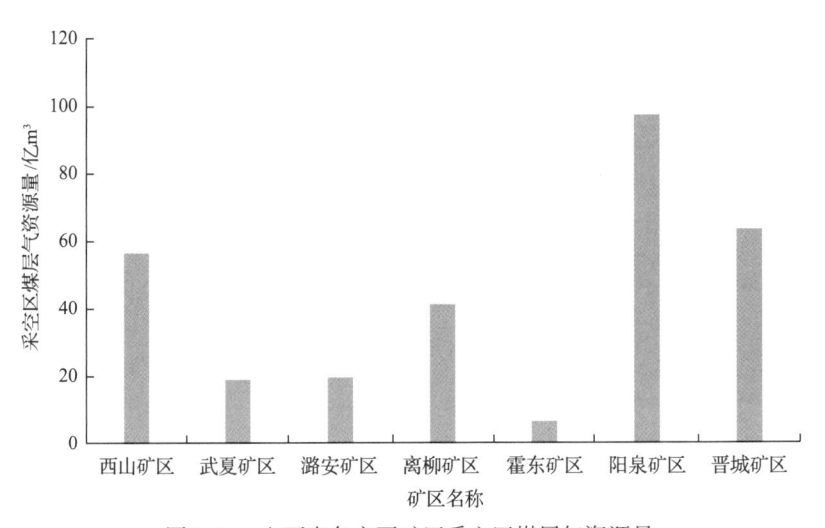

图 2-13　山西省各主要矿区采空区煤层气资源量

采空区、圈定采空区积水范围、确定煤层火烧区范围等环节。

　　林井祥等（2021）应用瞬变电磁法和大地电磁法探测煤矿积水采空区，并且探讨了两种方法的有效性。瞬变电磁法是基于电磁感应原理的时间域人工源电磁探测方法；大地电磁法是基于电磁感应原理，用于研究地球电性的一种地球物理方法。针对研究矿井分别应用上述两种探测方法，通过两种方法的探测反演成果和已知的真实资料对比分析验证，发现两种方法获得的探测反演成果和已知资料均能很好地吻合，都能较好地反映出地层的电性特征，推断勘探区存在的一处积水采空区的分布范围也与真实情况较为吻合，与现场实际资料及钻探结果基本一致，充分说明了两种探测方法在进行积水采空区探测时的有效性。

　　上述研究中瞬变电磁法勘探选用大定源回线装置，根据探测深度在地面铺设一个大线框，通过瞬变电磁仪发射机给线框通以阶跃变化的脉冲电流，从而在地下介质中产生一次电磁场，再由感应激发极化作用产生二次电磁场，利用瞬变电磁仪接收机对二次电磁场进行数据采集。通过 Betem 软件对采集的数据进行整理、转换、编辑、滤波去噪、时深转换、反演等一系列处理，使用 Surfer 软件绘制视电阻率等值线图，最后结合地质资料对异常区域进行解释。瞬变电磁法工作方法流程如图 2-14 所示。

　　大地电磁法勘探采用 EH-4 大地电测勘探方法，直接记录天然场源的电磁信号，通过傅里叶变换，将时间域信号转换为频率域信号，从而得到 X、Y 方向上的电场强度 E_x、E_y 和磁场强度 H_x、H_y，计算卡尼亚视电阻率，从

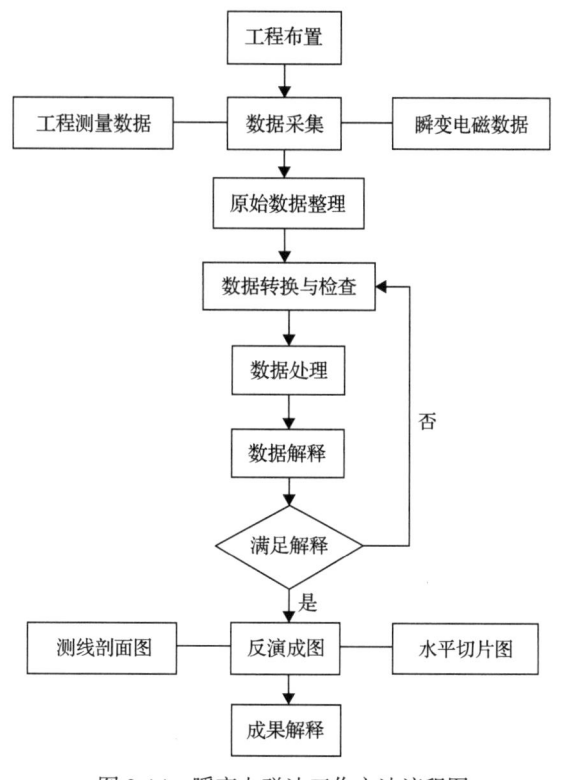

图 2-14　瞬变电磁法工作方法流程图

而反映地下物质的电性结构。实验中为了弥补天然场源在高频段信号弱的缺点，配置了特殊的人工电磁波发射源，选用带磁偶源电磁系统模式。野外数据采集主要方式为单点的张量观测，数据采集前进行平行试验、信号场选择等施工前准备工作，野外工作进行测线布置、数据采集、数据预处理等工作。室内工作中采用配套的软件对数据进行处理，在处理过程中，首先对野外数据进行去坏道、去噪等处理，然后进行一维及二维反演成像等处理，使用 Surfer 软件绘制视电阻率等值线图，最后结合地质资料对异常区域进行解释。大地电磁法工作方法流程如图 2-15 所示。

(2) 废弃矿井采空区煤层气步井技术

采空区井一般采用垂直井身结构，基于此类井身结构提出以下井位布置原则 (周显俊等, 2022)：①依据采空区积水探测成果，结合煤层底板等高线数据，将采空区井布置在采空区积水区域之外；②针对房柱式采煤形成采空区的空间形态，采空区井应避开保护煤柱最终完钻至采空区空间内，针对长壁式垮落法采煤形成采空区的空间形态，采空区井最优钻井区域为 "O" 形圈边界连线和采场边界之间靠近停采线一侧;③采空区井位布置要考虑地面建筑物及附着物对井场钻井施工及抽采的影响。图 2-16 为煤矿采空区井井位布置图。

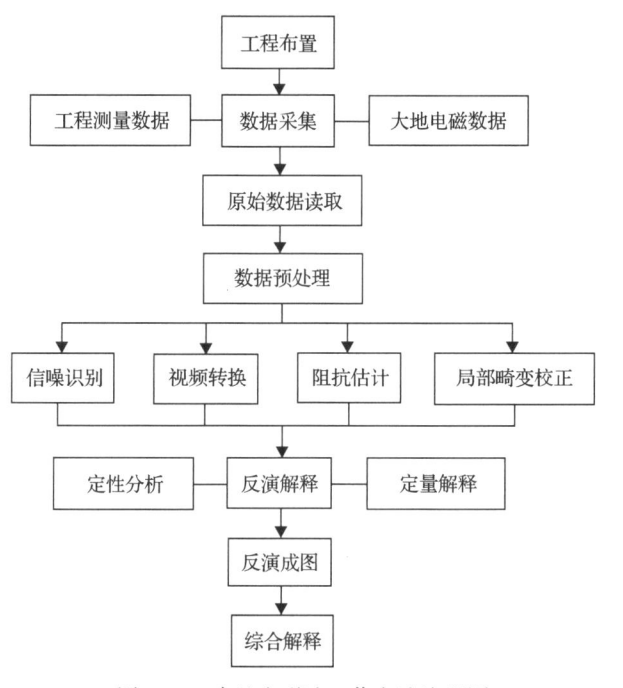

图 2-15 大地电磁法工作方法流程图

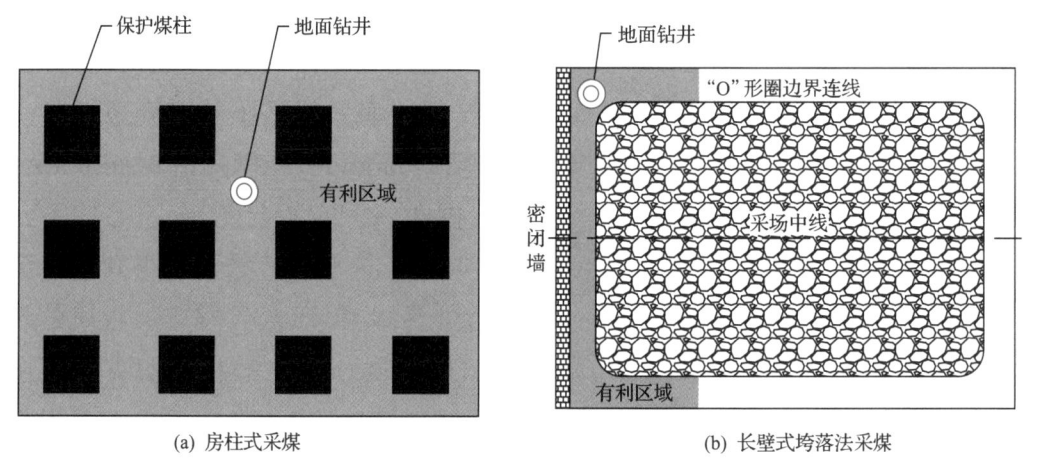

(a) 房柱式采煤 (b) 长壁式垮落法采煤

图 2-16 煤矿采空区井井位布置

(3)废弃矿井采空区煤层气钻完井技术

近年来,煤炭地质单位积极研究煤层气抽采新技术、新方法,根据煤层气赋存情况,形成了一套行之有效的地面煤层气高效开发钻井技术,降低了煤层气开发利用成本。我国多个煤层气地面项目在实现煤系气综合抽采方面取得了重大突破，积累了丰富的经验，为实现关闭煤矿煤层气抽采及高效利用提供了重要的技术支撑。

孟召平等(2021)基于晋城矿区寺河井区煤矿采空区分布特征，通过地质分析、采空区煤层气成分、浓度试验和资源量模型计算等方法系统研究了煤矿采空区煤层气资源条件及地面抽采关键技术，揭示了采空区煤层气赋存规律，给出了不同赋存状态下煤层气资源量计算模型和方法，探索了煤矿采空区煤层气地面钻井关键技术。其针对采空区上部岩体断裂发育特征，将采空区煤层气抽采井身结构由二开优化为三开，二开固井封闭断裂带上部含水层，三开下入割缝套管护壁，有效缓解了采空区上部含水层涌水对钻井井身稳定性及抽采效果的影响。同时，研发了潜孔锤+压缩空气(氮气)钻井工艺，应用氮气取代空气作为循环介质，形成了安全揭露含气断裂带钻井工艺，为采空区煤层气安全抽采探索了有效途径。

相关研究针对废弃矿井单个面积较大采空区或者相邻采空区群，结合井下高位钻孔开发技术和地面直井开发技术的优缺点，提出通过地面施工，形成井身轨迹为直线-曲线形式的单孔底定向孔的"L"形井身结构(图 2-17)，能够最大限度地开发区域性密闭采空区煤层气资源，扩大废弃矿井采空区揭露空间，相较于地面直井开发技术而言，可以有效增加废弃矿井采空区揭露

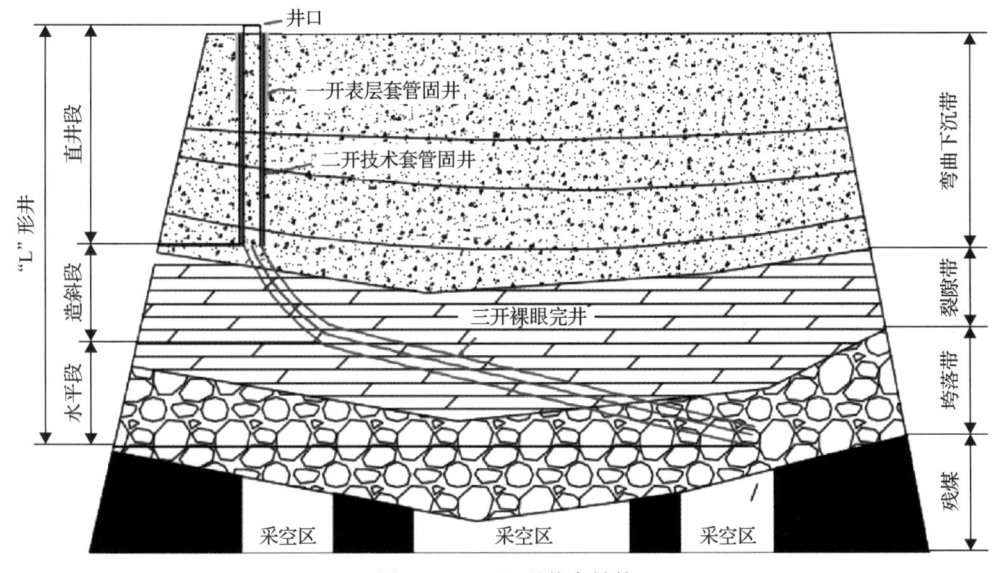

图 2-17 "L"形井身结构

面积，提高单井产能；相较于井下高位钻孔开发技术而言，则可以有效降低施工成本，提高单井经济性。

废弃矿井采空区钻井过程中，定向系统常常选择电磁波随钻测量系统，对深部煤储层及地层电阻异常区进行探测，电磁波随钻测量技术不能有效地获取地层参数，穿采空区段无法保证造斜率实现精确定向钻进，故地面"L"形井井型仅适用于地质构造简单、埋深400m以浅及基础资料准确的废弃矿井采空区。主要技术思路为首先选择废弃矿井采空区周边一定距离的保安煤柱等实体煤区域作为"L"形井井位，一开段钻至基岩下一定距离终孔固井，可选择常规泥浆钻井工艺；二开段钻至采空区裂隙带上方一定区域停钻作为造斜点，开始更换氮气等惰性气体作为循环介质，同时根据井位与采空区实际相对位置关系设定方位角，设置一定小角度的顶角值可以尽快钻至裂隙带区域终孔固井；三开段保持方位角不变，设置一定大角度的顶角值可以较大范围地揭露采空区空间，至预定区域或严重漏风位置处进行终孔，不进行固井仅采用割缝筛管护壁。

大口径钻进技术等特殊钻进技术主要应用于煤矿通风井、煤层气抽放井、矸石填充井、应急排水井、注氮气灭火井等领域。在山西五阳矿地面煤层气抽放系统改扩建煤层气抽采井工程、山西塔山煤矿瓦斯抽放1号和2号孔、山西塔山煤矿试验1孔等开展了一系列重点工程。在关闭煤矿资源开发利用中可用于关闭煤矿煤层气抽采和空间资源的综合治理。

赵向东(2020)依据工程实践经验，对比了水力钻井和压缩气体钻井技术的优缺点，发现水力钻井技术的钻井液在采空区裂隙发育区漏失严重，且泥浆极容易堵塞产气裂隙，因此选用压缩气体钻井技术开发了适合煤矿采空区钻井的新型钻井工艺，该工艺采用两段式钻井，即在钻井的一开和二开选择压缩空气作为井内循环介质。当三开钻进至采空区上部裂隙发育区，采空区内煤层气通过裂隙运移至井筒内。若此时仍使用压缩空气作为循环介质，运移至井筒内的采空区瓦斯与压缩空气混合后，必然使甲烷体积分数处于爆炸极限范围内，钻井存在极大的安全隐患，因此选择压缩氮气作为井内循环介质，氮气介质相比空气介质可抑制甲烷爆炸，极大地提高了钻井安全性。三开氮气钻井工艺流程中，使用膜制氮设备制备工业氮气，并通过压缩机将氮气压入钻杆中。分段式的工艺设计，在大规模钻井时，可合理安排每口钻井的钻进时段，此种模式下不需要每台钻机配备膜制氮设备，提高了膜制氮设备的使用效率。

该工艺选用压缩空气（氮气）作为循环介质，在采空井钻井时对钻井工艺参数进行了优化，主要包括循环介质、钻压、钻速、排量等，开展了采空区井过裂隙带钻井技术试验，既降低了采空井钻井成本，又可有效钻至采空区煤层底板工程要求位置处，满足了生产要求，取得了较好的效果。该工艺应用地面采空区抽采井完井，采用连续固井技术，一开典型套管串结构为引鞋+套管鞋+表层套管，二开典型套管串结构为引鞋+套管鞋+旋流短节+套管+回压凡尔+一根套管+承托环+套管串+联顶节+水泥头，主要固井设备有水泥车、水泥储灰罐、混合漏斗、混合罐、压风机车、流量计车及相关附属设备等。

为有效缓解采空区上部含水层涌水对钻井井身稳定性及抽采效果的影响，经过综合比较，相关研究根据现场钻井试验，将采空区煤层气抽采井身结构由二开优化为三开，二开固井封闭断裂带上部含水层，三开下入割缝套管护壁（图 2-18）。

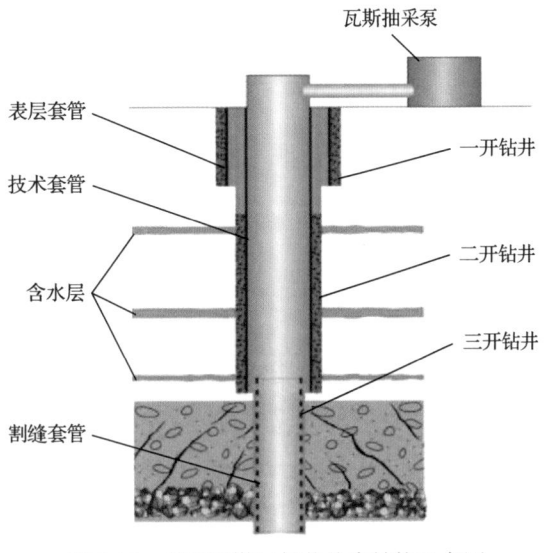

图 2-18   采空区煤层气井井身结构示意图

一开钻井的井径缩小，降低钻井成本；二开钻井仍保持原有井径，使用技术套管封固采空区上部含水层；在此基础上，增加三开钻井并下入割缝套管防止松散岩块坍塌。该井身结构相比初始井身结构，能有效封堵含水层涌水和防止三开裸眼井段坍塌，显著提高了采空区煤层气抽采效果。

(4)废弃矿井采空区煤层气抽采技术

王波结合生产井的抽采数据,分别从产气阶段划分和甲烷浓度变化特征两方面分析了生产井的产气特征,并探讨了抽采负压对流量的影响,提出了封闭采空区煤层气井间歇式抽采工艺。

封闭采空区间歇式抽采工艺机理如下:负压作用下,吸附态的煤层气经过解吸—扩散—渗流三个阶段产出。抽采负压所提供的压力梯度是采空区裂隙中的游离气向井筒方向渗流的动力,当裂隙气体流出后,在压力差的作用下,吸附在基质上的煤层气开始解吸。随着抽采时间的增加,煤层气体含量持续下降,导致采空区裂隙气体的压力梯度不断降低,基质与裂隙气体压力差逐渐缩小,故抽采负压提供给采空区残煤中吸附气解吸与渗流的动力会随着抽采时间的增加而逐渐减弱。

当抽采负压提供气体流动的动力不断减小时,为了满足受力平衡,负压对从漏风裂隙涌入采空区空气的作用力将逐渐增大,从而漏风量逐渐增大。随着残煤气体含量的降低以及采空区漏风量的增大,采出气体的甲烷浓度持续降低,氧气浓度持续提高,这为采空区遗煤自燃提供了条件。当长时间连续抽采后甲烷浓度降至可供利用最低值或者采空区出现遗煤自燃征兆时,应关井停抽等待恢复。

采空区井停抽后,因采空区相对外部密闭,内部压力为负压状态,外界气体会通过漏风通道进入采空区,并且采空区残煤会继续解吸。两者共同作用下,内外压力将趋于平衡。在采空区内外压力恢复平衡后,采空区内气体分布并未达到平衡状态。气体分子扩散作用是停抽后采空区甲烷浓度恢复的主要原因。扩散作用是气体分子从高浓度区向低浓度区的运动过程,其同时发生在裂隙系统与基质孔隙中。在经历长时间负压抽采后,距离钻孔越远,煤体中甲烷含量越高。因此,在浓度差的作用下,甲烷分子将由浓度较高的远距离区域缓慢扩散至浓度较低的近井地带。另外,气体分子之间的竞争吸附和置换解吸行为也对停抽后采空区甲烷浓度恢复起到了一定作用。煤基质吸附气体是依靠范德瓦耳斯力的一种物理吸附行为,但其对不同气体的吸附能力强弱存在差异,大量研究表明,煤对甲烷的吸附能力大于氮气但小于二氧化碳。停抽后由于不同组分气体分子之间存在着竞争吸附的关系,二氧化碳分子更容易被吸附,使得部分甲烷和氮气分子被置换解吸出来,这也在一定程度上促进了采空区甲烷浓度的恢复。

综合上述研究,在抽采初期应首先采用高负压将堵塞在井筒附近的煤岩颗粒和钻井残留材料排出,之后应寻找最佳抽采负压,使抽采流量达到最大值,实现高效抽采。封闭采空区井停抽指标为甲烷浓度降至利用低限或者采出气体出现温度或一氧化碳浓度异常升高等自燃征兆;复抽指标为甲烷浓度恢复稳定且明显高于停抽前浓度,同时采出气体温度恢复正常。

2. 废弃矿井煤层气资源利用技术

山西省废弃矿井主要可以分为国有大矿、兼并重组矿井、关闭矿井三部分,其中关闭矿井、兼并重组矿井中被整合小矿部分及大矿彻底通风隔离的已开采盘区,瓦斯浓度最高,前人研究适合进行管道输送、液化天然气运输等利用方式,其余为正在生产区、密闭不严干扰区、采动裂隙地表沟通区,适合在确保煤炭安全开采的前提下进行低浓度瓦斯综合利用,如瓦斯电厂。

针对废弃矿井采空区煤层气开采浓度差异较大的特点,同时考虑到煤层气开采的安全性与高效性,可以将废弃矿井采空区煤层气地面开采利用按照浓度高低进行梯度划分(图 2-19),分为高浓度(30%以上)、中低浓度(20%~30%)、低浓度(5%~20%)及极低浓度(5%以下)煤层气。按照煤层气浓度差异,分别采用不同的开采设备,并匹配对应开采工艺进行开发与利用。针对废弃矿井煤层气地面井布井区域通常位置偏远、配套工程投资较高、采空井供电线路成本高的客观问题,利用双燃料发电机组可以为开采设备持续提供电能,对废弃矿井煤层气开发具有重大的现实意义。

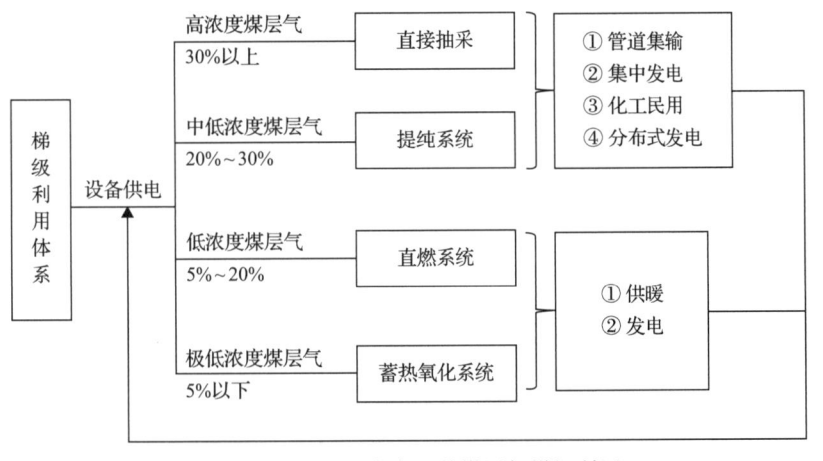

图 2-19　山西省废弃矿井煤层气梯级利用

(1)高浓度煤层气开采利用技术

高浓度煤层气资源可直接通过增压机组进行开采,经过初步脱水和增压后并入集输管网,根据终端需求用于民用、化工、燃料等行业。

(2)中低浓度煤层气开采利用技术

中低浓度煤层气无法通过增压机集输利用,为充分利用中低浓度煤层气资源,针对野外地面开采条件,应用具有安全开采、甲烷提纯、增压集输等功能的分布式提纯系统,提纯后变为高浓度煤层气可直接进入集输管网,根据终端需求用于民用、化工、燃料等行业。

(3)低浓度煤层气开采利用技术

目前主要有低浓度煤层气直燃制热技术,直燃制热核心技术是通过自动控制系统自动调整低浓度煤层气和空气的流量、流速,保障稳定可控燃烧。采用特殊的金属织物燃烧器和安全保障系统,避免低浓度煤层气在燃烧器内发生爆燃、回火等问题,实现低浓度瓦斯安全地直接燃烧,转换为热能后进行后续供暖及发电利用。低浓度煤层气安全提纯和增压输送系统如图 2-20 所示。

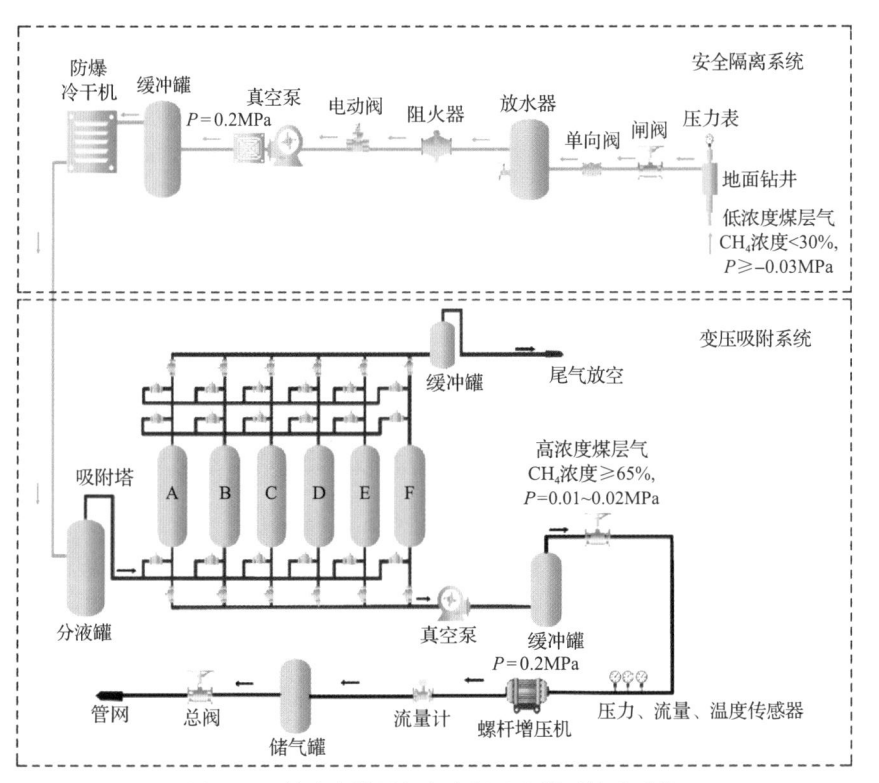

图 2-20　低浓度煤层气安全提纯和增压输送系统

P 为气体压力

(4)极低浓度煤层气开采利用技术

目前主要有蓄热氧化利用技术，主要由低浓度瓦斯输送安全保障系统、瓦斯混配装置、蓄热氧化装置、新风(热水或蒸汽)换热装置、综合安全控制系统组成，核心装备为多床式瓦斯热逆流氧化装置，极低浓度煤层气发生蓄热氧化反应转换为热能，进行后续供暖及发电利用。

第三节　废弃矿井遗留煤层气资源开发利用支撑条件

一、遗留煤层气资源开发利用面临的瓶颈问题

山西省是国内废弃矿井煤层气资源开发利用的先行者之一，同时已出台国内最有扶持激励力度的非常规天然气开发利用政策保障体系。然而，面对废弃矿井煤层气资源规模性开发利用这一新领域，仍存在三方面瓶颈问题亟待解决。

第一，废弃矿井遗留资源开发利用权益保障政策和技术预案要求缺位。山西省与国内其他地区一样，严格执行国家和地方关于环境保护的法律法规，对废弃矿井的大气环境、土壤环境和水环境进行监控。同时，政府对遗留资源后续开发利用工程预设没有强制性要求，在完成闭坑措施后才进一步考虑遗留资源开发利用问题，遗留资源矿业权属也尚不明确。这一"被动"局面导致出现两方面瓶颈问题：其一，风险投资合法性及权益保障不明，可能致使一些有战略眼光的投资者裹足不前；其二，遗留资源难以利用在原有基础工程上，过多新上马工程势必拉高开发利用成本。

第二，废弃矿井遗留资源开发利用全方位保障条件需要进一步完善。全方位保障的首要措施是明确规定遗留资源矿业权属及其合法获取途径，也包括遗留的土地以及煤炭、煤层气、地下水乃至煤矸石资源的延续、转让或招投标政策。同时，科技攻关专项计划、财税优惠及补贴、市场准入、投资融资等政策性导向对促进废弃矿井遗留资源开发利用也十分重要。然而，面对废弃矿井遗留资源这一新领域，目前缺乏系统的政策保障措施，可能难以激发市场投资主体的风险投资积极性，成为快速推进废弃矿井遗留资源开发利用的又一大瓶颈问题。

第三，废弃矿井遗留资源的高效低成本低污染开发利用尚存在某些关键技术瓶颈。相关技术瓶颈存在于全产业链，包括三个产业环节：一是遗

留资源开发规划与评价环节，核心是煤炭开采扰动后遗留资源探测与可开发性预测评价技术以及开发工程环境评价技术，对于将来废弃矿井，也包括遗留资源开发工程预设或预留技术；二是遗留资源开发生产环节，核心在于以低污染低成本开发为目标的关键技术，对于遗留煤层气资源还需发展选井、选层、井孔稳定性和高效可持续抽采管控技术；三是遗留资源利用环节，核心为集中式或分布式高效利用技术，具体到遗留煤层气资源则为基于甲烷浓度高低的分质高效利用技术。通过先导示范工程集成攻关，有望形成集探测评价、分类开发、分质利用"三位一体"的遗留煤层气资源开发利用技术体系。

二、遗留煤层气资源开发利用技术需求

1. 煤层气资源评价指标需要完善

废弃矿井煤层气由采空区内残煤、上覆煤岩层和下伏煤岩层的吸附气以及自由空间的游离气和溶解气组成，如何准确确定上覆煤岩层和下伏煤岩层的扰动影响范围是一项极为困难的工作，不同地质条件的矿井可能有不同的扰动影响范围，而且采煤过程中部分煤层气有可能通过地表裂隙逸散至大气中，少量溶解气也会随着井下排水至地面后逸散，这部分逸散量比较难估计；采空区形成后往往会有大量地层水通过裂隙带涌入采空区内，这部分积水减少了采空区内的自由空间，导致游离气含量的计算变得更为困难，因此如何科学、合理地完善废弃矿井煤层气资源计算模型成为极为棘手的现实问题。

2. 地面抽采煤层气钻井的井位层位确定困难

山西省很多废弃矿井由于历史原因存在基础地质资料缺失、井下资源不清等问题。同时，地质类型及采煤工艺等不同条件下的废弃矿井采空区，其煤层气分布特征及富集规律差异性明显。相关废弃煤矿煤层气抽采工程实践显示，初期采空区试验井钻井过程中经常钻遇煤柱、积水区、压实区、煤岩巷甚至原位煤，实际钻井成功率仅 50% 左右。由于采空区顶板覆岩"三带"高度、发育特征和不同采煤方式下采空区内部空间展布不尽相同，顶板覆岩的裂隙网络连通特性对采空区井层位的确定至关重要。当前，废弃煤矿地面

抽采钻井施工成本高、投资回收期过长，也制约了废弃矿井采空区煤层气资源开发技术的推广。

3. 地面钻完井工艺需要完善

目前，废弃矿井煤层气钻进过程中分别采用泥浆钻井工艺和氮气欠平衡钻井工艺，经常面临井漏严重、掉块卡钻、下套管遇阻、固井质量差等一系列问题。泥浆钻井工艺对设备要求不高，施工成本也低，在钻进不漏失及漏失不太严重的地层时，可以作为钻进的首选工艺。当钻进至采空区地层时，因采空区裂隙带和冒落带地层普遍漏失严重，而基于常规堵漏方式的泥浆钻井工艺将面临采空区井底部不返浆和堵不住的难题，废弃矿井煤层气地面定向井(水平井、"L"形井)钻井过程中循环介质漏失现象更为明显，再加上常规堵漏材料容易污染产气层，所以泥浆钻井工艺无法满足采空区裂隙发育地层的钻井施工技术要求。另外，空气可以通过井筒与采空区内煤层气混合，导致钻井过程中存在极大的安全隐患。基于泥浆钻井工艺无法解决采空区地层漏失、污染储层及安全钻进等问题，在施工采空段地层时更换为氮气欠平衡钻井工艺，一方面因空气密度小，循环过程中将大大降低井筒压力与地层压力的压差作用，减少循环介质向裂缝地层的漏失量，对储层污染的影响极小；另一方面氮气为惰性气体，可以安全揭露采空区。但是氮气钻井工艺在冲击碎岩时会产生大量的粉状岩屑，在高压空气的作用下集聚于采空区裂隙带及垮落带孔隙内，堵塞采空区煤层气运移通道，降低单井产能。另外，氮气钻井工艺由于高压气体排屑影响，井场附近存在大量扬尘，污染周边环境。

4. 地面抽采工艺需要完善

废弃矿井采空区地面井作为一种煤层气开采新井型，即在废弃后的小中型煤矿通过地面垂直钻井至采空区垮落带内，使井口与采空区有效沟通，地面使用负压抽采设备产生压力降直至采空区内部裂隙空间，达到抽采煤层气的目的。采空区煤层气安全抽采必须要避免在煤层自然发火倾向严重或曾经发生过采空区自燃着火的采空区开展。此外，还需要从抽采工艺流程、抽采制度、抽采设备、安全监测监控、安全保障措施、安全操作规程等方面采取完善措施。对采气管线内涉及防火防爆的指标气体浓度和主要抽采参数开展实时监测,包括甲烷浓度、氧气浓度、一氧化碳浓度、抽采压力、气体温度、采出气混合流量及甲烷纯流量等。

三、遗留煤层气资源开发利用资金需求

对于关闭煤矿煤层气抽采,尽管符合国家优惠及补贴的条件,但与常规井下煤层气抽放及原位煤层气开发相比,其投入产出比仍偏高,因此需要国家政策进一步加大关闭矿井煤层气开发利用补贴力度,出台相应的优惠价格、税收、财政补贴等相关政策,并在进行关闭矿井煤层气抽放时,鼓励多方寻求合作,争取更多的投资公司、煤矿企业、环保企业用多种专业模式投入到关闭矿井煤层气开发中。另外,通过相关产业政策支持与鼓励,促进关闭矿井煤层气资源化规模开发进程。

国内废弃煤矿煤层气开发利用项目的资金来源除政策性补贴外,还需要拓宽多种渠道,如废弃煤矿煤层气资源开发利用的资金可由中央政府、省政府、煤矿企业等共同提供。此外,市场化的运营模式也是国内废弃煤矿煤层气资源成功开发利用可以考虑的保障,可以"公益基金+社会捐赠+市场收益"为主要模式。

四、遗留煤层气资源开发利用政策需求

由于废弃矿井煤层气资源的技术成本和生产成本都较高,各类技术及项目开发都离不开政府在政策和资金上的大力支持。建议国家加大财政支持力度,设立矿井关闭退出专项基金,用于资产处置、废弃煤矿煤层气产业引导等;出台支持废弃矿井地上地下资源协同开发利用的产业政策,并优先支持废弃矿井企业进行开发;出台废弃矿井煤层气开发项目专项税收减免或者优惠政策,以鼓励更多企业和社会参与投资建设;建设废弃矿井煤层气开发项目的投资金融体系,明确产权与利益分配机制。地方政府则应解决好煤层气矿权的各类问题,并在土地利用、电网接入、示范项目申报许可、建设规模指标等方面给予相应支持,营造有利于废弃矿井煤层气开发项目落地的营商环境,促进废弃矿井煤层气开发项目落地。矿业企业也应转换思维方式,重视挖掘废弃矿井资源潜力,将地面抽采煤层气与地上资源整合起来,进行全产业链协同开发,积极探索废弃矿井煤层气开发项目建设、运行等新型投资机制及商业模式。

第四节　山西省废弃矿井遗留煤层气资源开发利用路线

山西省具有扎实的废弃矿井(煤炭采空区)煤层气开发利用基础,以晋城、西山矿区为主,每年开发利用规模已经达到 2 亿 m^3。也就是说,与国内多数地区相比,山西省废弃矿井煤层气资源开发利用已经走过了探索奠基阶段。在此基础上,建议采用"两步走"快速推进战略,支持全省碳达峰目标实现。

第一步,目前至 2025 年,攻克关键技术瓶颈,完善政策保障体系,年开发规模突破 10 亿 m^3。进一步梳理前期探索实践的得失,以政府驱动为引导,以示范工程为抓手,推广目前已经形成的废弃矿井煤层气开发先进技术,开展现有关键技术瓶颈问题攻关研究,形成以探测评价、分类开发、分质利用"三位一体"的废弃矿井遗留煤层气资源开发利用技术体系。同时,梳理现有煤层气(煤矿瓦斯)开发利用政策,拾遗补阙,从矿业权改革、科技计划、财税政策、投资融资等方面加大扶持激励力度,完善遗留煤层气资源开发利用保障体系。

第二步,2026～2030 年,实现废弃矿井煤层气开发利用基地全覆盖,年开发规模达到 20 亿～25 亿 m^3。将技术体系、保障体系"两柱"合成集中于形成废弃矿井煤层气资源开发规模的唯一目标,本着"应采尽采"的基本原则,以政策保障体系为基础,以产业布局为平台,以市场化制度和经济驱动为手段,实现具有产业基础的晋城、西山两大基地废弃矿井煤层气资源开发利用规模扩展,建成阳泉、潞安、离柳、霍东、大同废弃矿井煤层气资源开发利用基地,基本完成山西省废弃矿井遗留煤层气开发利用基地的战略布局。

第三章

山西省废弃矿井抽水蓄能战略研究

第一节 废弃矿井抽水蓄能技术

一、常规抽水蓄能与废弃矿井抽水蓄能技术

1. 常规抽水蓄能技术

抽水蓄能技术是目前我国最主要的大规模电能储蓄技术。在电网用电需求低时,利用抽水蓄能技术可将电网富余电量用于抽取下水库中的水至上水库,此时电能转化为势能储存起来;当电网用电需求高时,利用抽水蓄能技术可将上水库的水向下水库释放,带动水轮机将势能转化为电能补充给电网。抽水蓄能技术原理如图 3-1 所示。

抽水蓄能电站相当于电能的"储蓄银行",一般有两种蓄能方式,一种是利用电网低谷过剩电力"整存整取",另一种是利用风能、太阳能等不稳定低效电能抽水,在放水发电时形成稳定高效电能的"零存整取"。抽水蓄能调峰方法具有启动速度快、可靠性高等优点,是电网运行管理的重要工具。

2. 废弃矿井抽水蓄能技术

我国能源资源赋存的基本特点是贫油、少气、相对富煤,2020 年煤炭在我国一次能源生产和消费结构中的比例分别为 76%和 66%。煤炭作为主体能源地位相当长一段时期内无法改变,仍将长期担负国家能源安全、经济持续健康发展重任。随着我国经济社会的发展和煤炭资源的持续开发,部分矿井已到达其生命周期,也有部分落后产能矿井不符合安全生产的要求,开采成本高、亏损严重,面临关闭或废弃。尤其是近年来实施的煤炭去产能政策,促使一批资源枯竭及落后产能矿井和露天矿坑加快关闭,形成大量去产能矿井。据统计,"十二五"期间淘汰落后煤矿 7100 处,淘汰落后产能 5.5 亿 t/a,其中关闭煤矿产能 3.2 亿 t/a。

随着我国能源结构中清洁能源电力占比的不断提高,电力行业对电力储蓄的需求日益迫切。预计到 2030 年,我国单位 GDP 二氧化碳排放量比 2005

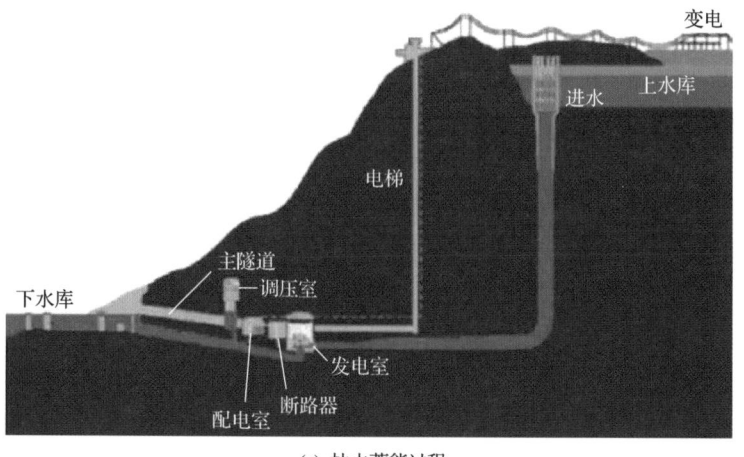

(a) 抽水蓄能过程

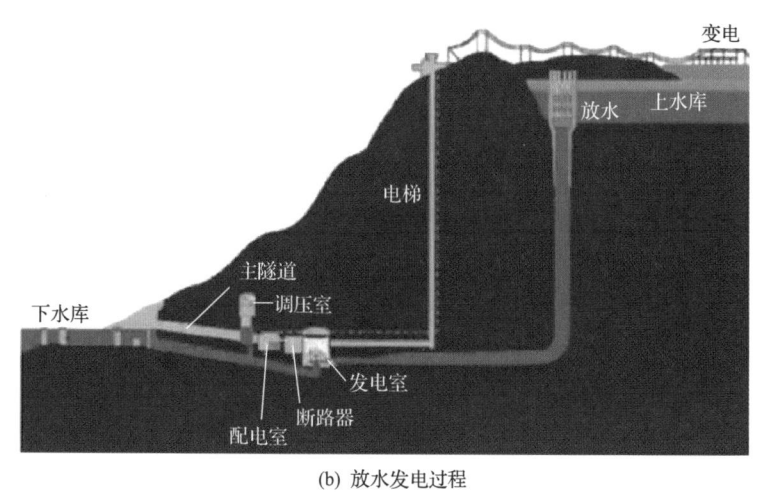

(b) 放水发电过程

图 3-1 抽水蓄能技术原理

年下降 60%～65%，非化石能源占一次能源消费的比例达到 20% 左右。我国近年来大力发展的清洁能源中，太阳能和风能具有随机性、间歇性和波动性的特点，核能存在负荷调节能力差的弱点，如果没有大规模的储能技术平抑这种电力供给侧和需求侧的波动，盲目扩张清洁能源电力的比例必将给我国电网带来巨大的安全隐患。电力行业呼唤新一代大规模、高可靠性的电力储蓄技术的出现。

抽水蓄能技术已经成功运用了 100 多年，是目前人类已知的大规模电能储蓄技术中，成熟度最高、规模最大、可靠性和经济性最好的一种模式。利用废弃矿井改造抽水蓄能电站的核心是将废弃的矿井空间改造为大型储能蓄水库，利用矿井蓄水库之间几百米的巨大落差储蓄电力。按照上下水库的空间位置不同可以将废弃矿井抽水蓄能分为 3 种模式。

(1)地表塌陷区+地下巷道模式

该模式主要是针对地下开采矿井提出的。将地下开采形成的地表塌陷区改造为上水库,地下绵延十几甚至几十公里的废弃巷道作为下水库,构建抽水蓄能电站(图 3-2)。当用电低谷时,启动水泵将下水库(地下巷道)内的水扬至地表上水库(塌陷区),消耗电网的富余电力并将之转化为高位重力势能储存起来;当电网用电高峰出现时,可以让上水库储存的水流入下水库,通过水轮机将水的重力势能转化为电能,向电网供电,实现移峰填谷。该模式下,上水库暴露于地表,而下水库封闭于地下,因此也被称为"半开放式"废弃矿井抽水蓄能。

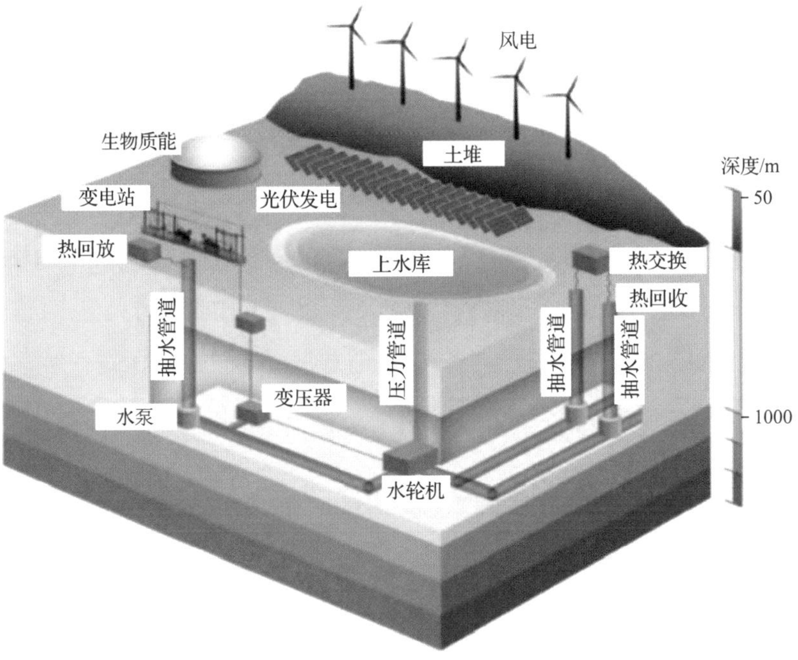

图 3-2　地表塌陷区+地下巷道模式

(2)地下巷道+地下巷道模式

该模式也是针对地下开采矿井提出的,利用地下浅层巷道或采空区(深度 100~200m)改造为上水库,地下 500m 甚至更深的巷道或采空区作为下水库(图 3-3)。与地表塌陷区+地下巷道模式的不同之处在于,该模式完全利用地下不同深度的巷道构建上水库和下水库,水库均封闭在地下,因此也被称为"封闭式"废弃矿井抽水蓄能。"封闭式"废弃矿井抽水蓄能的优势之一是水库蒸发量极少，特别适合于干旱缺水地区的废弃矿井再利用。

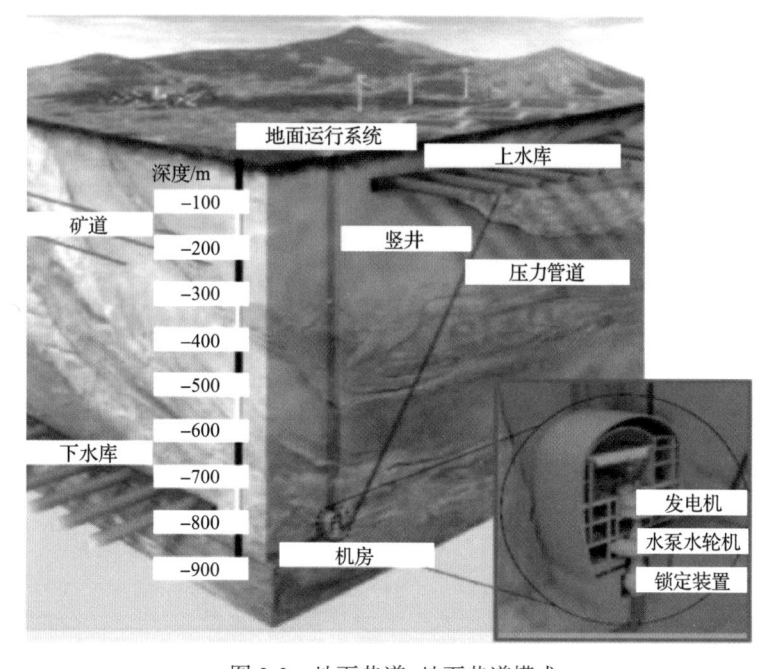

图 3-3　地下巷道+地下巷道模式

（3）地表露天矿坑模式

该模式主要应用于露天矿,利用露天矿坑之间的不同高差构建抽水蓄能电站。由于上水库和下水库完全暴露于地表,因此也被称为"开放式"废弃矿井抽水蓄能。

二、发展废弃矿井抽水蓄能技术的意义

基于抽水蓄能的原理,将废弃矿井的地上/地下空间改造成储能蓄水库及相关输水系统,就形成了废弃矿井抽水蓄能系统。以该系统为核心,可进一步发展为水、光、风、气、核互补分布式智能能源系统。发展该技术,在实现废弃矿井变废为宝的同时,还能拉动我国清洁能源产业及相关产业链的发展,促进资源枯竭型城市的转型,对我国能源产业的发展具有重要的战略意义。

构建废弃矿井抽水蓄能电站,在获得传统抽水蓄能电站移峰填谷、提高电网运行稳定性和经济性效益的同时,原有的矿业废弃迹地还可以获得变废为宝、生态化转型的收益。除了这些局部收益,在我国发展废弃矿井抽水蓄能技术还具有以下战略意义。

1. 有助于我国中东部地区矿业资源枯竭型城市的转型

我国东北、华北、苏鲁豫皖等中东部地区废弃矿井资源丰富，是我国矿业资源枯竭型城市的主要分布地区。在这些矿业资源枯竭型城市建设废弃矿井抽水蓄能电站，有助于这些城市的矿业机电装备产业向电力储能产业转型（建设矿井储能电站的工程技术和装备与传统矿业体系重合度很高），矿业人口向电力建设人口转型，矿业迹地向新能源景观型电站转型。此外，有了大规模储能的支持，这些城市的光伏产业、智能电网、分布式能源产业也可以趁势而起，闯出一条具有矿业特色的矿业资源枯竭型城市转型之路。

2. 有助于我国沿海核电和东海风电能源带的建设

未来，随着我国能源结构调整，必将在东部沿海地区自北向南建设大量核电厂，形成沿海核电能源带；此外，东海大陆架沿线也是我国建设海上风电的首选场地，形成东海风电能源带。但是核电机组调峰能力不足，风力发电稳定性差，建设上述两条能源带迫切需要大规模的储能服务作依托。若沿山东、江苏、安徽这一条自北向南的废弃矿井带大规模建设各种规模的废弃矿井抽水储能电站，正好与我国核电能源带和海上风电能源带相平行，可为我国华东地区提供城市级储能服务。

3. 有助于我国"三北"地区"弃风弃光"问题的缓解

"三北"地区是我国太阳能、风能资源丰富的地区。但受限于没有有效的储能服务支持，加之"三北"地区自身消纳能力不足，造成普遍的"弃风弃光"现象。我国华北、山西、内蒙古至新疆一线废弃矿井资源丰富，发展地下分布式抽水蓄能电站将有效缓解我国"三北"地区"弃风弃光"问题，进一步促进我国新能源产业的发展以及能源结构的战略性调整。

4. 有助于我国东部地区智能电网的建设

废弃矿井分布式抽水蓄能技术的推广，可以形成我国自东北到皖北的东部储能服务带。该储能带恰好可为我国未来京津冀、长三角等东部发达地区的智能电网建设提供储能支持。而智能电网、分布式能源一旦有了储能服务的依托，就可以大幅度提高新能源电力的占比，大幅度降低电力系统的碳排放。从世界角度看,智能电网若率先在我国实现实用化,不仅具有巨大的经济意义,也是重要的政治性标志。

三、我国废弃矿井抽水蓄能技术的未来发展

1. 废弃矿井抽水蓄能电站发展的总体要求

我国若要实现废弃矿井抽水蓄能发电,需要全面研究废弃矿井开发利用过程中矿井水资源化的政策、经济、能源、环境问题,开展利用废弃矿井建设地下水库、矿井水循环利用和抽水蓄能发电等技术研究。

其一,结合未来废弃矿井分布、数量及容积等参数,充分利用废弃矿井中巨大的地下空间,实现储水、蓄能发电、矿井水循环利用和新能源开发等多重目标,实现变产煤为产电。

其二,建立地下水库建设与抽水蓄能发电的技术路线图,提出亟须攻克的关键技术领域和研发平台,构建煤矿地下水库、矿井水循环利用与抽水蓄能发电一体化技术体系。

2. 未来我国废弃矿井抽水蓄能主要技术问题

废弃矿井建设抽水蓄能电站的核心问题在于地下蓄水空间的建设。未来,我国在该领域需要重点关注的技术问题包括以下方面。

(1)井下空间利用

由于需要利用矿井蓄水库之间几百米的巨大落差储蓄电力,煤矿开采过程中,煤层赋存多样使得巷道也常为多水平开拓布置。因此,可选择合适的高差来满足抽水蓄能电站的上下水库布置需求。

对于抽水蓄能电站蓄水库的选择,可利用在煤矿开采过程中的巷道、硐室、采空区等地下空间。由于一些废弃矿井的大巷等主要巷道的质量较好,顶底板及围岩较完整,可以作为电站的主要蓄水库。而采空区随工作面的不断回采,顶板的岩层受到采动应力的影响不断破坏,存在大量连续或间断的松散空间,连贯性差、加固及防渗难度较高,因此采空区作为地下抽水蓄能电站蓄水库的备用选择。

从空间结构来看,废弃矿井与地面之间通常由竖井相连,这些竖井在建设抽水蓄能电站时,可被用作沟通地面与地下的交通井,也可被用作抽水蓄

能电站的出线洞以及抽水蓄能电站的水道,同时不同水平的采矿层之间往往通过斜井连接，也可作为水道的一种选择。

(2)储水空间围岩稳定

利用废弃矿井进行抽水蓄能需要保证上水库和下水库所在地下空间岩体强度的稳定。采动岩体在交变应力-冲击应力-热应力等多相多场耦合作用下的强度衰减规律、流变特性、裂隙扩展特性、渗流特性等，都对抽水蓄能电站的安全和稳定有着重要的影响。因此，需要针对矿井所处地质条件，对矿井岩体的稳定性进行研究。

在巷道支护方面，由于大巷、井底车场等服务于整个矿井生产周期的设施采用的是永久支护，可作为抽水蓄能电站蓄水库建设的首要选择。此类设施支护稳定，密闭性好，使用寿命长，在进行改造时，仅做简单的加固和防渗的改建即可作为蓄水库使用。当大巷等空间作为蓄水库不足时，可以考虑对采用临时支护的回采巷道及硐室等设施进行进一步的加固和防渗改建，以满足蓄水库的需求。若要使用采空区作为补充的储水空间，则应对使用区域进行渗透性和稳定性调研，制订详细的加固和防渗方案，并进行采空区空间的稳定性分析。

(3)地下水源及防渗

随着地下开采的不断推进，顶板上覆岩层断裂，底板下分层也会出现裂隙，当裂隙带接触到含水层时，地下水源就会涌入矿井。因此，在废弃矿井抽水蓄能电站建设初期要对矿井水文地质条件进行综合分析,确定井下水类型及其水量与分布，明确可利用地下空间与地层中含水层、隔水层的空间位置关系，以满足蓄能电站初期蓄水和运行期补水要求。

(4)地下工程布置

抽水蓄能电站的枢纽建筑物包括上水库、下水库、输水发电系统、厂房及附属建筑物等。地下工程布置对于利用既有矿井资源、减少基建投资意义重大。未来，废弃矿井抽水蓄能地下工程布置尽可能考虑利用废弃矿井空间改建水库、引水和尾水系统，尽量利用已有的竖井作为交通、出线、通风等厂房附属硐室。受限于井筒尺寸及地下空间容积，抽水蓄能机组应以可复制模块化的设计为基础，考虑小型化分布式布置，单机容量不宜过大，同时根据电站水头及扬程变化范围，选择水泵水轮机或者水泵与水轮机分开布置。

第二节　山西地区废弃矿井抽水蓄能可行性评估

山西省是我国煤炭大省,废弃地下空间赋存量巨大。利用山西省丰富的地下空间资源构建省级抽水蓄能体系,配合山西省在可再生能源领域的发展,将可能为山西省的未来能源结构开创出崭新的未来。

在山西省构建废弃矿井改造成抽水蓄能电站是一个复杂的系统工程,需要考虑到地区自然条件、废弃矿井内部状况和社会经济效益等多方面不同的因素,综合评估其可行性。

一、自然条件可行性评估

山西省矿井多数为煤矿,矿井最初用于煤矿资源开采,资源枯竭后或关闭后转型为抽水蓄能电站,两者在用途和运作模式等方面都发生了显著变化。因此,原有自然环境可能并不适用于抽水蓄能电站的建设,在可行性评估方面有必要注意到以下自然因素的影响。

1. 水文条件

由于废弃矿井抽水蓄能技术主要是利用水流所产生的力来实现放电的过程,废弃矿井具备足够的地下水资源,从而形成地下水库,是矿井进行抽水蓄能的客观必要条件。由于煤炭开采对地下含水层的破坏,以及地面雨水的渗入,会产生大量的矿井水,利用煤矿地下水库技术,需存储足够的矿井水来满足抽水蓄能的需要。

山西省地处中纬度大陆性季风区,水汽主要来源于太平洋。春季干旱多风,降雨多集中在夏季,冬季降雨少,蒸发量大,"十年九旱,旱涝交错"。降水量自东南向北和西递减,大部分地区平均降水量为 400～600mm,局部高山地区平均降水量在 650mm 以上;6～9 月降水量占全年的 70%以上。山西省地下水补给主要来源于大气降水,在其他条件不变的情况下,地下水补给量随降水量的增大而增大。2001～2013 年,太原市平均降水量为 490.3mm,天然资源补给模数大于 10 万 $m^3/(a\cdot km^2)$。

从地表河流分布情况看,山西省位于海河流域的上游和黄河流域的中游,受地理环境和气候条件的制约,省内地表河流兼具山地型和夏雨型的双重特征。山西省共有集水面积大于 $100km^2$ 的河流 240 多条。除自北向南流经山西省西部和南部的黄河以外，集水面积在 $3000km^2$ 以上的较大河流有 10 条，其中黄河流域有 6 条，分别为三川河、昕水河、汾河、涑水河、沁河及丹河；海河流域有 4 条，分别是桑干河、滹沱河、清漳河和浊漳河。黄河流域控制省内面积 $97311.47km^2$，海河流域控制省内面积 $59238.702km^2$。

从地下水资源条件看，根据山西省地形地貌条件可分为东西山地区和中间盆地区。东西山地区补给和储存条件差、排泄条件好，地下水资源贫乏；而中间盆地区补给和储存条件好、排泄条件差，地下水资源丰富。山西省地下水资源类型主要分为三大类：孔隙水、岩溶水和裂隙水。

孔隙水主要分布于大同、忻定、太原、临汾、运城及长治六大盆地，面积 $27177km^2$。六大盆地基底受差异构造的影响，基底高低悬殊，构造复杂，加之新生代的盆地区处于下降时期，导致盆地内沉积了巨厚的新生界松散沉积物，颗粒粗，以砂砾石和粗砂为主，富水性强，单井涌水量可达 $500\sim3000m^3/d$，一些地区甚至高达 $5000m^3/d$。

山西省内下古生界碳酸盐岩分布广泛，寒武-奥陶系总厚 $800\sim1100m$，出露面积 3.8278 万 km^2，约占全省总面积的 24%。裸露、半裸露加覆盖、埋藏岩溶地层约 11 万 km^2，约占全省总面积的 70%。寒武-奥陶系岩溶裂隙发育含丰富的岩溶地下水。2020 年，山西省岩溶水资源总量为 258352 万 m^3/a，约占全省地下水资源总量的 36%。岩溶水可开采量为 193772 万 m^3/a，占全省地下水可开采量（535838 万 m^3/a）的 36%。

山西省裂隙水包括侏罗系、白垩系、三叠系、二叠系、石炭系碎屑岩裂隙水，古生代以前老变质岩裂隙水、火成岩裂隙水和玄武岩裂隙水。主要分布于吕梁山以西至黄河边，宁静向斜、沁水向斜、太行山区、中条山区及大同侏罗系向斜及大同盆地北部阳高—天镇盆地等地区，面积约 $38278km^2$。裂隙水主要分布于东西两侧山区，碎屑岩类裂隙水面积 $61374km^2$。二叠系、三叠系的厚层砂岩，单井涌水量可达 $500\sim2000m^3/d$，榆次源涡泉裂隙水资源区自流量更是高达 $6359\sim4026m^3/d$，含水层为三叠系二马营砂岩。

根据国际运行经验，废弃矿井抽水蓄能电站补水通常使用矿井涌水作为补水水源，蓄满时间可以长达一年或更长时间。一座 50MW 抽水蓄能电站，通常需要蓄水 20 万～40 万 m^3 水体，单井涌水量 $1000m^3/d$ 以上即可满足蓄水量的需求。根据上述分析，在山西省大多数地区满足建设废弃矿井抽水蓄能电站的涌水量需求，可以利用地下水进行废弃矿井抽电站的储能补水。

2. 地理条件

废弃矿井抽水蓄能技术的利用可以帮助电网移峰填谷、提高电网运行稳定性和经济性。但是发展抽水蓄能，受到地理条件的制约，即上下库盆必须有足够大的落差，且地表可能形成面积足够大的储水空间。

山西省总轮廓是一个大致呈南北向的穹状地块，统称山西地台。山西省的北部和南部分别受阴山和秦岭东西向构造带所控制，东西部受南北向太行山和吕梁山构造带所控制，中间为北东向新华夏系雁行式排列的断陷盆地。对于山西省这种多山、多盆地地区构建抽水蓄能电站的落差、地面蓄水区等问题在绝大多数情况下都易于解决，具备工程可行性。

3. 清洁可再生能源资源禀赋

传统大型抽水蓄能电站建设更多着眼于网侧储能，偏重于电网侧电能的调节。废弃矿井抽水蓄能由于建设地点接近新能源电源，可以直接平抑光伏、风力发电的不稳定性，减少"弃风弃光"现象的发生，对于区域新能源行业的转型和可持续发展具有重要的意义。因此，废弃矿井抽水蓄能更偏重于电源侧储能。

电源侧储能的需求，致使所在区域的日照水平以及风力资源的丰富性水平，成为废弃矿井抽水蓄能利用的重要外部条件。这就有必要优先选择那些在太阳能和风力资源丰富的地区或接近这些地区的废弃矿井进行抽水蓄能电站改造。

山西省恰恰是符合该条件的地区。作为传统能源大省的山西省，截至2020年底，全省电力总装机规模约为 1.04 亿 kW，在全国排第六；全省风电、光伏的装机规模分别为 1974 万 kW、1309 万 kW，分别占全国风电、光伏总装机规模的 7% 和 5%，在全国排第四、第七。风电、太阳能可再生能源发电装机占比约 31.6%，发电量占比约 12.5%，能源结构调整步伐不断加快。

经过多年的发展，风电在山西省电网中的比例越来越大，成为仅次于火电的第二大电源。截至 2020 年底，山西省风电累计装机容量 1974 万 kW，位于全国十大风电装机省份第四；风电装机容量占全省总装机容量的 18.8%，风电发电量占全部发电量的比例约为 7.8%，新能源绿色电能替代作用不断增强。

山西省具备太阳能规模开发的资源优势。光伏发电是山西省继风电、水电之后最具规模化、最有产业化发展潜力的可再生能源。近年来，随着光伏领跑者计划和光伏扶贫的大力推进，山西省光伏装机增速迅猛。截至 2020 年底，山西省太阳能并网发电装机容量 1309 万 kW，光伏发电装机容量占全省总装机容量的 12.6%，跻身全国十大太阳能发电装机省份，光伏发电量占全省发电量的比例约为 4.7%，是山西省第三大电源。

光伏装机与采煤沉陷区治理一体化是山西省光伏电力发展的一大特色。2015 年 6 月，国家能源局批复的大同采煤沉陷区 100 万 kW 光伏领跑者示范基地项目，是国家能源局实施的第一个 100 万 kW 光伏领跑者示范基地。2016 年，山西省又新增了阳泉采煤沉陷区光伏领跑者基地。

随着山西省风电和光伏发电进入快速规模化发展阶段，电源结构不合理、配套电网规划滞后以及新能源电力并网运行管理手段单一等外部因素的影响日渐凸显，严重制约了风电和光伏发电的并网运行。风电、光伏发电具有随机性、间歇性和负荷低等特点，大规模接入电网给电网调度运行方式、无功调节方式以及电网安全和电能质量带来了许多新的挑战。山西省风电和光伏发电的发展急需规模化电力储能产业的支撑，山西省储能市场风光无限。

利用采煤塌陷地与地下巷道构建抽水蓄能电站，是一种常见的废弃矿井抽水蓄能系统构型。利用该构型与山西省的采煤沉陷区光伏电站结合，可以有效抵御不稳定新能源电力对电网的冲击。

4. 生态环境治理迫切性

山西省是我国主要的采煤大省，2020 年煤炭分布面积占全省总面积的 36.5%，遍及 85 个县市，全省矿井总数 1053 处。但近几年矿区生态环境因采煤遭到严重破坏，影响到经济社会的可持续发展。

山西省矿区因采煤造成的生态环境破坏状况如下：

1) 地表土地破坏问题。2020 年大同、阳泉、太原等 9 个地区因采煤造成土地破坏，进而导致已发生和将会发生次生地质灾害的有 1930 个自然村，涉及 960 万人。山西省 1949～2004 年采煤破坏土地总面积 115200hm^2，其中采煤塌陷面积 111380hm^2，占比为 96.7%；在采煤塌陷破坏的土地中，耕地面积 47630hm^2，占比为 42.8%。

2）水资源污染问题。山西省因矿业生产导致的水资源破坏相对严重，据统计每年因采煤仍有 14 亿 m^3 的水资源遭到破坏，比山西省引黄入晋的总水量还多。长期的采矿活动使煤系地层以上各个含水岩组及水资源系统遭到改变和破坏，形成以矿井为中心的区域性地下水漏斗，导致地下水位下降，清洁水资源枯竭。

3）露天矸石堆污染。据统计，2020 年山西省煤矿区的矸石堆存量已达 10 亿 t，占地达 2 万 hm^2，且逐年增加。矸石山长期露天堆放，发生氧化、风化和自燃，产生大量的扬尘和有毒有害气体。

山西省 2/3 的煤矿分布在植被覆盖度低、气候干燥的生态脆弱区。在生态脆弱区，规模化的采煤活动势必造成对土地的扰动，破坏土壤结构和组成，使土壤更易遭受外界风蚀和水蚀的影响。植被减少使植被涵养水源功能变差，加剧了水土流失。由于水土流失导致地力衰退，土地利用价值降低，并且裸露的土壤为沙尘暴提供了沙源物质。据统计，在山西省侵蚀模数大于 1×10^4t/(km^2·a) 的地区占 1/10。1978~2005 年，山西省煤炭年产量由 9.8×10^7t/a 增加到 5.5×10^8t/a，同期因产煤导致的生态环境损失折合人民币 3.7×10^{12} 元。

第一，利用废弃矿井修建抽水蓄能电站，可以有效利用矿区废弃的塌陷地用于上水库建设；第二，若废弃矿井抽水蓄能电站与光伏电站一体化构建，不但能够广泛再利用采矿塌陷地，还能有效利用矸石山等常规手段难以利用的废弃土地，实现矿业迹地的变废为宝；第三，利用废弃矿井修建抽水蓄能电站，必然要对矿区水系统进行综合治理，实现矿区水环境的修复；第四，结合现代的农光互补、渔光互补技术可以有效改善地表生态环境。换而言之，利用矿业废弃地进行废弃矿井抽水蓄能电站建设，进而利用区域储能资源优势，发展光伏、风电产业，等于利用发展新能源电力的资金实现了矿区环境治理。

上述这些因素，更加凸显山西省发展废弃矿井抽水蓄能电站技术的环境修复可行性和迫切性。

二、山西省废弃矿井自身条件评估

利用废弃矿井进行抽水蓄能电站的建设是抽水蓄能技术的再一次创新，

但废弃矿井本身复杂、特殊的结构和条件为抽水蓄能利用带来了新的安全性挑战。

山西省废弃矿井资源主要为煤矿，因此评估主要从煤矿角度出发，综合考虑矿井自身条件和社会经济效益进行可行性评估。

1. 矿井自身条件

抽水蓄能电站的建设一般需要在地形、水文、电网等方面满足一定的条件。需要足够大的垂直落差、足够多的地下水储量和足够强的电网需求，理论上来说，储水量和垂直落差越大，储能能力就越大。

煤矿矿井的地下空间主要由两部分组成：一部分是矿井的开拓和准备巷道，另一部分是采空区。矿井开拓巷道包括井底车场、石门、运输大巷、回风大巷等；准备巷道包括上、下山和一些联络巷道。煤矿矿井的地下空间巷道与采空区的支护情况良好，使用寿命长，如果做好相应的改良措施，如喷射混凝土、打锚杆甚至加衬砌等，便能作为抽水蓄能电站的储水库。

随着我国煤炭产业"去产能"的进行，过去在山西省煤炭生产中广泛存在的"小煤窑"逐步消亡。近年来，山西省关闭矿井大多是支护条件良好的国有矿井，这一点对抽水蓄能电站的改造非常有利。

(1) 垂直落差

当前的抽水蓄能电站主要是利用地形的落差来通过储水的流动，从而实现能量的收发。而在地形条件方面，废弃煤矿通过多年的开采，形成了多处地底采空区，这些采空区一般都位于地底数百米以下，考察这些不同的采空区是否具有数十米到几百米的垂直距离，从而判断其是否具备较好的落差条件。

山西省煤炭开采以井工开采为主，便于改造为地下储水库的大巷通常水平为-800～-500m，具备良好的高差条件。此外，山西省多山的地理条件也为抽水蓄能电站的水头垂直落差提供了得天独厚的优势。

(2) 井内岩层密闭性

对于原有采矿的矿井，将其改造成为抽水蓄能的设施，对矿井本身的条件提出了新的要求。由于需要作为抽水水库进行蓄电和发电，因此对矿井内岩层和岩壁的密闭性提出了较高的要求。例如，采空区覆岩含有采动造成的裂隙带,具有较强的导流能力,密闭性和稳定性差,一般不适合作为储水库,应该与储水库隔离。应当选择密闭性和稳定性好的采空区,将其改造为良好的蓄水库。

(3)上水库

煤矿开采会引起大面积的地面沉陷,一般沉陷深度为几米至数十米,很多沉陷区由于降雨及汇流等原因已自然形成积水区,可直接选为上水库建设地址。而对于未积水沉陷区,可选择防渗及地面条件较好的区域作为建库地址。选址完成后,按照地面水库建设要求完成相关改造。如果不具备地面上水库建设条件,可选择将位于较高位置的煤矿地下水库作为上水库,相应地选择较低位置的煤矿地下水库作为下水库。

(4)下水库

煤矿地下水库由井下开拓巷道和采空区等经过改造后建成,不但能够存储与保护大量的矿井水资源,还对矿井水有净化作用。目前,已建成的煤矿地下水库与地面垂直距离一般都在 100m 以上,库均储水量达 20 万～100 万 m^3,具有作为下水库的优良条件。下水库可由位于相同或不同开采水平的多个地下水库构成。

(5)水道系统

水道系统是指上水库与下水库之间连接的通道。国家能源集团研发了上下层地下水库之间的大垂距、高压差和高贯通精度的大口径垂直钻孔技术,成功地在神东大柳塔等矿应用于不同煤层间垂直调水。此外,还在哈拉沟矿、石圪台矿等,利用垂直钻孔大量抽取煤矿地下水库的水至地表供给生产生活使用,技术成熟度高。因此,山西省可借鉴垂直钻孔技术,以多竖井方式深入井下作为连接上下水库的水道系统。

(6)厂房系统

厂房系统一般包括主厂房、副厂房、主变压器室、开关站等,全部布置于井下大巷内。煤矿井下大巷具有较为宽敞的地下空间和较高的安全可靠性,充分利用后,可减少地下厂房的施工量,大幅降低厂房建设成本和缩短厂房建设周期。

综上,山西省利用废弃矿井资源构建抽水蓄能电站,绝大多数废弃矿井的自身条件具备改造的可能性。

2. 社会经济效益

在山西省，利用废弃矿井资源构建抽水蓄能电站，除了考虑矿井自身条件，还需要考虑改造后获得的社会经济效益。

(1) 电网调峰需求

山西省存在新能源电力装机规模远超调节电源装机规模的问题，调峰能力不足严重影响电力系统运行。近年来，快速发展和推广应用的智能电网和分布式能源一旦连接更加广泛的储能服务，就可以大幅度提高新能源电力的占比，大幅度降低电力系统的碳排放。废弃矿井抽水蓄能是解决山西省电力发展结构性问题的重要手段。

(2) 矿业迹地再利用

在山西省缺水地区，很难找到建立地表抽水蓄能电站的天然高落差自然水体，所以利用矿井或废弃矿井空间建造抽水蓄能发电设施，能降低建库成本，缩短建库周期，有助于山西省资源枯竭型城市的转型。

(3) 矿业人口再就业

目前，山西省多数矿业资源型城市正面临着资源的枯竭转型，以及经济增长停滞、人口流失等诸多发展障碍，而通过矿业迹地和矿业设施的再利用，有利于解决矿业人口再就业等一系列社会问题。

(4) 新能源储存

如果山西省能将一些条件合适的煤矿或废弃煤矿改建成抽水蓄能发电站，既能为风能和太阳能的大力发展提供储存条件，又利用了已存在的地下空间。经过改良后的地下空间在增加稳定性的同时，又避免了以往封井后可能出现的地表大面积沉降和坍塌，以及后续引起的水污染和大气污染问题，达到了一举多得的效果。

(5) 井下污水低成本处理

以风力和光伏发电为代表的新能源在发电上的不连贯性和不稳定性特点，是电网大量弃用的主要原因。针对此问题，可将新能源发电电力分成两个部分：一部分为新能源间歇性时期和大幅波动时期的不稳定电力；另一部分为去掉大幅波动电力后可持续的、保障性高的稳定电力。不稳定电力和超出电网需求的电力可用于供给以电化学和压力驱动工艺为主的矿井水处理设施，用以降低矿井水处理成本，处理后的矿井水供给矿区工业、生活和生态使用。

三、废弃矿井抽水蓄能可行性评价指标体系

技术经济分析是决定一个废弃矿井抽水蓄能工程能否成立的决定性因素。从可行性分析的角度可以看出，山西省宏观上具备利用废弃矿井资源发展废弃矿井抽水蓄能的可行性，但是具体到每一个工程，必须有科学的技术经济分析支撑，才能够保证项目的生命力。

技术经济分析的基础是分析指标体系的构建。从经济性来看，利用废弃矿井建设抽水蓄能电站，可以减少筑坝工程量和征地费用，节约项目投资。废弃矿坑和矿井具备抽水蓄能电站建设所需的上下水库以及创造水力势能所需的高低差条件，如果能够加以利用则可以减少大量的工程建设费用和征地建设费用，节约土地资源，提高设施的利用水平。

抽水蓄能电站的土石开挖量与地质条件有关，覆盖层厚度直接影响库盆开挖量，利用废弃矿井来减少电站上、下水库开发的建设投资，具有明显的经济效益。例如，呼和浩特抽水蓄能电站下水库河槽深覆盖的建设条件，使该电站的土石开发量占到电站建设投资的 10%左右。可见，利用废弃矿井来减少电站上、下水库开发建设投资具有一定的经济效益。

一般抽水蓄能电站由于大面积的水资源暴露于地表，因此水资源的蒸发量较大，而如果利用矿井内部的地下水资源，蒸发量可大大减少，可节约水资源。

当废弃矿井改建成抽水蓄能电站，接入电网开始运作时，相较于传统的火电机组，抽水蓄能机组参与调峰具有以下三方面优势：一是火电机组启动成本高，而抽水蓄能利用水的势能放电，几乎不需要耗费任何能源，因此启动机组启动成本低；二是原有火电机组发电配合使用抽水蓄能，可调节市场动荡变化与火电发电机组均衡工作发电之间的矛盾，使火电机组运行保持在高负荷的高效区域，提高燃料利用率；三是低谷时火电功率较高，发电成本低，峰荷的电价成本较高，这就相当于低价电换取高价电，从而实现经济效益。

除了上述因素，将废弃矿井进行抽水蓄能改造，还需要考虑生态环境、经济和社会等诸多因素的影响。

　　由于上述诸多因素在处理过程中很难完全被定量化，且指标难以获得翔实的数据，因此必须对废弃矿井抽水蓄能可行性建立有层次的评价指标体系方能科学地进行可行性评估。废弃矿井抽水蓄能可行性评价指标如表 3-1 所示。

表 3-1　废弃矿井抽水蓄能可行性评价指标

	准则层(B_i)	指标层(C_{ij})
废弃矿井抽水蓄能可行性评价指标	自然条件可行性(B_1)	所处地区的水文条件(C_{11})
		所处地区的年均日照小时数(C_{12})
		所处地区的风力资源(C_{13})
		所处地区的地质条件(C_{14})
		核电设备的地理可接入性(C_{15})
		地理位置电网可接入水平(C_{16})
		地理位置新能源设备可接入水平(C_{17})
	矿井条件可行性(B_2)	矿井内地下水储量(C_{21})
		具备作为上水库的适宜空间(C_{22})
		具备作为硐室的适宜空间(C_{23})
		具备作为下水库的适宜空间(C_{24})
		上、下水库的垂直连通性(C_{25})
		井下大巷内空间连通性(C_{26})
		采空区间的高低垂直距离适宜(C_{27})
	安全条件可行性(B_3)	井下支护条件良好(C_{31})
		井下可燃气体浓度低(C_{32})
		井下通风条件(C_{33})
		井下电力设备安装条件(C_{34})
		矿井所在区域塌陷水平(C_{35})
		井内岩层、岩壁密闭性(C_{36})
		井内岩层耐蚀性(C_{37})
	社会经济可行性(B_4)	电网调峰填谷能力(C_{41})
		运行和建设费用节约水平(C_{42})
		吸收矿业人口再就业水平(C_{43})
		新能源电力蓄电水平(C_{44})
		井内污水处理成本(C_{45})
		有害气体减排水平(C_{46})
		环境治理政策支持水平(C_{47})
		电网富余电能水平(C_{48})

针对以上特点，本书初步给出 4 个准则层作为指标体系的基础，包括自然条件、矿井条件、安全条件和社会经济。在此基础上再进一步细分，最终形成以 29 个影响因素为指标层的可行性评价指标体系。

四、废弃矿井建设抽水蓄能多场景利用技术可行性分析

1. 全地表废弃矿坑抽水蓄能利用

全地表废弃矿坑抽水蓄能工程结构较为简单。对于全地表露天矿坑的利用方式是将其作为抽水蓄能电站的下水库；上水库的建设可以利用地面空间现有的水库或湖泊，或基于地面空间建设的蓄水池；机电硐室设置在上水库和下水库之间的硐室内；机电硐室内设置可逆式抽水蓄能机组；调压室设置在机电硐室上游的引水隧洞上或机电硐室下游的尾水隧洞上；拦污栅设置在引水隧洞与上水库的连接口处及尾水隧洞和下水库的连接口处；引水隧洞一端连通上水库，另一端连通下水库；尾水隧洞一端连通机电硐室，另一端连通下水库；通风和运输系统一端连通节点硐室，另一端连通地面，用于机电硐室与地面的通风以及行人和设备的输运。

2. 地下和半地下的废弃矿井抽水蓄能利用

对于没有出现地表塌陷以及地表出现塌陷的废弃矿井，只要地下巷道空间保存完好，可以将其作为下水库加以利用，但具体在技术上是否可行还需要考虑以下几个方面。

1) 废弃矿井地下是否具备足够大的可利用空间。地下空间不存在裂隙带，密闭性和稳定性良好。某一高程水平的巷道具有足够多的可利用空间，即巷道群规模足够大；另外，巷道群汇集点有反坡降的、连通不畅的无效空间应予以扣除。以装机容量为 50MW、连续发电小时数为 6h、利用水头 500m 的抽水蓄能电站需求空间为例，需选取有效利用空间为 26 万 m^3 的同一高程水平巷道，即使考虑所利用巷道全部为净面积 $14m^2$ 的双巷道，所需巷道长度仍需 18km。

2) 同一高程水平的巷道高差应适中。巷道高程差过小，或者巷道间连接不强，会导致汇集点水流速度不够，难以满足发电流量的需求。以 500m 水头、装机容量 50MW 的抽水蓄能电站为例，水库进出水口的额定流量应达

到 12.1m³/s,巷道进出口的汇水能力是否能达到机组发电流量要求是矿井选择的关键指标。

3)同层的巷道落差不能太大。抽水蓄能机组为可逆式水泵水轮机组,上、下水库的水位变幅不宜太大,主要因为泵工况下过大的扬程变幅将导致效率急剧降低,震动强烈,不稳定和抽不上水。以 500m 水头、装机容量 50MW 的抽水蓄能电站为例,比转速 n_{st} 约为 76m·kW,最大扬程与最小水头比 (H_{pmax}/H_{tmin})控制在 1.15 以内比较合适。据此,可反推上、下水库的水头变幅不能超过 60m,则位于同一高程水平巷道群的高程差不宜超过 30m。

4)上、下水库间的落差需适度。抽水蓄能电站利用水头越低,所需蓄水空间就越大,对于利用煤矿巷道的抽水蓄能电站而言,有效利用空间难以保证。抽水蓄能电站利用水头过高,机组研发及生产难度较大。矿井抽水蓄能具有转速高、容量小、台数少等问题,经过与相关生产厂家沟通,如果单机容量按照 50MW 考虑,利用水头建议不高于 500m。

《抽水蓄能电站设计导则》(DL/T 5208—2005)建议的水头比如表 3-2 所示。

表 3-2 《抽水蓄能电站设计导则》(DL/T 5208—2005)建议的水头比

水轮机比转速 n_{st}/(m·kW)	H_{pmax}/H_{tmin}
<90	<1.15
90~120	≤1.25
120~200	≤1.35
200~250	≤1.45

五、废弃矿井抽水蓄能效益分析模型

从静态、动态、环境三个方面来分析抽水蓄能电站的效益,从这三个维度能够更加系统地分析废弃矿井抽水蓄能利用所带来的价值。

1. 静态效益

静态效益包括两个方面,即容量和电量。容量效益是指因为抽水蓄能电站的投入,从而减少其他调峰电厂建设的成本投入;根据国家及国家电网有限公司现行有效制度计算抽水蓄能电站的容量效益,其表达式如下:

$$B_{11} = \left[C_0 + I_0 \cdot \left(A/P, i, n_0 \right) \right] - \left[C_{ps} + I_{ps} \cdot \left(A/P, i, n_{ps} \right) \right] \tag{3-1}$$

式中，B_{11} 为抽水蓄能电站每年的容量效益，万元；C_0 为火电机组固定运行费用，万元；I_0 为火电机组的建设费用，万元；A 为年终支付金额，万元；P 为净值，万元；i 为年利率，%；n_0 为火电机组成本回收周期，年；C_{ps} 为抽水蓄能机组运行费用，万元；I_{ps} 为抽水蓄能机组建设成本，万元；n_{ps} 为抽水蓄能机组成本回收周期，年。

电量效益是指因抽水蓄能机组替代火电、燃气电厂参与调峰填谷节约能源所带来的效益。抽水蓄能电站的基本功能之一就是对电网进行调峰填谷，低价电换高价电。因此，可以将电量效益进一步细分为调峰效益和填谷效益。调峰效益就是由于抽水蓄能机组的投入，减少常规调峰机组燃料所得到的效益。填谷效益就是在电网用电低谷时抽水蓄能机组将出于功率平衡限制需要消耗的有功利用起来进行抽水，避免了火电机组降负荷运行提升火电机组燃料利用率，使火电机组在高效率区域运行，从而带来的效益。

核算调峰效益和填谷效益，主要从以下两个方面进行：

1）确定抽水蓄能电站的调峰填谷情况。通过上级调度下发的日负荷曲线（图 3-4），可以知道电网负荷的变化趋势，进而确认电站参与调峰的容量和时间点。

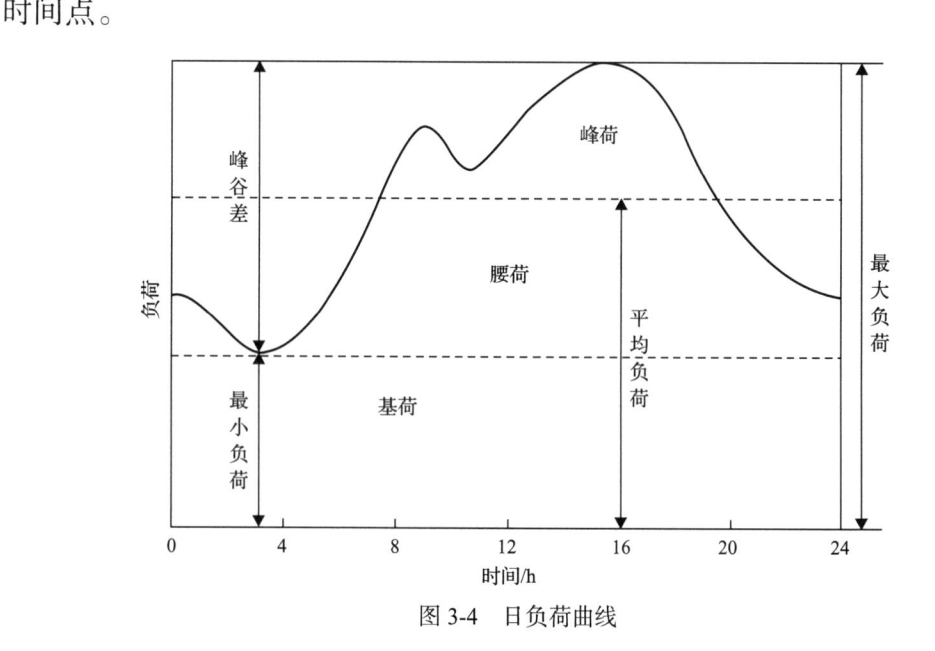

图 3-4 日负荷曲线

2）调峰填谷计算方法。计算方法是用抽水蓄能机组参与调峰时火电机组的效率减去没有抽水蓄能机组参与调峰时调峰火电机组的效率，由此所产生的效益。同时，要求参与调峰机组实际输出功率在负荷曲线的最大值和最小值之间，以确保调峰效果。表达式如下：

$$P_{\min} \leqslant \sum P \cdot n \cdot f \leqslant P_{\max} \tag{3-2}$$

式中，$P_{\min}$ 为抽水蓄能电站日负荷曲线上的负荷最小值；$P_{\max}$ 为抽水蓄能电站日负荷曲线上的负荷最大值；P 为参与调峰填谷抽蓄机组的机组容量；n 为参与调峰填谷抽蓄机组的数量；f 为机组的负荷率，一般取 50%～100%。

为了进一步明确抽水蓄能机组参与调峰填谷时所产生的效益，以天为单位时间来计算抽水蓄能机组参与调峰填谷时所带来的煤炭节约效益。表达式如下：

$$B = \sum_{i=1}^{365} \left(B_{\mathrm{f}i} + B'_{\mathrm{g}i} - B'_{\mathrm{f}i} - B_{\mathrm{g}i} \right) \cdot f_{\mathrm{m}} \tag{3-3}$$

式中，B 为一年内抽水蓄能机组参与调峰所带来的效益，万元；$B_{\mathrm{f}i}$ 为第 i 天参与调峰火电机组在非调峰时段的燃料消耗量；$B'_{\mathrm{f}i}$ 为第 i 天参与调峰火电机组在调峰时段以最优符合运行时的燃料消耗量；$B_{\mathrm{g}i}$ 为第 i 天参与填谷火电机组在填谷时段的燃料消耗量；$B'_{\mathrm{g}i}$ 为第 i 天参与填谷火电机组在非填谷时段以最优符合运行时的燃料消耗量；f_{m} 为市场的实时煤炭价格。

2. 动态效益

动态效益包括调频效益、调相效益、事故备用效益和黑启动效益四个方面。

(1) 调频效益

调频效益主要是指当电网频率由于负荷波动、新能源的投入与退出等原因引起变化时，抽水蓄能机组快速启动，及时补充负荷，恢复频率，保障系统频率稳定。常规的电网调频方法是选择一定数量，容量小、负荷调节快的火电机组在备用模式下运行，此时火电机组的负荷一般为最小处理允许值，消耗煤炭量大，而且效率低，抽水蓄能机组的介入使得这种情况得以优化而获得效益。抽水蓄能机组作为电网的调频电源时，机组的能量转换过程包括抽水和发电两个过程，每个过程都会有能量的损耗，如水力的损失、辅机的冷却用水、发电厂用电的电量等，将所有损耗用定量的方法计算，得出抽水蓄能机组参与系统调频时的费用。

因不同的水轮机和汽轮机效率均存在差异，以及其他一些难以确定的参数，计算过程中应结合经验值及实际情况进行取数，计算公式如下：

$$B_{21} = \sum_{1}^{365}\left[\sum_{i=1}^{m}\left(b_{1i}\cdot n_i + b_{2i}\cdot T_i\cdot N_i\right)\cdot f_m\right] - \sum_{1}^{365}\left(\frac{V\cdot H\cdot \eta}{367}\cdot n_H\cdot m_H\cdot f_{ps}\right) \quad (3\text{-}4)$$

式中，B_{21} 为抽水蓄能电站的调频效益；m_H 为抽水蓄能机组的数量，台；b_{1i} 为第 i 台调峰火电机组启停时煤炭的消耗率；n_i 为第 i 台火电机组每天启动次数，次；b_{2i} 为第 i 台机组进行调频耗煤量，g/(kW·h)；T_i 为第 i 台机组参与调频的总时间，h；N_i 为第 i 台机组的机组容量，万 kW；V 为机组启动时消耗的水量，m³/s；H 为机组的平均工作水头，m；η 为水轮机的效率；n_H 为抽水蓄能电站日启动台次，次；f_{ps} 为当前电价，元/(kW·h)。

（2）调相效益

调相是指调节系统中的无功功率，无功功率的变化会使系统电压产生变化，导致电压偏离额定值，影响电能质量，电压过低会导致用电设备无法运行，电压过高可能会损坏用电设备，对系统的安全运行产生不利影响。

抽水蓄能机组参与电网调相所带来的效益，也可以从容量和电量两个方面来分析，即减少其他调相设备建设的投资成本，以及替代其他调相手段时所节约的燃料成本。

（3）事故备用效益

事故备用效益是指当电网发生故障时，由作为事故备用的机组启动或增加负荷来补偿因电网故障损失的负荷，使电网重新达到平衡，避免电网停电。

紧急事故备用功能可充分体现抽水蓄能机组的动态效益，最高可占动态效益的一半。目前，有极少部分电站完全用作紧急事故备用，一般是设置一部分机组作为紧急事故备用机组，保障电网发生故障时的系统稳定。但是出于综合效益发挥方面的考虑，当前电站都是既承担静态功能又承担动态功能，两者互相兼顾。

（4）黑启动效益

抽水蓄能电站被称为"电力系统的最后一根火柴"，就是因为具有黑启动，当极端情况下电网事故全部停电，抽水蓄能机组能够实现自启动，并将电能送给邻近的常规机组，启动常规机组，最后逐步恢复电网供电。

从黑启动的角度考虑其经济效益,与电网发生极端情况全部停电的概率、电网的平均负荷、黑启动的时间等有关。

3. 环境效益

环境效益包括排放效益和建设成本效益。抽水蓄能电站以水发电蓄能,几乎没有污染物的排放。重要的是其解放了部分特殊用途的火电机组,如调峰火电机组、事故备用火电机组等,使火电机组的工作效率大幅提升,同等煤耗下输出的电能增加。同时,减少煤炭的消耗量,从而降低有害气体的排放,如二氧化碳、二氧化硫及硫化物、氮氧化物,进而创造环境效益。

(1)排放效益

1)二氧化碳。由中国二氧化碳生产厂行业市场研究报告可知,现有条件下燃烧 1tce 产生约 2.62t 二氧化碳,由此可计算出二氧化碳的数量,再根据消耗这些二氧化碳需要种植树木的成本来估算所带来的经济效益。

2)二氧化硫及硫化物。可以利用化学方法计算煤炭燃烧所产生的硫化物,即知道煤炭中的硫含量、脱硫装置的效率、煤炭中硫转化成硫化物的比率,便可估算出硫化物的排放量。

3)氮氧化物。可以采用实测的方法获得,在此基础上对氮氧化物的排放进行估算,从而掌握抽水蓄能电站所带来的效益。

(2)建设成本效益

废弃矿井进行改建利用,建设成为抽水蓄能电站,从而节约了对自然资源的消耗,减少了重复建设的成本。对于废弃矿井抽水蓄能建设的成本效益,可以从相同规模的抽水蓄能电站建设的筑坝工程量、征地费用和土石开挖量等建设成本的支出来进行模拟计算得到。

第三节　山西省废弃矿井抽水蓄能电站装备分析

一、用于废弃矿井抽水蓄能电站的大落差耐磨机械装备

1. 技术应用背景

利用废弃矿井群建设抽水蓄能电站,将突破新能源、先进制造、智能电网等高端装备产业在山西省和全国发展中的"卡脖子"储能环节,抢占新能

源和高端装备产业链的高端环节和关键节点，打造"新能源-大规模储能-智能电网"创新型产业集群，引领新能源、储能、智能电网产业向高端攀升，同时将一揽子解决废弃矿井面临的资源利用、产业接续、生态修复、人员安置等一系列社会、经济、生态问题。这对山西这个能源大省而言，非常重要。

与常规抽水蓄能电站相似，水泵水轮机也是废弃矿井抽水蓄能电站最核心和最关键的装备。同时，废弃矿井抽水蓄能电站的一些独有特点，也决定了废弃矿井抽水蓄能电站水泵水轮机与常规抽水蓄能电站的不同。与常规抽水蓄能电站相比，废弃矿井抽水蓄能电站具有三个方面的特点。

1) 上水库与下水库落差大。目前，山西省许多矿山已经进入深部开采阶段。在煤矿方面，袁亮和薛生(2014)指出，我国已探明的 5.9 万亿 t 煤炭资源中，埋深在 1000m 以下的占 53%；我国大部分煤矿逐步进入深部开采阶段，且以平均每年 10～25m 的速度向下延伸；煤矿主体开采深度已达 800～1000m，开采深度超过 1000m 的矿井达到 47 处，其中采深最大的矿井达到 1501m。在金属矿方面，王海宁等(2013)指出，国内大批金属矿山已经转入超过 1000m 的深部开采，其中有色系统有 1/2 矿山已过渡到深部开采；例如，吉林夹皮沟金矿已达到 1600m，会泽铅锌矿达到 1360m，红透山铜矿达到 1300m。废弃矿井抽水蓄能电站的上水库通常建在地面采矿塌陷区，也有的建在井下的浅水平巷道。但是，下水库肯定是建在井下，利用矿井巷道、硐室、采空区等井下空间构建而成，通常以巷道群的形式出现。因此，上、下水库之间的落差很大，需要考虑超过 800m 甚至 1000m 的情况。

2) 井下空间充足但是普遍狭窄。井下空间的狭窄主要表现在三个方面：一是井口狭窄，二是巷道狭窄，三是井下空间因开拓困难应尽可能小。因此，这就给抽水蓄能设备包括水泵水轮机的下井、运输和安装带来了困难。

3) 矿井水品质很差。矿井水的品质差主要表现在两个方面：一是水的成分以碳酸根、硫酸根、钙离子、镁离子为主，通常具有强腐蚀性；二是由于下水库构建在井下空间，泥沙、石屑、喷涂材料等固体颗粒含量高且粒径分布广泛。因此，这就给矿井水的利用带来了挑战。

总之，与常规抽水蓄能电站相比，废弃矿井抽水蓄能电站具有上水库与下水库的落差大、井下空间普遍狭窄、矿井水品质差的特点。

为了适应废弃矿井抽水蓄能电站的特点，与常规抽水蓄能电站的水泵水轮机相比，废弃矿井抽水蓄能电站的水泵水轮机需要具备三个方面的特点。

1) 超高水头(800～1000m)。废弃矿井抽水蓄能电站水泵水轮机需要使用超高水头,原因在于:一是废弃矿井抽水蓄能电站的上水库与下水库的落差本来就很大,应该充分利用;二是同样功率条件下,高水头机组的流量要小些,这会使得水库容积、厂房尺寸和压力管道直径减小,从而降低土建工程部分的造价,另外机组本身的尺寸也会随水头的增加而减小,机组单位千瓦造价通常会随水头的增加而降低,这些都有助于降低电站造价;三是可以使用较高的机组转速,减小机组尺寸,或在机组尺寸不变的情况下增大单机容量,进而降低主机设备造价,这些对提高电动发电机的效率也大有好处。

2) 小体积。这主要是针对井下空间狭窄带来的水泵水轮机下井、运输和安装问题,同时尽可能降低井下空间的开拓费用。

3) 防腐蚀、耐泥沙磨损、抗空蚀。废弃矿井抽水蓄能电站水泵水轮机以矿井水作为工作介质。首先,矿井水及其中含有的腐蚀介质会对设备造成腐蚀;其次,矿井水固体颗粒含量高且粒径分布广泛,这会导致水轮机遭受泥沙磨损,同时高流速会进一步加剧泥沙磨损;最后,超高水头容易造成设备过流部件空蚀,同时矿井水通常化学性质活跃,使得空蚀现象更严重。因此,用于废弃矿井抽水蓄能电站的水泵水轮机必须兼具良好的防腐蚀、耐泥沙磨损和抗空蚀性能。

综上所述,针对废弃矿井抽水蓄能电站上水库与下水库落差大、井下空间普遍狭窄、矿井水品质差的特点,需要开发一种适用于废弃矿井抽水蓄能电站的"大落差、高耐蚀、紧凑型"的新型水泵水轮机。

2. 技术难点及发展技术路径

大落差耐磨机械装备领域存在以下技术难点:

1) 超高水头高耐蚀紧凑型水泵水轮机设计技术。保持高效率和稳定性是水泵水轮机性能的核心要求,但是在超高水头和小体积情况下,水泵水轮机的高效率和稳定性面临巨大挑战,因此开发满足高效率和稳定性要求的超高水头高耐蚀紧凑型双级水泵水轮机设计是关键技术问题。

2) 矿井水品质下水泵水轮机腐蚀-泥沙磨损-空蚀协同控制关键技术。矿井水具有强腐蚀性,化学性质活跃会加剧超高水头水泵水轮机的空蚀效应,水中固体颗粒在高流速下会导致泥沙磨损,而且腐蚀、泥沙磨损、空蚀会形成耦合效应使得水泵水轮机结构部件急剧恶化。因此，研发水泵水轮机腐蚀-泥沙磨损-空蚀协同控制关键技术是废弃矿井抽水蓄能电站水泵水轮机的必然要求。

未来，大落差耐磨机械装备领域需要在以下领域展开技术攻关：

1) 超高水头紧凑型水泵水轮机水力实物模型设计优化。研究超高水头紧凑型双级水泵水轮机的结构设计方法，包括总体设计和主要部件设计；研究超高水头紧凑型双级水泵水轮机的水力设计方法；在上述研究的基础上，构建超高水头紧凑型双级水泵水轮机水力实物模型，开展基本水力特性研究，包括研究水轮机工况的"S"形特性、水泵工况的驼峰特性和空化性能，研究流固耦合水力激振动态特性，揭示超高水头紧凑型双级水泵水轮机水力稳定性基本规律。

2) 高转速水泵水轮机频繁切换工况过渡过程安全稳定运行关键技术。基于新能源特别是太阳能和风能发电运行的特点，建立废弃矿井抽水蓄能电站水泵水轮机工况清单，揭示水泵水轮机频繁工况转换规律；分析超高水头水泵水轮机典型过渡过程的水力特性，研究可逆式水泵水轮机的高水头抽水蓄能电站过渡过程计算方法；研究事故情况下水泵水轮机水力特性；探索变速调节、导叶调节及组合调节方法对机组稳定性的影响规律；探索高转速水泵水轮机频繁切换工况过渡过程安全稳定运行关键技术，从而对系统的稳定性及危险工况进行预测，为机组和调速系统参数的选择、导叶关闭规律的优化等提供依据。

3) 矿井水条件下水泵水轮机腐蚀-泥沙磨损-空蚀耦合机理及协同控制关键技术。研究矿井水的理化特性，提出矿井水化学和物理构成对水泵水轮机腐蚀、泥沙磨损、空蚀损伤的评价方法；分析矿井水化学成分与金属材料之间的作用机理，揭示水泵水轮机内部腐蚀规律；研究水泵水轮机内部固液两相流动，揭示高流速下矿井水固体颗粒对水泵水轮机泥沙磨损规律；研究矿井水化学性质与超高水头紧凑型水泵水轮机空化特性的相互作用机理，揭示矿井水条件下水泵水轮机空蚀规律；综合研究腐蚀-泥沙磨损-空蚀耦合机理，探索腐蚀-泥沙磨损-空蚀协同控制关键技术，为水泵水轮机水力设计和结构设计优化提供支撑，同时为新型复合涂层的筛选和开发建立评价体系，并改进该新型金属/陶瓷复合防护涂层施工工艺。

3. 技术路线规划

立足于废弃矿井抽水蓄能电站水泵水轮机"大落差、高耐蚀、紧凑型"的特点,以废弃矿井抽水蓄能电站水泵水轮机水力特性的研究为突破点和主要抓手,本书从设计和运行两条路线为山西省设计了一套技术发展路线(图 3-5)。

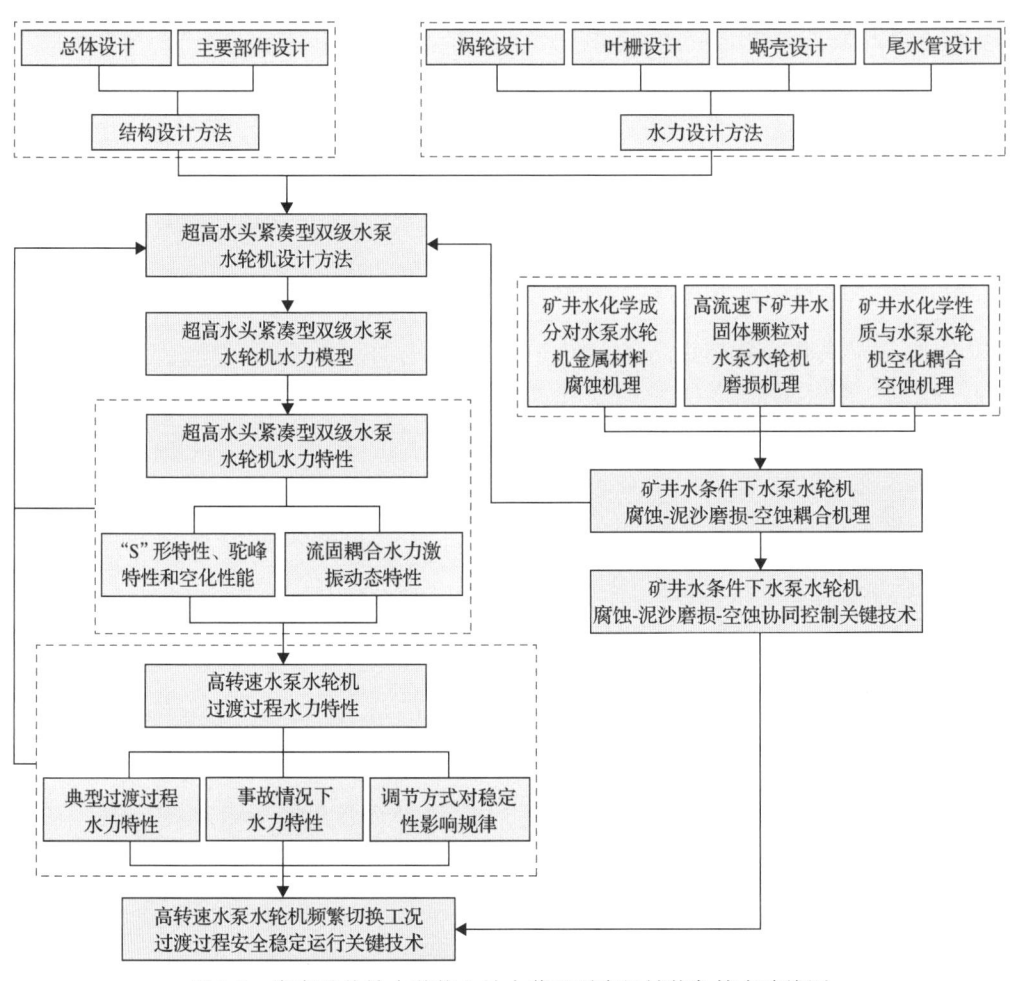

图 3-5　废弃矿井抽水蓄能电站大落差耐磨机械装备技术路线图

首先,通过超高水头紧凑型双级水泵水轮机的结构设计(包括机组推力轴承的布置位置、机组的装拆方式、底环与尾水锥管的埋入方式、蜗壳埋设方式等总体设计,转轮、水导轴承、主轴密封、机组轴系稳定性、导水机构、蜗壳底环、尾水管等主要部件设计),以及水力设计(包括涡轮、叶栅、蜗壳、尾水管等），获得超高水头紧凑型双级水泵水轮机设计方法，并在上述研究的基础上构建超高水头紧凑型双级水泵水轮机水力模型。

其次，针对超高水头紧凑型双级水泵水轮机水力模型，开展水力特性研究，包括研究水轮机工况的"S"形特性、水泵工况的驼峰特性和空化性能，探索机组流固耦合水力激振动态特性。采用一种基于水锤效应和动网格理论的抽水蓄能电站过渡过程三维模拟方法，分析超高水头水泵水轮机12种基本工况转换过程特别是4种典型过渡过程水力特性，开发可逆式水泵水轮机的高水头抽水蓄能电站过渡过程计算方法；研究事故情况下水泵水轮机水力特性；探索变速调节、导叶调节及组合调节方法对机组稳定性的影响规律；在上述研究的基础上，探索高转速水泵水轮机频繁切换工况过渡过程安全稳定运行关键技术。

再次，分析矿井水化学成分与金属/陶瓷复合防护涂层间的作用机理，揭示水泵水轮机内部腐蚀规律；研究水泵水轮机内部固液两相流动，揭示高流速下矿井水固体颗粒对水泵水轮机磨损规律；研究矿井水化学性质与超高水头紧凑型双级水泵水轮机空化特性的相互作用机理，揭示矿井水条件下水泵水轮机空蚀规律；在上述研究的基础上，综合研究腐蚀-泥沙磨损-空蚀耦合机理，探索腐蚀-泥沙磨损-空蚀协同控制关键技术，为水泵水轮机水力设计和结构设计优化提供支撑，同时为新型复合涂层的筛选和开发建立评价体系，并改进该新型复合涂层施工工艺。

最后，将基本水力特性、过渡过程水力特性和腐蚀-泥沙磨损-空蚀耦合机理研究结果反馈到超高水头紧凑型双级水泵水轮机设计方法，从而进一步对超高水头紧凑型双级水泵水轮机水力模型进行优化。

二、废弃矿井深部空间水下传感及大数据系统

1. 技术应用背景

地面抽水蓄能电站的安全监测监控主要沿用小型水电站的监控技术，基本上能满足电站安全生产的需要。但是对于废弃矿井群抽水蓄能电站，其水库地质条件、设备运行环境、人员运维便利性等方面存在很大差异。因此，在大数据、先进科学技术迅速发展的今天，急需对矿洞水库群的感知检测、矿洞与电站关键设备健康状态评估与预警，以及大数据传输的网络结构进行

研究,设计和开发基于大数据的抽水蓄能电站的监控系统,充分掌握矿井上下水库、关键设备的运行状态,从而确保抽水蓄能电站和电网安全、稳定运行,提高整个系统的运行效率,避免重大经济损失和人员伤亡。

当前,国内外针对废弃矿井群抽水蓄能电站大数据监控技术的研究仍存在一些关键科学和技术问题尚未解决:

1) 目前尚无满足要求的地下矿井群围岩状态参数检测传感器,特别是高可靠、大承力、多向围岩应力检测传感装置;

2) 适用于井下水库稳定/安全性监测的传感器优化布置还没有专门开展研究,相关研究也缺乏系统性;

3) 现有基于数据的机电设备健康状态预测与评估方法大多借助专门传感器的故障特征信号,而基于常规实时监测的时间序列数据的机电设备健康状态评估方法研究还较少,特别是针对抽水蓄能电站的机电设备。

鉴于上述存在的问题,本书针对废弃矿井群抽水蓄能电站监控大数据平台构建与开发问题,围绕地下巷道围岩三向应力传感监测系统装备、井下水库稳定性监测传感器优化布置及大数据网络结构设计、基于数据驱动的关键设备健康状态评估开展系统研究,最终形成一套适用废弃矿井抽水蓄能电站的大数据监控平台。

2. 技术难点分析及未来研究范围

在废弃矿井深部空间水下传感及大数据系统领域存在以下技术难点:

1) 地下矿井群围岩多轴向应力感测关键技术。地下矿井群围岩状态感知的关键在于应力检测,围岩内部各向应力存在较大差异。目前,各种应力测量装置仅能实现单向应力测量、与围岩体耦合性差、初承力较低,不能满足高落差抽水蓄能电站下水库深部围岩体各向应力的长期监测,开发满足深部围岩高初承力、可长期监测围岩体多轴向应力,同时与围岩体具有良好耦合特性的多轴向应力感测技术及装置,对揭示矿井地压分布规律、实现围岩动力灾害的防治和预测十分关键。

2) 基于时序数据的矿井群健康状态评估技术。传感器稳定性检测数据可直接反映矿井水库状态,一旦参数异常,极有可能产生事故,导致巨大的经济损失。鉴于此,基于多源时序检测数据,从海量数据中挖掘出隐含规律/

知识，提出相应的健康状态评估与预警方法，从而提前预知未来可能的设备故障，实现精准的状态运维。这是保障矿井抽水蓄能电站安全、可靠、稳定运行的关键技术之一。

对此，未来可能发展的技术领域如下：

1）地下矿井群围岩状态参数检测技术。研究地下矿井群围岩多轴向应力、变形、渗流等状态参数检测技术，研发围岩状态监测系列装备，重点研究实现具有高承力、自耦合、多轴向围岩应力监测传感装置，为揭示周期性储放水对复杂地矿环境下围岩动力破坏机理、提出围岩状态评价方法与稳定策略提供基础监测数据。

2）水库稳定性监测传感器布置及大数据网络结构设计。建立井下水库三维动力模型，研究深水深地及水气交变对水库岩壁的影响，揭示井下水库稳定性变化的基本规律，确定水库岩壁应力、变形和渗流的敏感点，优化传感器的安装数量和位置；设计适应井上与井下矿井群空间环境特点的多种通信方式和多空间尺度的大数据网络结构，构建矿井群监测大数据网络和井上下混合通信网络。

3）基于数据驱动的矿井群及关键设备健康状态评估预警。基于在线实时监测数据，开展井下矿井群与水泵水轮机、发电电动机和四象限变频器等关键设备的健康状态评估方法研究，建立多维状态数据向量，构建数据优化表征模型，提出面向健康状态的高维数据特征子集优化方法；分析实时监测数据，建立矿井群与关键设备健康状态参数预测模型；分析预测和实测数据的偏离度与健康状态的关系，提出状态评估准则，形成矿井群与关键设备健康状态评估与预警方法。

3. 技术路线规划

针对废弃矿井深部空间水下传感及大数据系统领域的技术难点，本书建议山西省可采取如图 3-6 所示的技术路线，解决有关技术问题。整个技术体系的发展从矿井群围岩状态监测传感系列装备、矿井水库稳定性监测传感器优化布置及大数据网络结构设计、基于数据驱动的矿井群及关键设备健康状态评估与预警三个方面展开。

1）矿井群围岩状态监测传感系列装备。采用理论分析、实验室实验、计

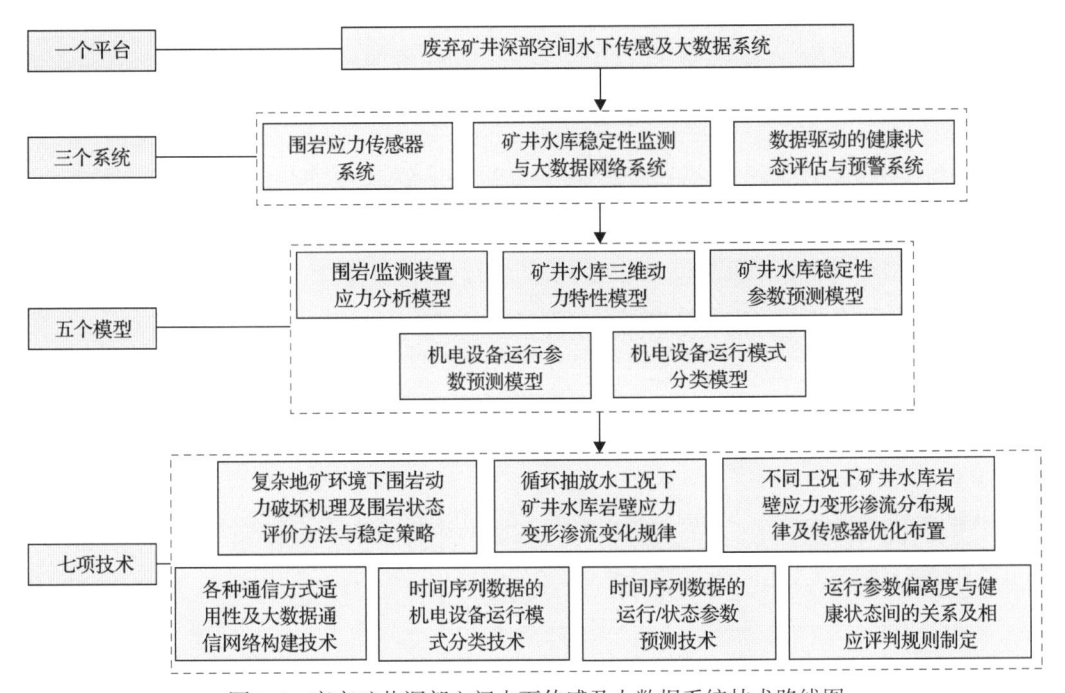

图 3-6　废弃矿井深部空间水下传感及大数据系统技术路线图

算机数值模拟和现场试验等相结合的方法进行研究。通过理论分析钻孔应力及与岩体耦合接触的条件，融合目前应力计监测原理和方法，设计满足初始应力高、变形量大、可实现多向应力测量的光纤应力传感器。在实验室加工混凝土试件和钢质模型，通过对比试验和计算机数值模拟分析，确定钻孔周围弹性松动圈对围岩各向应力的影响。开发一套围岩应力监测分析软件，能够对实时采集的围岩应力监测数据进行分析与处理，研究矿井空间围岩应力随电站运行影响的分布及演化规律，提出基于采动空间围岩应力分布的预警技术(图 3-7)。

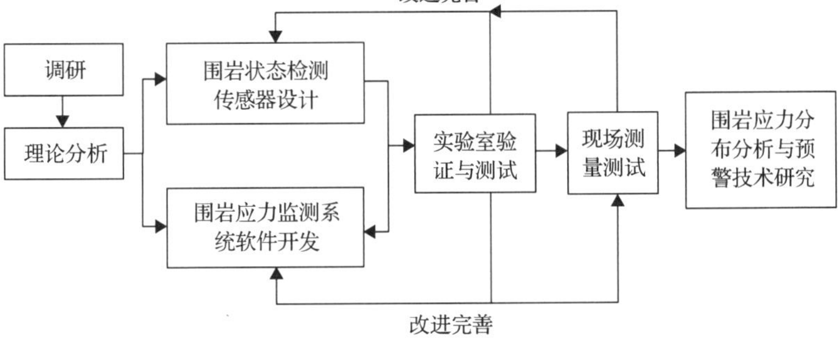

图 3-7　围岩三向应力传感器技术路线

2)矿井水库稳定性监测传感器优化布置及大数据网络结构设计。对于稳定性监测传感器的数量与布局优化，可采取如图3-8所示的技术路线展开研发。首先，收集充足的矿井工程技术资料，如矿井所在区域地质、水文等概况；其次，建立矿井三维计算模型，进行网格划分、确定边界条件，计算矿井储水和排干时的工况与载荷，并进行加载求解；再次在三维模型的基础上，分析矿井在不同工况下的应力、变形、渗流和稳定性；最后，以模型分析结果确定并优化稳定性监测传感器的数量和布局。

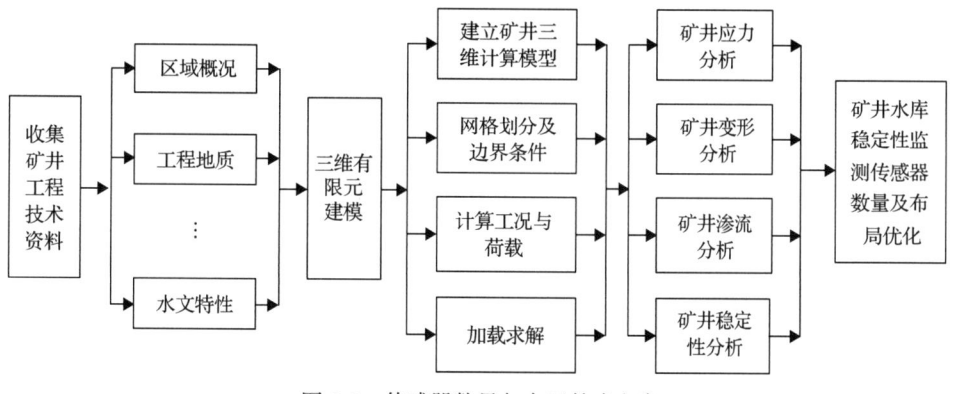

图 3-8　传感器数量与布置技术方案

对于大数据网络结构设计,实际包含地面和井上下混合通信网络两部分内容。

地面大数据及云平台系统，可以选用目前比较成熟的商用云服务器，如阿里云、百度云等，也可以在集团公司建立自己的企业云平台。由于每个矿井涉及大量的设备和自动化系统，以及安全监测监控系统，数据量大，通常选用千兆工业以太环网。为了能够将环网中的大量数据流畅地接入云平台，可选用 5G 无线通信方式，满足实时监测监控的要求。同时，通过 4G/5G 移动通信，在电脑或手机终端随时随地监控所关心的设备/系统，不但提高了便利性，同时大大减少了计算机、服务器等资源的投入。

井上下混合通信网络结构是地面大数据及云平台系统的核心，鉴于矿井对通信速率、安全等方面的要求，此部分通信网络拟以千/万兆光纤环形工业以太网为主体，实现井上下的大数据通信。其布局可以采用如图 3-9 所示的结构。

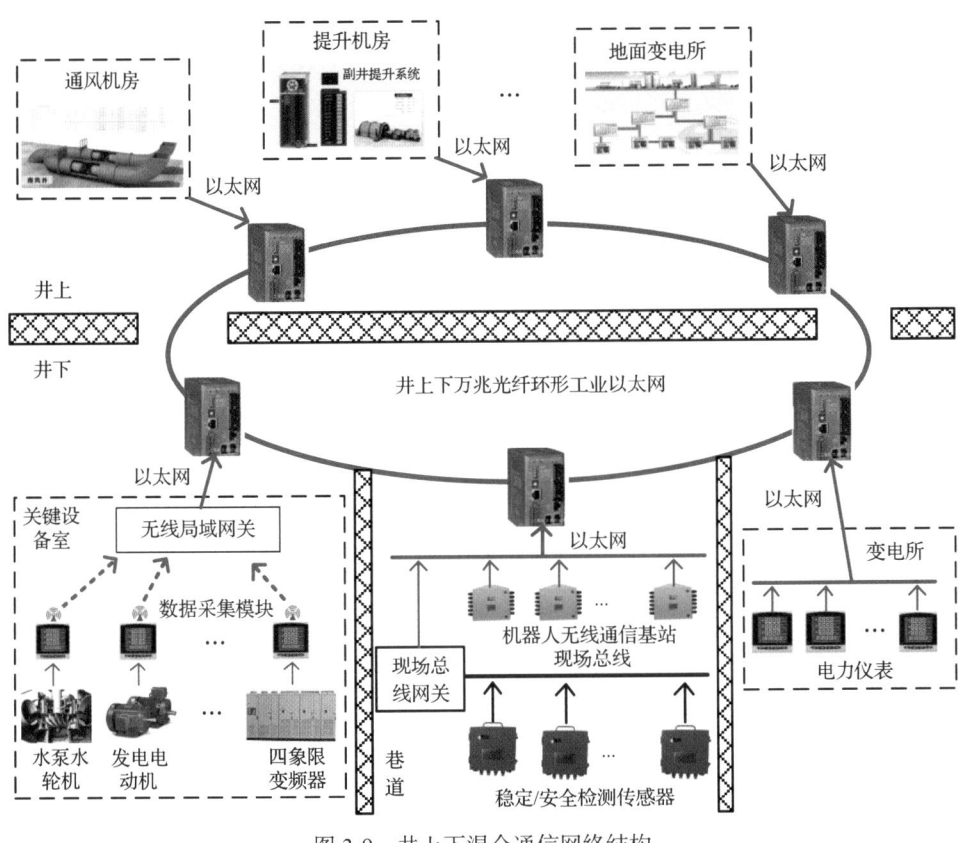

图 3-9 井上下混合通信网络结构

针对数据相对集中设备室/房，在此小范围内可根据不同需求，在保证安全可靠的前提下，选择多种通信方式。例如，拟在关键设备室采用短距离无线通信（LoRa、Zigbee 等）方式，并通过相应网管接入千/万兆以太环网；对于相对比较分散的水库稳定/安全检测传感器，由于需要长期工作，因此拟选用现场总线（Modbus、AS-i 等）的方式进行数据交换；此外，对于电力仪表这类通信个体自身的数据量比较大，则拟采用以太网形式的现场总线，以保证数据通信的流畅性。

3）基于数据驱动的矿井群及关键设备健康状态评估与预警。针对矿井群水库与井下关键设备（水泵水轮机、发电电动机和四象限变频器等），基于在线监测数据，开展系统健康状态评估是井下矿井水库稳定性监测的重要一环。鉴于矿井群水库与关键设备异常/故障样本数据少或不完备，可以利用水库与关键设备正常运行时监测的大量数据进行建模，然后将它们的实际运行状态与预测模型的输出进行对比,利用两者的偏离程度判断设备的健康状态。整个技术方案主要包括离线和在线两部分,如图 3-10 所示。

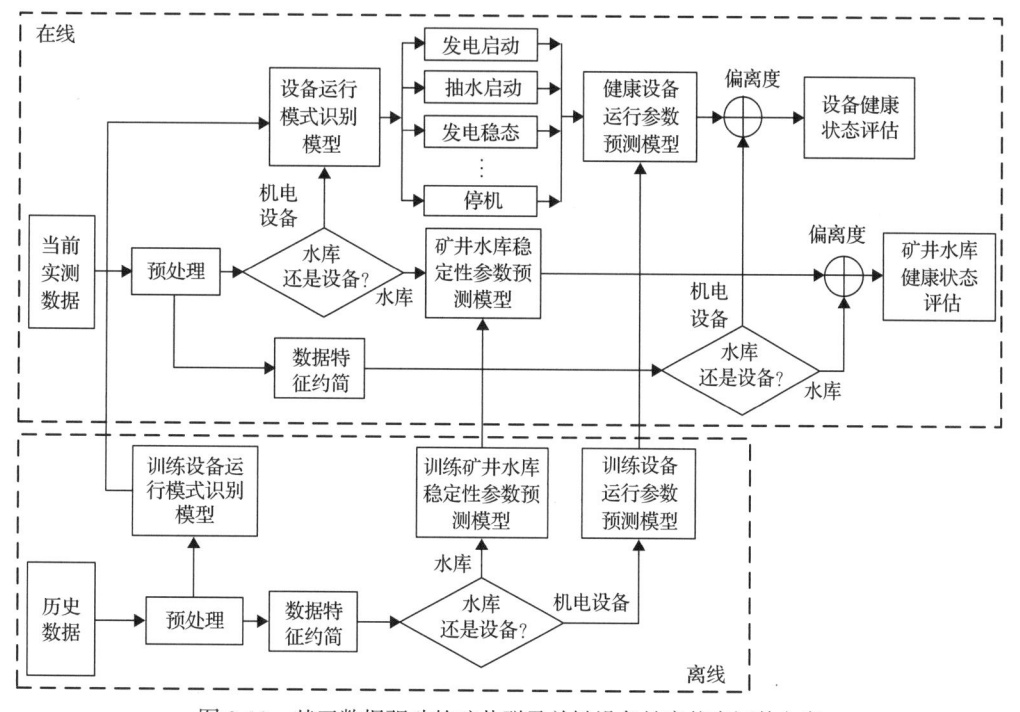

图 3-10　基于数据驱动的矿井群及关键设备健康状态评估方案

离线部分主要借助历史数据样本进行设备运行模式识别模型、矿井水库稳定性参数预测模型和设备运行参数预测模型的训练。其中,数据预处理主要包括四部分:数据清洗、数据集成、数据变换和数据特征约简。数据清洗主要是指对数据缺失值的填充和对离群数据的识别,同时对夹带噪声的、表征不明确的一类数据,根据具体情况进行相应的清洗过程。数据集成主要解决数据类型和平台等条件不一样会造成数据差异的问题。数据变换主要完成数据类型的转换,根据具体业务需求进行数据的离散化、连续化。数据特征约简主要是完成数据向量的降维,由于在数据挖掘领域,数据一般表现为高维形式,但是数据维度过高可能会造成维度灾难,筛选出更好的特征,获取更好的训练数据对于计算和确定模型都有重要意义。本研究拟引入集成算法 GBDT 用于数据特征子集的选择,降低了参数之间错综复杂的影响。

在线部分，主要利用实时在线数据，完成机电设备运行模式的识别、运行参数的预测、矿井水库稳定性参数预测，以及将实测参数与预测参数的残差，作为评估矿井水库与机电设备偏离正常状况的基础数据。本部分的分类和预测模型拟采用深度学习中的 LSTM 进行预测建模。在预测模型的基础上，提出设备状态评估与异常预警机制，建立了完整的设备异常预警算法系统。

三、废弃矿井抽水蓄能电站建设装备分析

1. 装备问题概述

国内外典型的废弃矿井抽水储能电站有地表塌陷区+地下巷道、地下巷道+地下巷道、地表露天矿坑三类。其中，对于地表塌陷区和地表露天矿坑的基础建设装备，可依据工业生产中(特种设备)的基础建设要求和标准选购煤矿机械及水力机械施工装备，已有大量的成功案例可供参考，施行起来并无太大的难度。然而，对于地下巷道，结合地下废弃矿井的特殊工作环境，以及抽水蓄能作业过程中交变应力-冲击应力-热应力的多应力场影响，亟须自主研发一些特殊装备，因地制宜，解决废弃矿井抽水蓄能电站在施工、运行、修缮过程中可能遇到的问题。

2. 废弃矿井抽水蓄能电站建设装备现存问题

(1)水道系统的防渗、支护和加固装备

水道系统是废弃矿井空间抽水蓄能的基础建设装备。在抽水蓄能过程中，水道系统内部周期性注水，为达到高效发电的功效，注水时的流速往往较大，湍动现象剧烈。另外，水道系统中发电机(室)周围的内壁承受较大的冲击应力，甚至由于汽蚀产生超高压的水锤效应，将直接影响到矿井抽水蓄能的效率和持久性。如何防止水道系统内部的水渗入岩层，消除湍流对矿井的冲击危害，将是水道系统建设首要解决的难点问题。

(2)地下厂房和发电室等防渗、支护和加固装备

与地表露天矿坑抽水蓄能电站不同的是,基于废弃矿井抽水蓄能电站的发电机、储能装备和一些探测设备都安装在地下,承受地下水和水道系统内

部水的渗透，以及水道系统冲击效应的危险，为了确保这些装备的安全性和有效性，需要对地下厂房、发电室进行防渗、支护和加固。

(3) 多巷道之间的引流和节流装备

废弃矿井的地下巷道错综复杂、高低不平，抽水或者注水时在多巷道交接的局部区域会产生涡流，对巷道内壁产生间断的水锤作用，甚至会威胁到整个水道系统的稳定。因此，在多巷道交接点处应设置引流和节流装置，另外对于位置偏深的巷道也要设置专门的水泵、引流和导流装置。

(4) 人员和大型设备下井的安全保护装备

在矿井施工或者后期检查维修中，需要将一些大型设备和检查维修人员送到井下，为确保设备或者人员在输送过程中的安全，也需要针对矿井的特殊环境设计专门的输送装备。

3. 技术难点及拟解决方案

废弃矿井抽水蓄能电站建设装备领域存在以下技术难点：

1) 水道系统的高压管道安装；管道外部与岩层之间的支护处理。

拟解决途径：根据矿井的具体形貌，拟采用拼接的方式安装其内部的高压管道；由于抽水蓄能用的矿井与普通采煤用的矿井不同，不能采用目前常用的锚杆支护，拟采用护网支护为主要支护方式，抗震耐磨。

2) 多段高压管道之间的焊接工艺能否达到耐腐蚀和耐磨损的要求。

拟解决途径：抽水蓄能用的高压管道主要破坏形式为管道焊接位置处的腐蚀疲劳断裂，根据高压管道的失效形式和失效位置，拟采用智能机器人对高压管道的钢片进行焊接，并采用高能脉冲协同多向旋转滚压设备进行表面处理，增强其表面的耐磨性和耐腐蚀性能。

3) 节流的格栅装置和可调控鱼鳞状扇片引流装置的使用寿命评估。

拟解决途径：根据交变应力-冲击应力-热应力的多应力场耦合以及流固耦合的力学模型，采用疲劳寿命评估模型，结合疲劳损伤评估算法和相关仿真软件，对抽水蓄能用的格栅装置和可调控鱼鳞状扇片的引流装置进行数值分析，根据评估结果，加强维护管理，及时更换相关部件，确保整个水道系统的稳定运行。

4. 特殊设备的研发

(1) 水道系统的防渗、支护和加固装备

为确保水道系统的防渗、支护和加固的有效性与安全性, 拟采用高压管道作为主要输流装置,管道内部采用高能脉冲协同多向旋转滚压技术进行表面处理和强化, 尽可能降低其表面粗糙度, 增强其表层及亚表层的硬度和强度。

管道内部设置移动拦污栅清理机,通过该拦污栅可定期自主清理水道内部的杂质, 并起到一定的导流和节流作用。

在矿井下发电室的周围(四周+底部)建设保护层。保护层外壁依附于岩壁, 保护层内部充满水, 并处于静压状态。水的压力大小由内部传感器和压缩机控制。发电室周边产生的超高冲击波可在该水层进行耗散和衰减, 从而对水道系统进行防渗和柔性加固。

(2) 地下厂房、发电室等防渗、支护和加固装备

地下厂房和发电室等不仅受到岩层压力, 还会受到水道产生的振动效应, 为了确保地下厂房和发电室的安全, 均采用高强度钢板衬砌, 并自主研发柔性液压支架抵抗岩层的横向振动。

(3) 多巷道之间的引流和节流装备

基于地下多巷道的特殊性, 开发一种可调控鱼鳞状扇片的引流装置, 安装在多巷道的交接点处。根据水流方向调整鱼鳞状扇片的方向, 在巷道之间进行引流。在发电机周边安装容积较大的格栅装置进行节流,降低湍流程度, 另外抽水时可保证稳定的流速, 还能对(涡轮)发电机(泵)起到一定的保护作用。

(4) 人员和大型设备下井的安全保护装备

由于抽水蓄能电站的矿井内部同时含有瓦斯和水, 为了确保下井设备和人员的安全, 设计一种用于矿井升降输送的专用压力容器, 密封性能较好, 并具有很好的防爆性能。

(5) 未来特殊技术装备

综上, 未来建设废弃矿井抽水蓄能电站需要重点发展的装备如表 3-3

所示。

表 3-3　基础建设装备及主要功能特点

基础建设装备	主要功能特点
大直径立井全液压伞钻	电站调压井等竖直井的扩建、改造和修复
竖(斜)井盾构(顶管机)	调压井、交通洞、风洞、引水隧道等管路、硐室掘进支护
废弃矿井掘锚探支一体机	地下巷道快速扩建作业，蓄能电站的地下空间快速构筑
废弃矿井锚杆锚索钻车	上下水库地下巷道和地下厂房矿井的支护锚固作业
废弃矿井全液压坑道钻机	地质勘探孔、抽放瓦斯孔、探放水孔、注水孔等工程用孔
废弃矿井地下巷道修复机	成形巷道、煤巷、半煤岩巷及岩巷扩帮、起底、扩修作业
地下挖掘装载机(扒渣机)	掘进及引水洞、隧道施工装载作业；断面排险、水沟清理
地下铲运工程车	工作场地和道路的修筑平整、材料运输等辅助作业
地下混凝土湿喷台车	上下水库地下巷道、连通区、隧道和矿井的混凝土喷射
地下混凝土装载搅拌布料机	通过车载皮带机摆动布料到需要铺设的巷道底面
地下混凝土摊铺机	地下通道、厂房路面摊铺、布料、振实、提浆、找平
超高压水力割缝装置	地下巷道穿层钻孔水力割缝增透和顺层长钻孔大面积增透
地下液压接管机器人	巷隧道、水管、风管、瓦斯抽放管、钻杆装卸等施工作业
地下混凝土喷射机器人	巷道复杂作业区域喷浆，实现井下巷道喷浆支护自动作业
辅助运输机器人	目标物自动识别、抓取、搬运和码放，路径规划、自主移动、安全避障及远程干预等功能，按时、按需搬运
管道安装机器人	地下空间风、水管路的自动安装
全自动砌衬一体机	巷道、硐室、隧道的砌衬加固
巷道清理机器人	刷帮、起底、破碎、铲装、变形巷道修复及评测等
探水、防突、防冲机器人	集探水、防突、防冲、钻孔于一体的智能化遥控机器人
安防机器人	地下空间、地下厂房的消防、救援、破障等机器人

四、装备可实现性及与山西省产业链匹配情况

1. 装备可实现性

废弃矿井抽水蓄能电站特种装备，许多与现有抽水蓄能电站要求不一致，需要特种研发。但这不意味着依赖现有装备修建废弃矿井抽水蓄能电站不具备可行性。

目前,国内进入废弃矿井抽水蓄能电站详细规划的废弃矿井抽水蓄能电站有辽宁阜新露天矿抽水蓄能电站和北京大兴全地下废弃矿井抽水蓄能电站,规划中完全依赖现有装备实施,并不存在可行性问题。

特种装备在工程建设阶段主要在于提高施工的效率和安全性,降低成本;在运行维护阶段可以大幅度增加系统监控的响应速度、提升安全性和可靠性,同时进一步与未来智能电网实现良好匹配。

对于各类特种装备,从技术分类角度看,绝大多数与未来智能矿山、矿山无人化工作面的需求相重合。构建废弃矿井抽水蓄能电站的核心问题是矿业空间改建地下储水库的构建和维护,这类问题的工程转化上的难点与智能矿山、矿山无人化工作面的需求高度重合。目前,国家在该领域投入巨大,借助国家在智能矿山、矿山无人化工作面的研发投入,废弃矿井抽水蓄能电站完全可以基于这些领域的技术进步,逐步完善自己的装备体系。

此外,废弃矿井抽水蓄能电站也有一些特殊的水利设备需要研发,如特种水泵水轮机、水利调节机构等,但总体看装备不存在不可克服的问题。

总之,依托现有装备构建和维护废弃矿井抽水蓄能电站完全具备可行性。未来,一些高端装备也可以依托我国在智能矿山、矿山无人化工作面领域的技术进步逐步完善。

2. 废弃矿井抽水蓄能装备与山西省产业链匹配

2020 年 5 月,习近平总书记在山西省考察时提出了在转型发展上率先蹚出一条新路来的指示要求,要大力加强科技创新,在新基建、新技术、新材料、新装备、新产品、新业态上不断取得突破。为坚定落实习近平总书记的重要指示,山西省提出了"四为四高两同步"的总体思路和要求,以建设资源型经济转型发展示范区、打造能源革命排头兵、构建内陆地区对外开放新高地为牵引目标,大力推动山西省经济的高质量转型发展。

山西省矿产资源丰富,为工业的发展创造了得天独厚的条件,受特殊的历史发展环境影响,山西省形成了以重工业和军事工业为特征的工业基础格局,中华人民共和国成立以来,山西省的工业化发展在全国一度处于优势地位,其中装备制造业更是山西省工业化发展的重要推动力量。

结合已有的产业基础和结构特征,山西省提出重点培育 14 大标志性引领性产业集群的发展计划。其中，先进轨道交通装备、煤机智能制造装备、通用航空为高端装备制造业的范畴，在《山西省制造业领域千亿产业培育实施方案》中，排在首位的要重点培育壮大的千亿产业即高端装备制造业。

目前，先进轨道交通装备产业初步形成了以中车太原机车车辆有限公司、晋西车轴股份有限公司、太原重工轨道交通设备有限公司、智奇铁路设备有限公司等龙头企业为牵引，以铁路货车、工程作业车、关键零部件为主导的太原产业集群；以中车大同电力机车有限公司为牵引，以重载电力机车为主导的大同产业集群；以中车永济电机有限公司为牵引，以机车车辆电传动系统为主导的运城产业集群。煤机智能制造装备产业初步形成了以太重煤机有限公司、山西天地煤机装备有限公司、山西煤矿机械制造股份有限公司等龙头企业为牵引的太原产业集群；以山西平阳重工机械有限责任公司、山西晋煤集团金鼎煤机矿业有限责任公司、阳泉煤业集团华越机械有限公司等龙头企业为牵引，以"三机一架"为主导的晋东南产业集群；以阳煤忻州通用机械有限责任公司为牵引，以主运输设备、煤炭洗选设备为主导的晋北煤机智能制造装备产业集群。通用航空产业初步形成以大同通航产业园为承载，以发展轻型飞机和通用飞机制造为主导的大同产业集群；以太原飞机拆解基地为重点，以发展航空新材料研发生产、飞机拆解业务为主导的太原产业集群；以长治市高新区为承载，以发展飞机维修改装、产业配套服务为主导的长治产业集群。

废弃矿井抽水蓄能所需特种装备，与山西省高端制造产业链高度匹配。废弃矿井抽水蓄能蓄水库构建的各类特种设备完全可以依托山西省的煤机智能制造装备产业链完成；关键运维设备，如地下库区巡检机器人、地面先进无人化巡检平台等装备，完全可以依托山西省先进轨道交通装备、通用航空装备产业链进行完善。

此外，山西省工业和信息化厅印发的《山西省电子信息制造业 2021 年行动计划》提出，山西省将加强对电子信息制造业规划引领，以区域产业优势为基础，加快推进产业集聚，构建"一带四群"产业格局。"一带四群"，即以省综改示范区为核心,形成纵贯大同-忻州-太原-晋中-长治-晋城-运城的"一区七市"电子信息制造产业带；以太原、忻州、长治为重点，打造半导体产业集群；以太原、长治、晋城为重点，打造光电产业集群；以太原、长治、晋中为重点，打造计算机产业集群；以太原、长治、吕梁、晋中、大同为重点，打造光伏产业集群。

大力发展废弃矿井抽水蓄能技术也能拉动山西省上述产业集群的进步。建设废弃矿井抽水蓄能项目离不开井下深部空间水下传感及大数据系统。该系统的技术创新可以带动山西省电子信息产业带、计算机产业集群、半导体产业集群。而山西省一旦通过废弃矿井抽水蓄能技术解决了储能这一技术瓶颈，光伏电力消纳的瓶颈问题也迎刃而解，光伏产业集群必然因此而被拉动。

第四节　山西省废弃矿井抽水蓄能发展战略

一、山西省废弃矿井抽水蓄能发展路线

废弃矿井抽水蓄能对山西省未来的能源结构调整具有重要的战略性价值。但该技术的工程实用在山西省尚处于起步阶段。在山西省面临迫切的大规模储能和矿业废弃地治理双重压力的背景下，一方面山西省应大力发展该技术，另一方面也应本着稳妥的工程原则有序推进，最终实现该技术的大规模工程实用。

第一步，培育期。组织国家、地方科研力量对废弃矿井抽水蓄能所涉及的基础性科学问题和工程应用问题展开深入研究。该步工作事实上在山西省已经开始，但研究以部门、地方资金投入较多，国家级的研究资助偏少；另外，目前山西省在该领域的研究，总体以概念性研究为主，涉及装备、工程应用的研究不足。在发达国家已经开始实用化的国际背景下，该步工作应当尽快展开。在山西省"十四五"末期应当攻克废弃矿井抽水蓄能的基础性科学问题；拥有1～2座中试性技术验证平台；3座或更多废弃矿井具备抽水蓄能工程改造规划；一批废弃矿井抽水蓄能配套法规制定出台。

第二步，矿区试用期。在该阶段选择一批地质条件稳定、井下改造条件良好的矿井开展废弃矿井抽水蓄能试点，同时以这些废弃矿井抽水蓄能改造项目为核心，构建矿业废弃地的生态修复圈、新能源建设圈、电网服务圈等，初步形成以单矿区为主的盈利体系。这种类似于恒星系的结构被称为废弃矿井抽水蓄能的恒星模式。该模式应在"十四五"末至"十五五"期间完成，

确保山西省在 2030 年前后，拥有一批可资评估的大规模储能的工程案例，进一步提高新能源在山西省能源结构中的占比。

第三步，省内推广期。在一个资源枯竭区域或城市，往往分布着许多关闭矿井，因此由多座废弃矿井抽水蓄能电站组成的"星座"将会为区域经济进一步带来如区域智能电网、矿业人口安置、资源枯竭城市转型等助益。废弃矿井抽水蓄能的产业溢出效应进一步凸显。如果技术发展顺利，2030～2040 年围绕山西省资源枯竭城市将有望建成一批废弃矿井地下储能星座。

第四步，国内市场占领期。根据有关预测，2040 年以后国际太阳能、风能、核电等清洁能源占比将超过 45%。届时我国全国范围内对大规模储能的需求进一步迫切。基于 2030～2040 年废弃矿井抽水蓄能省内推广的建设和运行经验，以及山西省先进制造产业链、电子信息产业链、新能源产业链的溢出效应，在 2050 年前后在全国范围内推广山西省废弃矿井抽水蓄能技术，推动国家初步建成由大量废弃矿井储能电站构成的国家级废弃地下空间储能云。

可以预期的国家级储能云为"一纵一横"两大区域：一条由华北经山东、河南一直延伸至江苏、安徽、浙江的纵向区域，该储能云区将为山西省东部地区的陆上、海上新能源产业和沿海核电产业提供储能依托；另一条由东北、华北、山西、内蒙古延伸至新疆的横向区域，该储能云区将为山西省"三北"地区的风能、光伏电力提供储能依托。

应当指出，废弃矿井抽水蓄能作为一种废弃地下空间的利用模式与其他废弃地下空间的利用模式并不冲突，在废弃地下空间的利用工程中完全可以将抽水蓄能与油气储存、地下空间旅游、地下城市、地下养殖等技术综合运用，从而获得更好的经济效益。

二、山西省废弃矿井抽水蓄能技术路线图

根据我国及山西省内产业链布局情况及未来技术发展的可能性，规划了山西省废弃矿井抽水蓄能技术路线图（图 3-11）。该路线图从安全技术、政策法规、并网与消纳、技术经济分析、集群控制与调度、工艺与装备、大数据平台构建与开发、地热能利用等多个方面进行了时间轴的规划。

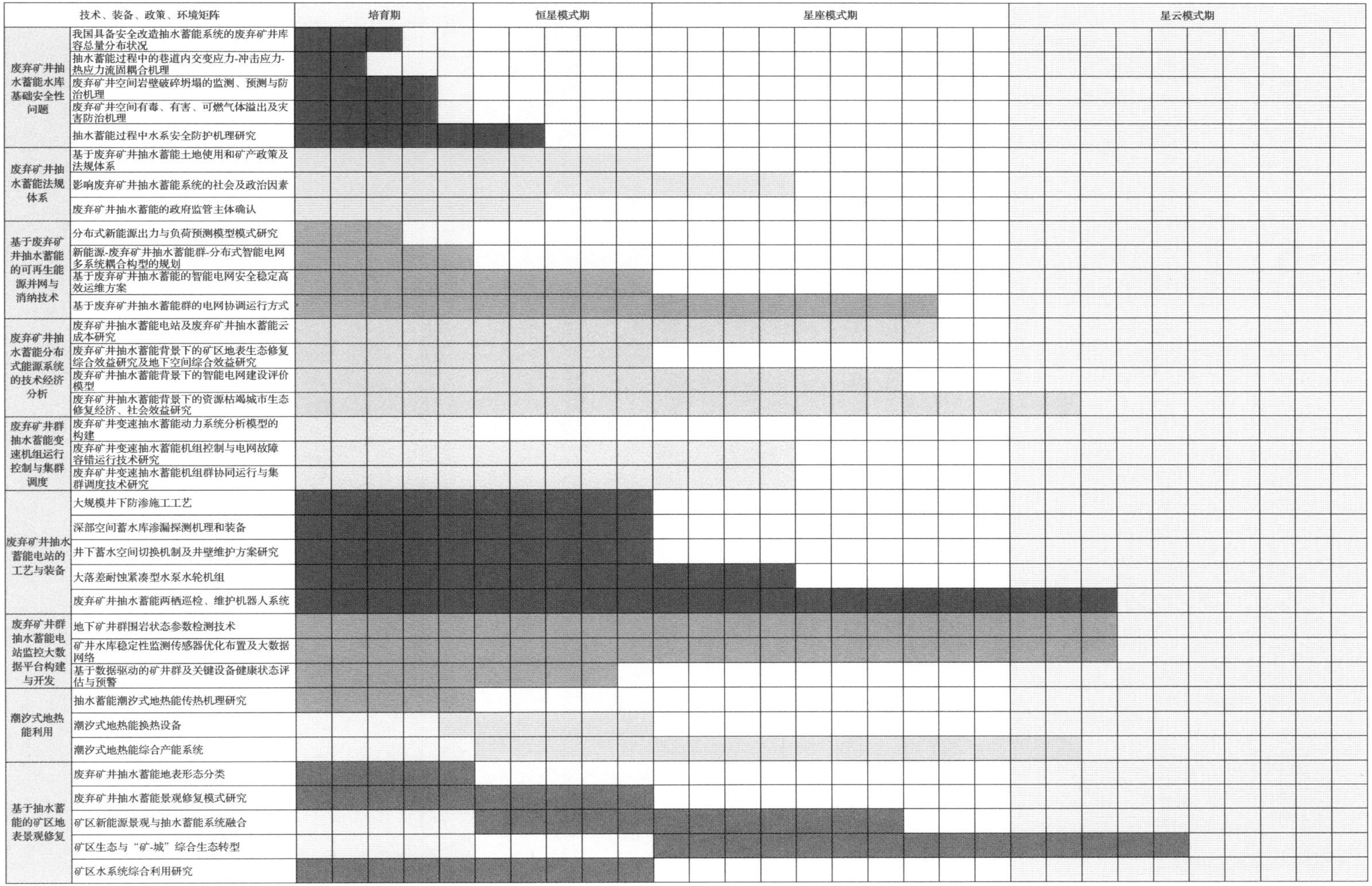

技术、装备、政策、环境矩阵		培育期	恒星模式期	星座模式期	星云模式期
废弃矿井抽水蓄能水库基础安全性问题	我国具备安全改造抽水蓄能系统的废弃矿井库容总量分布状况	██████			
	抽水蓄能过程中的巷道内变变应力-冲击应力-热应力流固耦合机理	██████			
	废弃矿井空间岩壁破碎坍塌的监测、预测与防治机理	██████			
	废弃矿井空间有毒、有害、可燃气体溢出及灾害防治机理	████████			
	抽水蓄能过程中水系安全防护机理研究	██████████			
废弃矿井抽水蓄能法规体系	基于废弃矿井抽水蓄能土地使用和矿产政策及法规体系	██████████████			
	影响废弃矿井抽水蓄能系统的社会及政治因素	██████████████			
	废弃矿井抽水蓄能的政府监管主体确认	██████████████			
基于废弃矿井抽水蓄能的可再生能源并网与消纳技术	分布式新能源出力与负荷预测模型模式研究	██████████			
	新能源-废弃矿井抽水蓄能群-分布式智能电网多系统耦合构型的规划	████████████████████████			
	基于废弃矿井抽水蓄能的智能电网安全稳定高效运维方案	████████████████████████			
	基于废弃矿井抽水蓄能群的电网协调运行方式	██			
废弃矿井抽水蓄能分布式能源系统的技术经济分析	废弃矿井抽水蓄能电站及废弃矿井抽水蓄能云成本研究	████████████████████████			
	废弃矿井抽水蓄能背景下的矿区地表生态修复综合效益研究及地下空间综合效益研究	████████████████████████			
	废弃矿井抽水蓄能背景下的智能电网建设评价模型	████████████████████████			
	废弃矿井抽水蓄能背景下的资源枯竭城市生态修复经济、社会效益研究	████████████████████████			
废弃矿井群抽水蓄能变速机组运行控制与集群调度	废弃矿井变速抽水蓄能动力系统分析模型的构建	████████████████████████			
	废弃矿井变速抽水蓄能机组控制与电网故障容错运行技术研究	████████████████████████			
	废弃矿井变速抽水蓄能机组群协同运行与集群调度技术研究	████████████████████████			
废弃矿井抽水蓄能电站的工艺与装备	大规模井下防渗施工工艺	████████████████████████			
	深部空间蓄水库渗漏探测机理和装备	████████████████████████			
	井下蓄水空间切换机制及井壁维护方案研究	████████████████████████████████			
	大落差耐蚀紧凑型水泵水轮机组	████████████████████████████████			
	废弃矿井抽水蓄能两栖巡检、维护机器人系统	██			
废弃矿井群抽水蓄能电站监控大数据平台构建与开发	地下矿井群围岩状态参数检测技术	██			
	矿井水库稳定性监测传感器优化布置及大数据网络	██			
	基于数据驱动的矿井群及关键设备健康状态评估与预警	██			
潮汐式地热能利用	抽水蓄能潮汐式地热能传热机理研究	██████████			
	潮汐式地热能换热设备	██████████████			
	潮汐式地热能综合产能系统	██████████████████████			
基于抽水蓄能的矿区地表景观修复	废弃矿井抽水蓄能地表形态分类	██████████			
	废弃矿井抽水蓄能景观修复模式研究	████████████			
	矿区新能源景观与抽水蓄能系统融合	████████████████████████			
	矿区生态与"矿-城"综合生态转型	██			
	矿区水系综合利用研究	████████████			

图 3-11 山西省废弃矿井抽水蓄能技术路线图

第一节　山西省废弃矿井地下核能开发意义

山西省能源消费以燃煤为主，能源结构低碳转型较慢，碳排放强度总体偏高。山西省是我国重要的能源生产和供应基地，其产量占全国煤炭产量的 1/3 左右，其中煤炭和焦炭的 2/3 用于外送。"双碳"目标的提出，对山西省能源低碳转型提出了更高要求。将核能与废弃矿井相结合，提供特色"山西方案"。在达到碳中和目标的过程中，从长远来看，山西省煤炭的生产产量和消费将不可避免地大幅度下降，非化石能源比例大幅度上升。山西省风电和光伏等可再生能源资源有限，不能满足山西省的未来能源和电力需求。同时，高比例可再生能源电力系统为电网供应安全带来了较大风险，并大幅度增加电力系统供应成本。这为山西省核能发展（发电、供热和制氢等）提供了可能性和发展空间。成本分析表明，当碳价达到 200 元/tCO_2（是目前欧盟碳市场价格的一半左右，是中国碳市场价格的 4 倍左右）的情况下，山西省核能发电、供热具有较强的经济竞争力。当碳价达到 1000 元/tCO_2 的情况下，山西省核能制氢具有较强的经济竞争力。考虑到核能项目建设周期长、投资大、技术锁定效应强等特点，山西省核能建设（发电、供热和制氢等）需要进行提前布局，在保障能源和电力供应安全，降低能源系统成本的同时，确保山西省实现碳中和目标。

一、"双碳"目标倒逼山西省能源低碳转型

我国是全球最大的碳排放国家，为积极应对气候变化，于 2020 年提出了"双碳"目标。该目标的提出，充分彰显了负责任的大国担当，为全球疫后复苏注入了新动能，为我国应对气候变化、能源系统大幅度低碳转型和核能大规模发展提供了战略机遇。随后，在 2020 年 12 月 12 日气候雄心峰会上，2021 年 4 月 22 日在全球"领导人气候峰会"上，2021 年 9 月 21 日第七十六届联合国大会一般性辩论上等多次强调"双碳"目标，并纳入我国生态文明建设整体布局。2021 年 3 月 12 日，《中华人民共和国国民经济和社

会发展第十四个五年规划和 2035 年远景目标纲要》提出，积极应对气候变化，制定 2030 年前碳排放达峰行动方案，完善能源消费总量和强度双控制度，重点控制化石能源消费，推动能源清洁低碳安全高效利用，安全稳妥推动沿海核电建设，建设一批多能互补的清洁能源基地。为推动实现"双碳"目标，中国陆续发布重点领域和行业碳达峰实施方案和一系列支撑保障措施，构建起"双碳""1+N"政策体系（1 个总体目标+N 个配套方案）。

山西省积极响应中央相关工作要求和战略部署。2020 年 12 月 30 日，山西省通过《中共山西省委关于制定国民经济和社会发展第十四个五年规划和二〇三五年远景目标的建议》，主动应对气候变化，以市场化机制和经济手段降低碳排放强度，制订实施山西省"双碳"目标行动方案。2021 年 1 月 20 日，山西省第十三届人民代表大会第四次会议政府工作报告指出：把开展碳达峰作为深化能源革命综合改革试点的牵引举措，研究制定行动方案，推动煤矿绿色智能开采，推进煤炭分质分级梯级利用，抓好煤炭消费减量等量替代，加快开发利用新能源。山西省正处于资源经济从成熟期到衰退期的演变阶段，未来 5～10 年正是转型的窗口期和关键期，是大力发展战略性新兴产业，构建绿色能源供应体系，为山西省能源革命和解决资源型地区经济转型难题贡献"山西方案"的战略机遇期。

二、山西省能源消费和 CO_2 排放现状

山西省是我国重要的能源生产和供应基地，煤炭、电力生产除满足本地需求外，还有大量外送和调出。根据《山西省能源低碳发展数据（2021）》，2020 年山西省煤炭产量为 10.63 亿 t，占全国原煤产量的 28%；焦炭产量 1.05 亿 t，发电量 3367 亿 kW·h。其中，外送煤炭和焦炭占 2/3，外送电力占 1/3。

1. 总体情况

山西省经济发展，高度依赖当地煤炭资源及其开发利用，能源消费和 CO_2 排放规模较大。2020 年，山西省 GDP 为 1.54 万亿元（2015 年价），能源消费总量 2.13 亿 tce，CO_2 排放 5.05 亿 t，分别比 2010 年增加 85%、29% 和 22%。2010～2020 年，单位 GDP 能耗下降 30%，单位 GDP 碳排放下降 34%，达到"十二五"和"十三五"期间预期下降目标。2010～2020 年，山西省 GDP 年均增速 6.3%，其中 2010～2013 年达到 9%～10%，2014～2016

年回落到 3%～5%，2017～2019 年恢复到平均水平，2020 年受到新冠疫情的影响，GDP 增速仅为 3.6%。2010～2020 年山西省 GDP、能源消费和碳排放变化如图 4-1 所示。

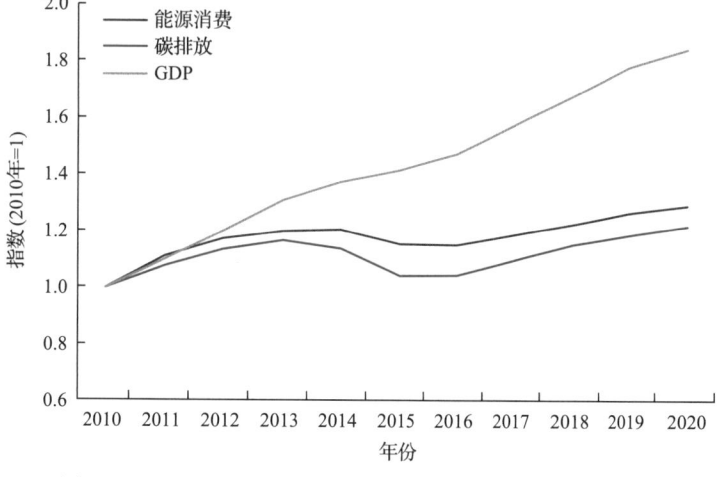

图 4-1　2010～2020 年山西省 GDP、能源消费和碳排放变化

山西省能源消费以燃煤为主，能源结构低碳转型较慢，碳排放强度总体偏高。与山西省煤炭资源丰富、煤炭工业和产业聚集的特征相一致。2020年，山西省煤炭、石油、天然气和非化石比例分别为 83.9%、4.0%、4.6%和 7.5%，分别比 2010 年下降 6.1 个、下降 2.7 个、增加 2.5 个和增加 6.4 个百分点。2020 年，单位 GDPCO$_2$ 排放量为 3.28tCO$_2$/万元，约为全国平均水平 1.1tCO$_2$/万元的 3 倍。人均碳排放量为 13.54tCO$_2$，约为全国平均水平 6.9tCO$_2$ 的 2 倍，世界平均水平 4.4tCO$_2$ 的 3 倍。单位能源消费碳排放量为 2.37tCO$_2$/tce，约为全国平均水平 2.0tCO$_2$/tce 的 1.2 倍。

2. 分行业能源消费和 CO$_2$ 排放

电力、钢铁和化工三个行业，对山西省能源消费和 CO$_2$ 排放起着关键作用，也是核能应用潜力较大的三个行业。从能源消费来看，2020 年山西省能源消费（发电煤耗）主要来源于电力（49%）、钢铁（24%）、化工（10%）三个行业，合计占山西能源消费总量的 83%。其他行业（采选、有色金属、焦化、水泥、设备制造、建筑、交通等）占能源消费总量的 17%。此外，2010～2020 年三个行业消费合计占绝对地位，基本保持在能源消费总量的 69%～83%（图 4-2）。

从碳排放来看，2020 年山西省 CO$_2$ 排放主要来源于电力（46%）、钢铁

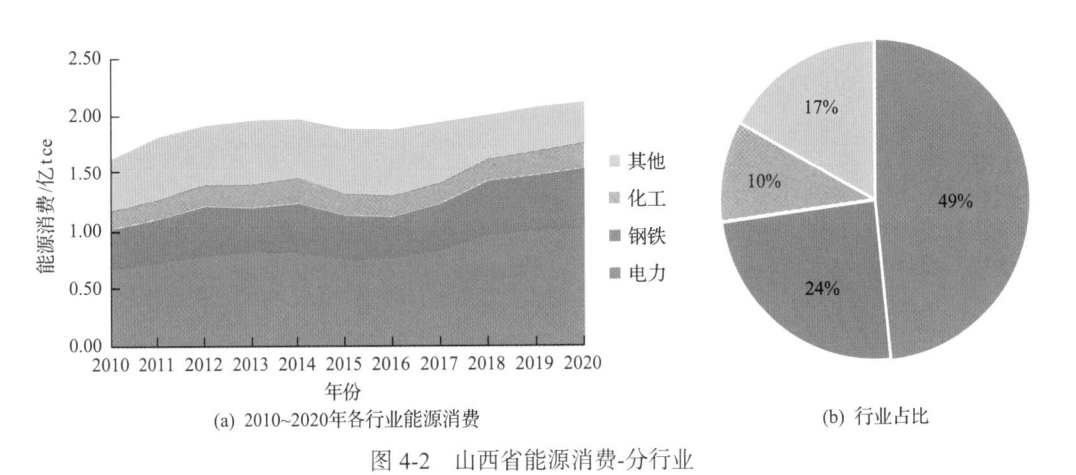

(a) 2010~2020年各行业能源消费　　　　　　(b) 行业占比

图 4-2　山西省能源消费-分行业

(22%)、化工(8%)三大行业，合计占比 76%，其他行业仅占 24%左右(不含电力和热力间接排放)(图 4-3)。此外，2010～2020 年，三大行业 CO_2 排放量占比基本不变(68%～76%)，占绝对地位。从排放来源看，山西省 CO_2 排放以燃煤为主，占比在 90%以上。

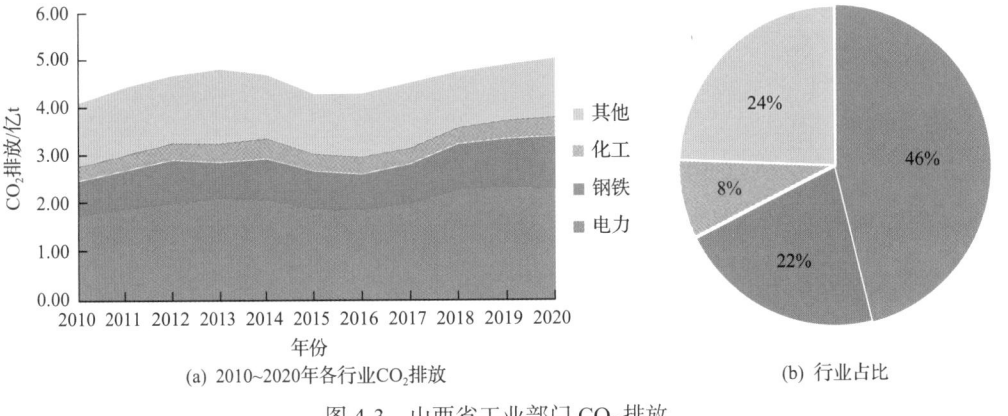

(a) 2010~2020年各行业CO_2排放　　　　　　(b) 行业占比

图 4-3　山西省工业部门 CO_2 排放

3. 电力行业

山西省电力行业以煤电为主,煤电占比不断下降,电源结构持续低碳化。2020 年，山西省发电量为 3367 亿 kW·h，比 2010 年增长了 60%。其中，火电(主要煤电)占比为 85%，比 2010 年的 98%下降了 13 个百分点。可再生能源发电量 498 亿 kW·h，比 2010 年增加 10 倍左右。从装机容量来看，2020 年山西省发电装机容量 1.04 亿 kW，比 2010 年增加 6000 万 kW。其中，火电机组(主要煤电)增加 2500 万 kW，可再生能源装机增加 3500 万 kW，对煤电的替代作用显著。从电力需求来看，当地电力需求占总发电量的 2/3，主要用于工业用电，占当地电力需求的 75% 左右。另外，山西省供热需求 1200 万 tce，其中 1/4 来自工业余热回收利用。

三、未来趋势和面临挑战

1. 高耗能行业产品产量

考虑到山西省作为全国能源供应基地的特点，根据国家和山西省行业达峰政策，山西省高耗能行业产品产量，预计 2025 年或者之前达到峰值，与《山西省国民经济和社会发展第十四个五年规划和 2035 年远景目标纲要》一致。其中，粗钢、化工产品（合成氨、煤制油等）等产量 2020～2025 年增加 10%～20%，2025～2035 年减少 5%～15%（全国减少 30%），非高耗能工业（包括战略性新兴产业）得到快速发展。

2. 未来发展趋势

山西省积极响应和对标国家"双碳"目标的相关工作要求和战略部署，并为山西省经济发展和产业转型留出适当时间和空间，加大能源低碳转型力度，力争早日实现"双碳"目标。

从碳达峰来看，2030 年前后，山西省 CO_2 峰值排放为 6 亿 t 左右，比 2020 年增加 15%～20%；能源消费增长 20%～25%；非化石能源比例达到 20%。其中，高耗能行业能源消费和 CO_2 排放 2025 年以后逐渐减少。2025～2035 年减少 5%～20%（全国减少 30%）（图 4-4）。非高耗能行业和战略性新兴产

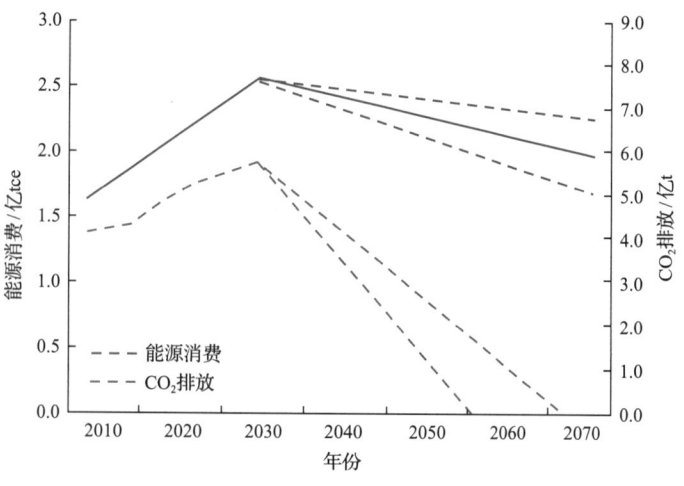

图 4-4　山西省能源消费和 CO_2 排放量变化趋势

业的能源消费大幅度增加，以电为主，煤炭和 CO_2 排放增加相对较少。从碳中和来看，到 2060 年，山西省能源消费与 2020 年基本持平，或者增加或者减少 10%。对应的 CO_2 排放为零，或者正负 1 亿 t。这意味着到 2060 年，电力、钢铁和化工行业接近零碳排放。

3. 面临的挑战

山西省未来需要对经济产业结构进行重大调整，大力发展非高耗能行业、战略性新兴产业等，从而更好地支持山西省 GDP 的高速增长和高质量低碳转型。山西省能源消费和 CO_2 排放的未来发展趋势主要取决于电力、钢铁和化工三个行业。因此，山西省要实现"双碳"目标，三个行业能源低碳转型不可避免，同时也面临着相较其他地区更为严峻的挑战。

1）山西省能源结构以煤为主，减煤任务艰巨，煤炭必须为非化石能源让路，能源结构大幅度低碳转型面临巨大挑战。2020 年，山西省煤炭消费占全省一次能源消费总量的比例为 84%，高出全国平均水平 26 个百分点；非化石能源占能源消费总量的比例为 7.5%，低于全国平均水平 7.8 个百分点。

2）电力需求持续增加，煤电增长空间有限，煤电必须为非化石电力让路，新增电力 2035 年前主要依靠风电和光伏可再生能源。考虑到风电和光伏的波动性和间歇性，电力供应安全缺乏保障电源。高比例可再生能源发电+储能技术导致电力系统成本大幅度增加。煤电+电流控制电流源降低能源效率，增加发电成本，同时协调控制系统（CCS）地下埋存存在较大的不确定性。

3）工业原料和热能供应面临低碳化和零碳化挑战。钢铁、化工原料和热能生产主要来自化石能源，要实现碳中和目标，需要零碳热能生产和零碳原料供应。

4）森林碳汇发展潜力有限，碳中和目标实现困难。山西省属生态脆弱省份，碳汇以森林碳汇为主。2019 年，山西省碳汇吸收量为 1300 万 tCO_2，碳汇总量偏小，占全省 CO_2 排放总量的 2.6%，远低于全国平均水平（11.2%）。山西省可供植树造林的土地面积有限，自然生态碳汇增加的潜力有限。

四、核能是山西省实现"双碳"目标的技术选择之一

要实现"双碳"目标，山西省电力、钢铁、化工行业面临着巨大挑战。核能是实现三个行业碳中和的技术选择之一。其中，核电可以降低电力供应

成本，保障电网供应安全。核能发电和制氢可以为钢铁行业提供电力，并提供零碳原料用于氢能炼钢。核能发电供热制氢可以为化工行业提供电力、热力和零碳化工原料。"双碳"目标下挑战和可能解决方案如表 4-1 所示。

表 4-1   "双碳"目标下挑战和可能解决方案

行业	面临挑战	可能解决方案
电力	煤电+CCS：成本增加，效率降低，CCS 风险 可再生能源+储能：成本增加，电网供应安全 核电：厂址限制和公众接受度	核电
钢铁	电炉炼钢：废钢资源的可获性和可获得量 氢能炼钢：研发示范阶段，成本偏高	核能发电+ 制氢
化工	低碳或者零碳能源（电+热）：成本偏高 低碳或者零碳原料（氢）：成本偏高	核能发电+ 供热+制氢

1. 核能成本比较

从成本来看，要实现碳中和目标，预计碳价将大幅度上升。2021 年，国内碳市场试点交易价格 50 元/tCO_2，欧盟碳市场价格 2021 年 9 月达到 60 欧元/tCO_2。因此，假设中国 2050 年碳价增加到 500 元/tCO_2。考虑碳价后，对发电成本和供热成本（平准化成本，不考虑税收）进行比较。其中，蓝色部分为目前电价或者成本，橙色部分为碳价 50 元/tCO_2 增加的碳排放成本，绿色部分为碳价 500 元/tCO_2 增加的碳排放成本（图 4-5）。

核能制氢（核电制氢和核能热制氢），尽管比可再生能源和网电制氢成本低，但即使在碳价 500 元/tCO_2 水平下，仍然高于煤制氢和天然气制氢成本，或者基本相当。预计碳价达到 1000 元/tCO_2 时，核能制氢具有较强的经济竞争力。因此，核能制氢在短期 2035 年前不具有竞争力，但需要提前布局，

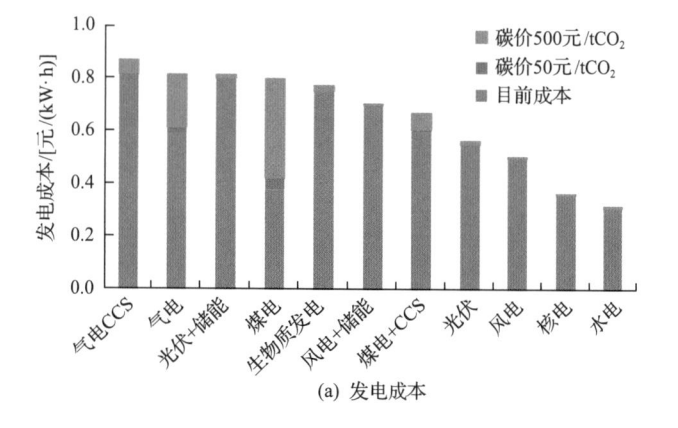

(a) 发电成本

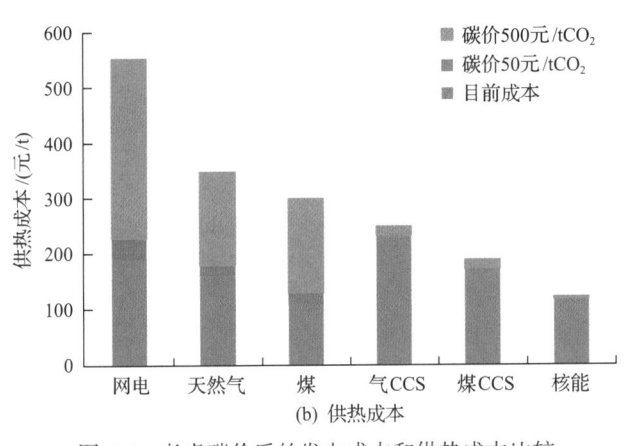

图 4-5　考虑碳价后的发电成本和供热成本比较

通过技术研发和项目示范，降低核能制氢成本。考虑碳价后的制氢成本比较如图 4-6 所示。

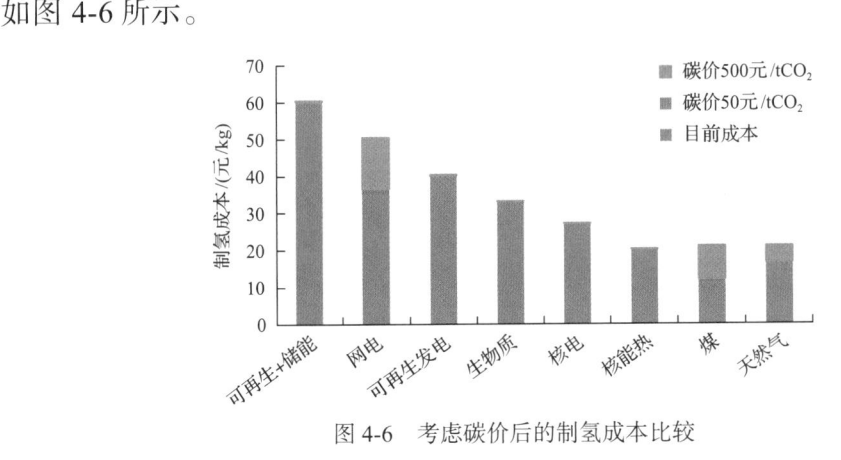

图 4-6　考虑碳价后的制氢成本比较

2. 山西省核电的可能性和必要性

山西省电力 2035 年前已经有相关的电力规划。根据《山西省电力产业调整和振兴规划》，2021～2035 年，作为电力输出大省，山西省电力生产总量还将大幅度增加，到 2035 年发电量将增加 1 倍左右，达到 6200 亿 kW·h，其中煤电、风电和光伏占比分别为 48%、18% 和 20%。装机规模将由 2020 年的 1.04 亿 kW 增加至 2035 年的 2.44 亿 kW，净增加 1.4 亿 kW。其中，风电、光伏分别新增 4000 万 kW、7000 万 kW，占电力装机新增总量的 79%。煤电装机到 2030 年达到峰值，比 2020 年新增 2500 万 kW，到 2035 年下降到 7000 万 kW。可再生能源发电量大幅度增加到 2035 年的 2600 亿 kW·h，为 2020 年的 5 倍（图 4-7）。

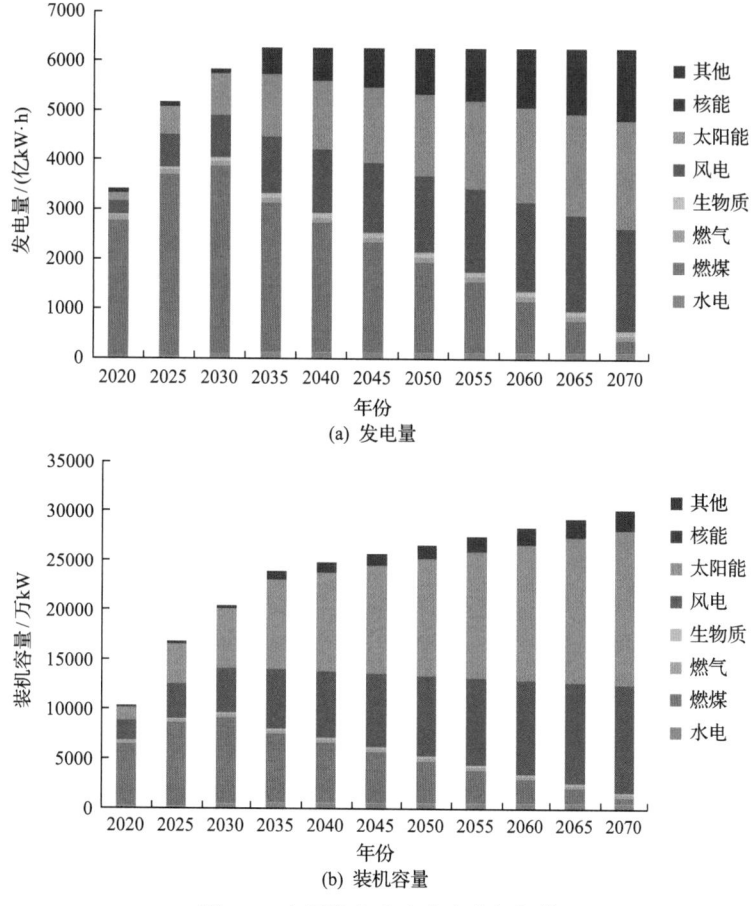

图 4-7　山西省电力生产和装机规模

核电的可能性和必要性分析。考虑碳中和目标要求，煤电大幅度减少80%以上，其余20%可以通过 CCS 技术减少 CO_2 排放。同时，电力生产总量从 2035 年后假设维持不变。因此，煤电减少部分，需要通过风电、光伏和核电来满足需求。按照目前的技术水平，山西省风电光伏资源上限是 2000亿～3000 亿 kW·h，即使考虑未来技术进步，单纯靠风电光伏也无法满足山西省的电力需求。另外，山西省水电资源非常有限，增加空间很小。因此，山西省要实现碳中和目标，从电力需求总量和电网供应安全角度看，需要核电来满足山西省煤电逐渐退出后的电力生产，需要提前进行相关布局。初步估计，煤电逐渐退出后的山西省电力缺口，由风电、光伏和核电各提供 1/3。其中，核电预计 2030 年开始提供电力，到 2060 年，山西省核电规模 1400亿 kW·h，对应的装机规模 1800 万 kW[1]。

① 2035 年后无相关规划数据，相关比例主要参考国家层面的研究结果。

分析依据：2020 年山西省电力生产 3300 亿 kW·h 左右，外送电力 1000 亿 kW·h。2050 年，电力需求估计增加到 5000 亿～6000 亿 kW·h，并保持外送 1000 亿 kW·h 不变。2020 年，山西省风电和光伏资源潜力 2000 亿～3000 亿 kW·h，水电资源很少，可忽略不计。即使将来减少外送电力，电力缺口还需要 2000 亿 kW·h，需要煤电+CCS 和核电来满足，考虑到 CCS 成本较高，能源效率下降，CCS 技术和 CO_2 埋存不确定性较大。因此，山西省要实现电力部门碳中和目标和保障电力供应安全，核电是电力系统成本较低的技术选择。

第二节　山西省废弃矿井地下核能发展优势

一、地下核电厂发展概述

核电作为一种绿色、安全、高效的战略能源，是清洁低碳能源体系的重要组成部分，在应对气候变化、改善能源结构等方面发挥着不可替代的重要作用。核安全是核电发展的生命线。我国坚持发展与安全并重，实行安全有序发展核电的方针，要求"十三五"及以后新建核电机组实现从设计上实际消除大量放射性物质释放的可能性。全球现有在运核电站中，位于内陆地区的占 50%以上，其中法国内陆核电占比高达 69%。全球内陆核电运行经验表明，内陆核电对外部环境和公众健康的影响是友好和可控的，内陆核电厂不仅与沿海核电厂具有一致的安全标准，还具有更加严格的放射性液态流出物排放标准。我国目前尚未启动内陆核电建设，所有在运和在建核电厂均位于沿海地区，随着沿海核电厂址资源逐渐减少，我国已有多个地区开展了内陆核电布局及可行性论证。

地下核电厂是一种适于在内陆地区建设的核电厂。地下核电厂将反应堆、燃料厂房等核设施置于地下岩体或稳定的山体内，利用硐室围岩的屏蔽作用增加了一道实体屏障，有利于防止严重事故下放射性物质的大规模释放，在核安全及核安保方面具有显著优势。20 世纪 50 年代至今，中国、俄罗斯、挪威、瑞典、法国、瑞士、加拿大、美国、日本等国，均开展了地下核电工程建设和概念方案设计工作。国内外地下核电厂发展历程如图 4-8 所示。

进一步地，可将国际地下核电发展划分为如下三个阶段。

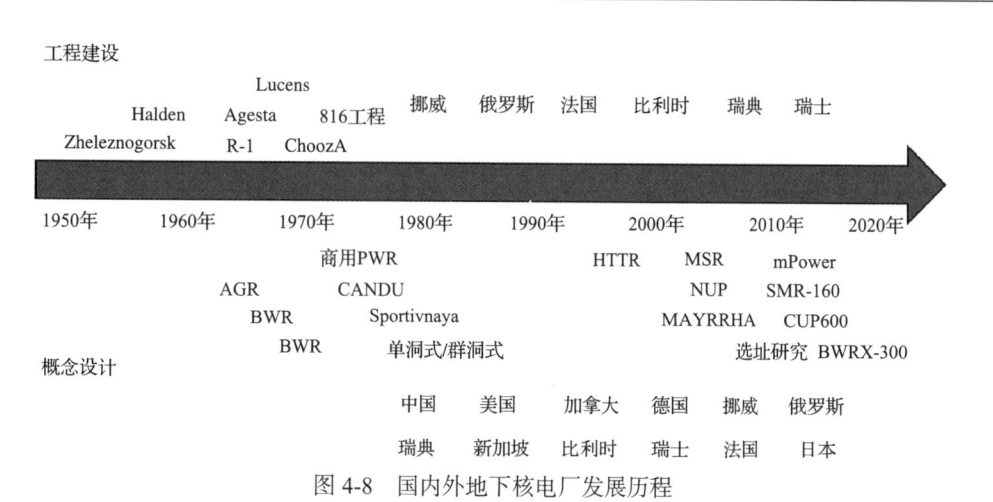

图 4-8　国内外地下核电厂发展历程

1. 早期建造阶段

从核电发展早期开始，人类即探索将核反应堆置于地下的可行性，苏联、挪威、瑞典、法国等于 20 世纪 50～70 年代设计建造了多座小型地下核电厂，验证了地下核电厂的技术可行性，积累了一定的工程经验。

2. 概念方案研究阶段

20 世纪 70 年代后，受三哩岛、切尔诺贝利核事故的影响，核能的公众接受度下降，地下核电由工程建设转向方案研究，美国、加拿大等国开始探索建造大型商业地下核电站及地下核能联合体的可行性和工程实施方案，开展了选址技术、施工方案和布置方式等研究。

3. 先进堆型设计阶段

福岛核事故后，核安全进一步引起世界各国的高度重视，地下核电厂以其良好的安全性再次引起关注。美国提出采用半地下布置的模块式小型堆方案，具有良好的安全性和可扩展性。国内相关单位完成了大型商用压水堆地下核电厂 CUP600 概念方案设计，深入论证了建设地下核电厂的技术可行性、经济性和安全性，为核电安全发展开辟了新途径。图 4-9 是地下核电厂发展阶段图。

在地下核电发展早期阶段，以地下核电工程建设为主。在此期间，受地下施工技术水平的限制，已建成的地下核电厂大多采用小型反应堆，主要用于实验和供热。这些地下核电厂大多采用半埋方式建造，将反应堆埋于地下，

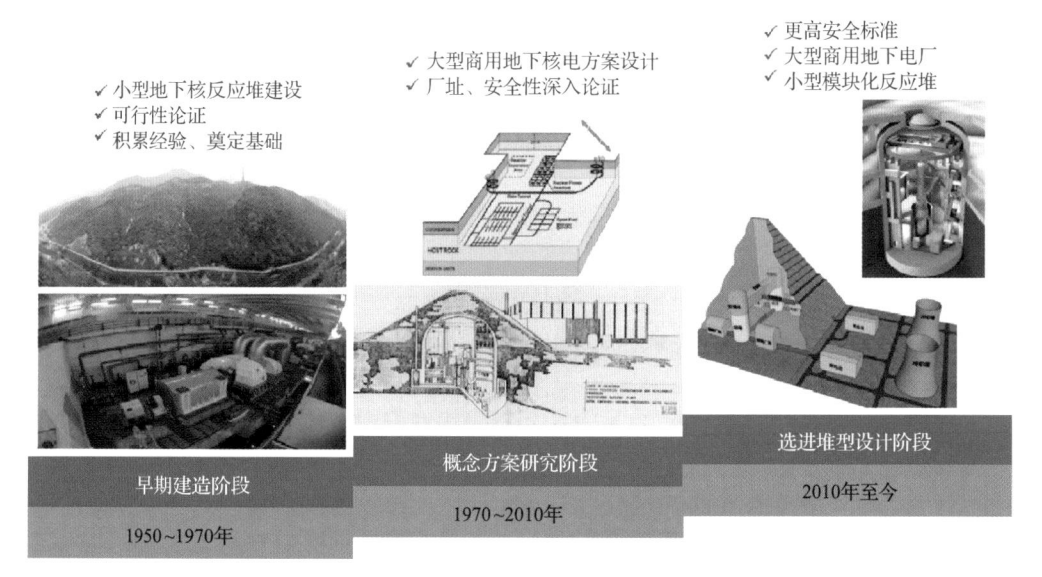

图 4-9　地下核电厂发展阶段

将汽轮发电机等置于地面。这些地下核电工程验证了地下核电厂的技术可行性。1969 年，Lucens 地下核电厂发生的堆芯熔毁严重事故得到有效缓解，充分显示了地下核电厂的安全性。

二、福岛核事故后地下核电厂发展现状

福岛核事故引发全球对核电安全的担忧，促使世界拥有核电的国家纷纷采取应对策略，重新评估、审视各自的核电厂安全和核能规划。德国、瑞士等国计划逐步退出核能发电；印度、意大利、韩国等国对核电发展持谨慎态度；美国、法国、俄罗斯等国基本延续原有的核电发展战略；我国决定暂停内陆新核电项目审批，在确保安全的前提下，对核电发展节奏进行适当调整。在此背景下，地下核电以其良好的安全性再次引起各国的关注。

1. 先进压水堆核电厂

（1）CUP600

2011 年，陆佑楣院士提出，借鉴水电站大型地下厂房建设经验，将傍水而建的核电站移至山中。2013～2014 年，中国工程院开展了"核电站反应堆及带放射性的辅助厂房置于地下的可行性研究"重点咨询项目。依托该项目，长江勘测规划设计研究院和中国核动力研究设计院进行了大量的现场勘查和模拟分析工作，充分借鉴水电站地下工程经验，论证了将大型商用核

电厂布置于地下硐室的可行性，并提出了具有完全自主知识产权的 600MW 级大型商用地下核电厂（CUP600）概念方案。项目研究认为，地下核电厂在技术和经济上是可行的，对严重事故工况下防止核泄漏和放射性物质扩散具有更高的可控性。

CUP600 采用第三代先进核电技术，在安全性设计方面进行了变更和改进，包括提高反应堆的固有安全性；加强应对设计基准事故以及预防和缓解严重事故的措施；满足更高的安全要求，采取在极端工况下缓解严重事故的对策与措施；将核反应堆及带放射性的辅助厂房置于地下，严重事故下将放射性物质包容在地下硐室，大幅度减小对周边环境的影响（图 4-10）。

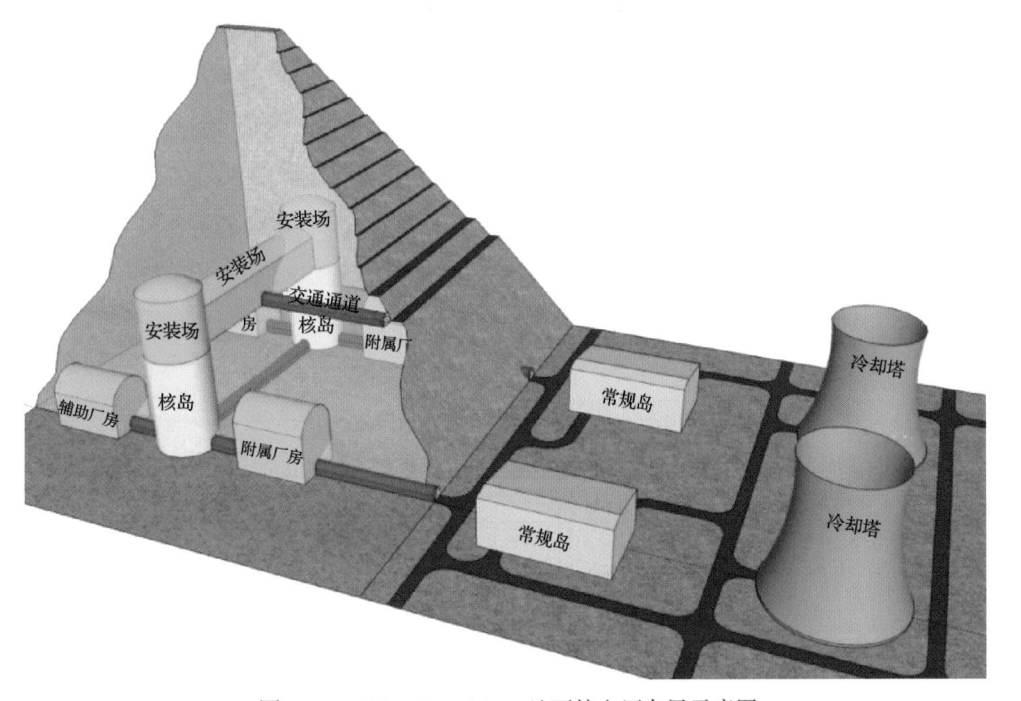

图 4-10   600MWe×2CUP 地下核电厂布局示意图

CUP600 的主要技术经济指标、CUP600 及典型的三代百万千瓦级核电机组核岛厂房硐室尺寸统计数据如表 4-2 和表 4-3 所示。

将大型先进压水堆核电厂建于地下技术可行、经济合理，安全性更高，为我国安全发展核电开辟了新途径，具体体现在如下方面：

1）在技术上是可行的。从核技术方面来说，将核岛置于地下是完全可行的。同时，现有地下工程设计及施工技术完全可满足地下核电站百万千瓦级核电机组的需要。

表 4-2　CUP600 的主要技术经济指标

参数	单位	数值
电功率	MWe	600
电厂设计寿命	年	60
堆芯损毁概率	(堆·年)–1	7～10
严重事故下放射性物质释放到环境概率	(堆·年)–1	8～10
堆芯热工安全裕量	%	>15
电厂可利用率	%	≥87
换料周期	月	18～24

表 4-3　CUP600 及典型的三代百万千瓦级核电机组核岛厂房硐室尺寸统计表　（单位：m）

建筑物	CUP600			典型的三代百万级核电机组			备注
	宽/直径	长	高	宽/直径	长	高	
反应堆厂房硐室	46		S87	48		90	圆筒形
核辅助厂房硐室	38	72	60	27	90	57	城门洞形
核燃料厂房硐室	19	70	67	22	67	60	城门洞形
核废物厂房硐室	38	44	38.5	22	86	40	城门洞形
连接厂房硐室	30	69	46	27	166	72	城门洞形
安全厂房硐室	19	95	54				城门洞形
电气厂房(地下)	16	67	44				城门洞形

注：典型的三代百万级核电机组各厂房尺寸系根据公共出版物中地面厂房尺寸估计

2) 安全性更高。地下核电站增加一道围岩作为实体屏障，可有效抵御恐怖袭击等极端外部人为事件，提高抵御极端自然灾害的能力，抗震性能显著提高，核安保措施简单有效；利用地下硐室的包容性，更容易从设计上实现实际消除大量放射性物质释放的可能性，更利于严重事故工况下对放射性物质扩散的防控，其安全性大大高于第三代核电技术要求，是保障核能安全的重要途径。

3) 在经济上是合理的。仅考虑内部成本，地下核电站工程造价的增加少于 12%，是可接受的；可进一步研究将地下核电站地下硐室作为中低水平放射性废物处置场的方案；具备简化或取消场外应急计划的技术基础，可显著降低事故后处置和环境修复的成本；地下核电站可有效利用国土山地资源。

(2) 华龙一号

"华龙一号"是三代压水堆核电厂的典型代表(图 4-11)。2020 年 11 月，我国研发的具有完全自主知识产权的三代压水堆核电"华龙一号"全球首堆福清核电厂 5 号机组成功并网发电。"华龙一号"充分借鉴了福岛核事故的经验反馈，基于成熟技术集成了众多先进技术，独创性地采用了"能动+非能动"相结合的安全设计理念及双层安全壳技术，在安全性上满足国际最高安全标准要求，能够实现堆芯应急冷却、二次侧余热排出、堆内熔融物滞留和安全壳热量导出等安全功能，在保证可靠性的基础上显著提升了电厂的安全性，平衡了经济性。

图 4-11　"华龙一号"全球首堆外景

"华龙一号"设计寿命 60 年，采用单堆结构，服务厂房以核岛为中心紧密布置，可实现灵活布置、节省用地成本。反应堆堆芯布置 177 组我国自主研发的 CF3 燃料组件，相对于之前采用的 157 盒组件构成的堆芯，将核电厂停堆换料时间间隔延长为 18 个月，并提高了堆芯输出功率，降低了堆芯线功率密度。"华龙一号"核岛设计地面最大加速度为 $0.3g$，机组厂房设计尽量采用刚度、质量较为均匀的布置，使结构尽量匀称，全面提升了抗震能力。"华龙一号"的全部设备均已实现国产，所有设备国产化率达 88%，完全具备批量化建设能力。

以非能动安全系统作为高效、成熟、可靠的能动安全系统的补充，"华龙一号"采取多种手段确保核电厂安全。其中，能动安全系统在核电厂偏离正常时，能高效可靠地纠正偏离。非能动安全系统则利用自然循环、重力、化学反应、热膨胀、气体膨胀等自然现象，在无须电源支持的情况下保证反应堆的安全，使设计更加简化。能动技术和非能动技术相结合，能够充分发挥能动安全技术成熟、可靠、高效的优势，以及非能动安全技术不依赖外力的自有安全特性，符合目前核电技术发展的潮流。

"华龙一号"采用双层安全壳设计。在正常运行和事故工况下，对内部事件而言，可保护反应堆冷却系统免受外部灾害影响；对台风、大飞机撞击等外部威胁而言，可以保护反应堆冷却剂系统免受外部灾害的影响。在正常运行和事故条件下，双层安全壳都可为人员提供辐射防护。在经济性方面，"华龙一号"也具有一定的优势。美国 AP1000 和法国 EPR 的单位造价为 6000～7000 美元/kW，俄罗斯 VVER 单位造价约为 4000 美元/kW，"华龙一号"预算造价不超过 2500 美元/kW。

2. 模块化反应堆地下核电厂

(1)小型模块化反应堆

近年来，小型模块化反应堆(SMR)成为美国核能领域重点发展的堆型之一。2013 年，Babcock&Wilcox 公司提出了一个小型模块式反应堆概念方案，以解决偏远地区的能源供应问题。该堆采用低富集度核燃料(质量分数5%)、一体化轻水堆和蒸汽发生器设计，反应堆功率为 135～750MWe，反应堆安全壳完全置于地下，核辅助厂房位于地面，设置有非能动安全系统，具有良好的固有安全性、较好的灵活性和可扩展性。一座模块化 mPower 反应堆在其整个运行寿期内预计可减少 CO_2 排放达 5700 万 t，具有良好的环境效益。该地下核电厂采用半埋方式，将 4 台模块化 mPower 反应堆放置于地下，汽轮发电机及辅助厂房位于地上。单个模块化单元的高度约为 22.86m，直径约为 4.57m(图 4-12 和图 4-13)。

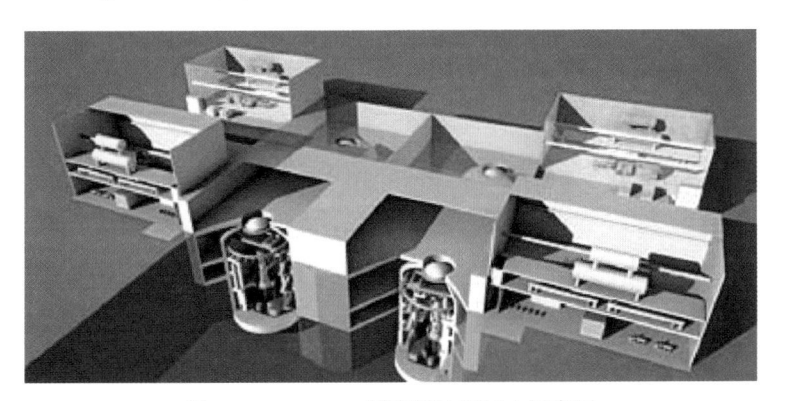

图 4-12　mPower 紧凑型地下核电厂布局

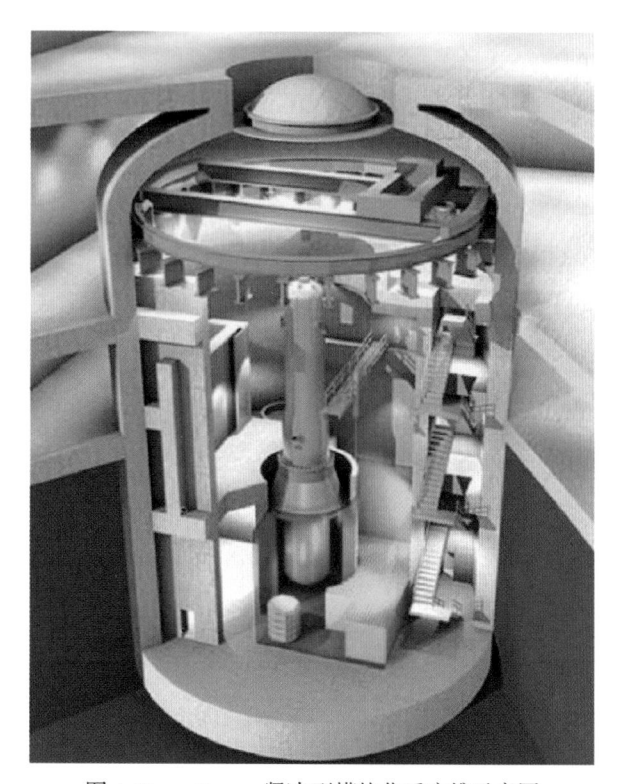

图 4-13　mPower 紧凑型模块化反应堆示意图

(2) 模块化高温气冷堆

模块化高温气冷堆和在此基础上发展起来的超高温气冷堆 (VHTR) 是第四代先进核能系统重点研发的堆型之一，是现有各类反应堆中工作温度最高的堆型，具有优异的固有安全性，可实现热电联产、核能制氢等高温工艺热利用，是核能多用途发展和综合利用的重要途径之一。模块化高温气冷堆采用包覆颗粒燃料元件，具有优异的耐高温性能，在无须任何堆芯应急冷却的条件下，反应堆能够实现自然散热，可实际消除堆芯熔化和大量放射性物质释放的可能性。模块化高温气冷堆的重要用途是高效率发电和热电联产。在反应堆出口温度达到 700～750℃ 的条件下，可结合在反应堆二回路的蒸汽循环，实现亚临界、超临界和超超临界发电，效率高达 40%～48%。可通过汽轮机抽汽，实现热电联产，用于 100～400℃ 不同参数的工业和民用供热市场。超高温气冷堆的出口温度高达 800～1000℃，可用于更高温度的核能热利用。其中，最具吸引力的是热分解水制氢，从而大幅拓宽核能的应用范围。氢是一种重要的工业原料，在合成氨、合成甲醇、石油精炼、氢冶金、煤液化和气化等领域得到了大规模应用。氢还是未来理想的二次能源或能源载体，可通过燃料电池技术的使用推动交通能源的升级。

高温气冷堆核电站示范工程(HTR-PM)的球形燃料元件直径 60mm，由约 12000 个包覆燃料颗粒弥散在石墨基体中制成。包覆燃料颗粒采用 UO_2 核芯，从内向外依次包覆疏松热解碳层、内致密热解碳层、碳化硅层和外致密热解碳层(图 4-14)。

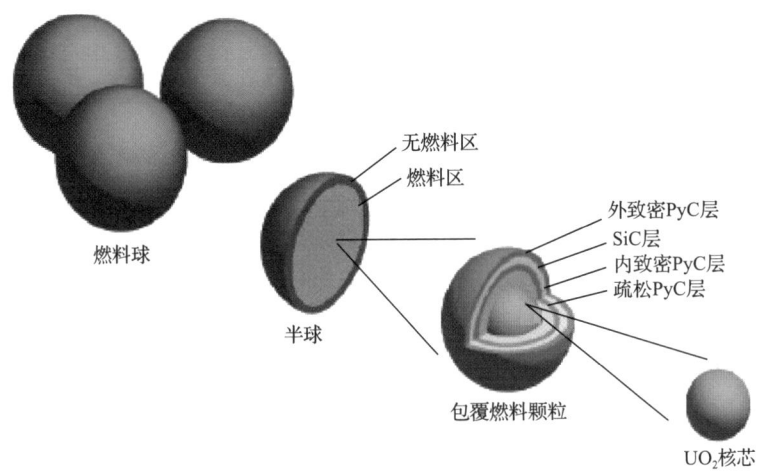

无燃料区
燃料区
外致密PyC层
SiC层
内致密PyC层
疏松PyC层

燃料球

半球

包覆燃料颗粒

UO_2核芯

图 4-14　HTR-PM 球形燃料元件结构

HTR-PM 的核蒸汽供应系统堆芯直径 3m，高 11m，其中约有 420000 个燃料球。反射层采用耐高温石墨，冷却剂氦气从反应堆顶部流过堆芯，然后通过一个内衬保温材料的同轴双层连接结构，流入和反应堆肩并肩布置的蒸汽发生器。冷却后的氦气由布置在蒸汽发生器壳顶部的氦气循环风机加压后通过同轴连接结构的外层流回反应堆，形成一个封闭的反应堆-回路循环。新燃料元件由顶部装入堆芯，从底部卸料管卸出。卸出的燃料元件如果未达到预定的燃耗深度，则再送回堆内使用(图 4-15)。

我国高温气冷堆技术历经跟踪、跨越和自主创新的发展历程，目前在商业规模模块化高温气冷堆核电站技术领域处于国际领先地位，已掌握高温气冷堆的全套关键技术。建成并运行了 10MW 高温气冷实验堆 HTR-10，球床模块化高温气冷堆 HTR-PM 即将建成投产。在示范工程建设过程中，攻克了主要技术及设备制造难关，相关关键技术实现了国产化。HTR-PM 年发电 14 亿 kW·h，可为 200 万居民提供生活用电，减少 CO_2 排放 90 万 t，具有显著的经济和环保效益。

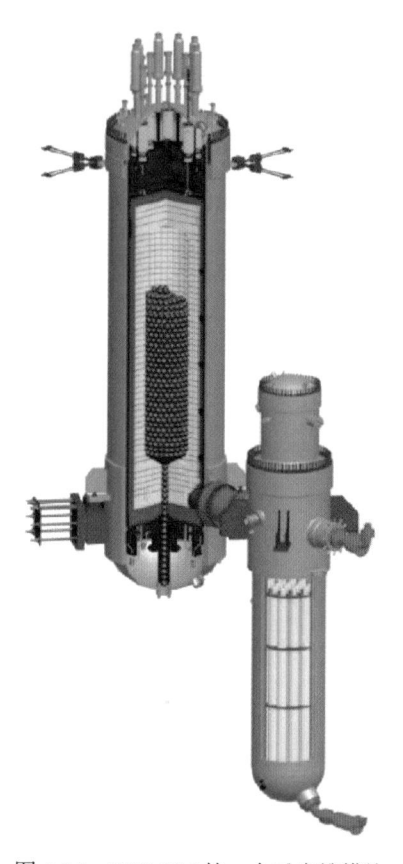

图 4-15　HTR-PM 的一个反应堆模块

三、地下核电厂的技术优势和发展趋势

国内外地下核电工程和研究充分表明，将核电厂建设于地下是安全的、可行的，在阻挡放射性物质释放和缓解严重事故后果方面具有独特的优势，可进一步提高核电厂的安全性，是核电安全发展的有效形式，对碳减排的实施具有重要推动作用。福岛核事故后，以模块化反应堆和先进压水堆为代表的先进核能技术的发展，进一步提高了核电的安全性。将大型先进压水堆核电厂建于地下在技术上是可行的、安全性更高，可获得较好的综合经济效益，为我国安全发展核电开辟了新途径。地下核电厂的技术优势主要体现在以下几方面。

1. 有助于进一步提高核电的安全性

与地面核电厂相比，将核电厂部分或全部建造于地下矿井或非采空区基坑，可充分发挥地下矿井硐室围岩对放射性物质的包容特性，为核反应堆增加一道天然的安全屏障,从而更利于放射性物质扩散的防控。事故工况下,专设安全设施可有效缓解和控制事故后果,进而从设计上实现实际消除大量放射性物质释放的可能性,提高核电厂的安全性和防核扩散能力。地下矿井核电厂对商用大飞机撞击等极端外部事件和冰冻、地震、台风等极端自然灾害具有更强的抵御能力,同时可减小对环境的辐射影响,排除场外应急,使核安保措施得以简化。如果将地下矿井核电厂与放射性废物处置和储存设施同址建设,建造地下核能联合体,可进一步改善核废物的存储和管理条件,提高反应堆运行安全裕度和放射性废物处置安全。

2. 有助于增强公众对核电的接受度

地下矿井核电厂的核岛厂房建造于地下矿井或基坑内,可显著降低放射性物质释放风险,减小对人员健康的潜在威胁,同时远离公众视野,能够在一定程度上消除公众对核事故的担忧,提高公众对核电安全的信心。即使发生严重事故,也能有效阻挡放射性物质向外界环境扩散,具备取消场外应急响应区的条件,避免严重事故中采取针对公众的大范围场外应急措施。如果采取将乏燃料储存装置和处置库与地下矿井核电厂同址建设的方案,可取消乏燃料运输,减少公众对乏燃料运输安全的担忧。地下矿井核电厂在施工建造阶段对厂址周围环境影响较小,对厂址周围环境和景观具有一定的改善作用。地下矿井核电厂扩大了内陆核电厂址的选址资源,有利于解决我国核电厂址紧缺的问题,是内陆核电发展的可取方案。

3. 有利于实现核能综合利用、获得规模经济效益

我国废弃矿井资源丰富,开发利用潜力巨大。预计到 2030 年,我国废弃矿井数量将达到 15000 处。废弃矿井仍赋存大量的可利用资源。将地下核电厂建设在废弃矿井中,能大幅降低土地征用成本和地下硐室的施工挖掘成本,降低初始建设成本。作为内陆核电厂址的可选方案,地下矿井核电厂同时可降低输电线成本、减少电力输送损耗。可适当降低地下矿井硐室结构和设备相关的抗震设计标准,从而降低抗震设计成本。充分利用地下矿井的通风、排水等工程设施,以节约建设成本。将地下矿井核电厂与煤化工产业园相结合,既可作为工业园区的自备电厂,又可提供高品质蒸汽,实现热电联产、热汽联产及核能制氢等高温工艺热利用,提高工业园区的经济效益。未

来，如能依托地下矿井建造地下核能联合体，可节省放射性废物的运输、管理和处置成本，并可大幅减少巨额的退役费用。

通过对国内外地下核电发展状况的调研分析，可知地下核电呈现出如下发展趋势：以进一步增强核电安全性为牵引，采取多种堆型并行发展的策略，以大型商用压水堆地下核电技术、小型模块化反应堆地下核电技术为突破口，开展选址技术论证和可行性分析，进一步推进地下核电方案设计和工程建设。在反应堆方面，国内外拥有成熟的压水堆设计、建造和运营经验；模块化小型反应堆具有良好的固有安全性和经济性，可解决内陆偏远地区的电力供应、满足分布式电网需求。将地下核电厂建设与废弃矿井资源综合利用、煤化工产业相结合，可进一步提高经济效益。与此同时，将核反应堆与乏燃料后处理设施、废物储存库等协同布置于地下，建设地下核能联合体，依靠科学合理的循环系统，实现发电、产氢及乏燃料最终处置等多种功能，较好地平衡经济与环境利益。

第三节 山西省废弃矿井地下核能技术方案

一、高温气冷堆技术特点与产业化发展情况

1. 高温气冷堆技术特点

高温气冷堆采用陶瓷型包覆颗粒燃料元件，全陶瓷型堆芯结构，以化学惰性的氦气作冷却剂，耐高温的石墨作慢化剂。模块化高温气冷堆具有固有安全性，从设计上实际消除了堆芯熔化导致大规模放射性物质释放的可能性，技术上不需要场外应急；反应堆出口温度高，既可用于安全高效发电，也可用于大规模工艺热应用和高温核能制氢，被国际核能界认为是可能率先实现商业化的核能高温热电联供技术；单一模块反应堆功率规模较小，可通过多个模块的灵活组合适应能源市场的不同需求。

2. 我国高温气冷堆进展

我国发展高温气冷堆技术非常有必要。它不但可作为压水堆的有益补充，符合我国积极发展核电的战略需求，而且可通过高温工艺热应用，在更广泛的能源市场替代化石燃料，促进能源结构调整，加大节能减排效果，保护环

境。我国依托 863 计划 HTR-10 和重大专项 HTR-PM，历经跟踪、跨越和自主创新，目前已在商业规模模块化高温气冷堆技术上处于国际领先地位。高温气冷堆技术有望实现我国在国际先进核能技术领域的突破，成为我国核电"走出去"战略的重要突破点。我国高温气冷堆技术发展路线图如图 4-16 所示。

图 4-16　我国高温气冷堆技术发展路线图

我国高温气冷堆技术基础研究起始于 20 世纪 70 年代。1986 年以来 863 计划支持发展了高温气冷堆。我国的工作从跟踪起步，在 90 年代国外核电由于种种原因发展受阻之际，我国按照自己的部署建设了 10MW 球床模块化高温气冷实验堆 HTR-10，掌握了自主发展高温气冷堆的技术基础，并通过安全特性实验验证了这一创新性核能技术的固有安全特性（图 4-17）。

图 4-17　HTR-10

2000 年以来，国际上兴起了第四代核能系统的研究工作，高温气冷堆被列入 6 种第四代核能系统的候选堆型，而且有望率先实现商业化。我国在实验堆的基础之上开始了商业规模模块化高温气冷堆核电站示范工程的科研与工程建设，简称 HTR-PM 项目（图 4-18）。HTR-PM 采用两个热功率为 250MW 的球床模块化高温气冷堆连接一台汽轮发电机组的技术方案，机组电功率为 211MW。该项目在 2006 年列入国家科技重大专项，2008

年国务院通过总体实施方案后开始主设备采购，2012 年 12 月经国务院批准现场浇灌第一罐混凝土。截至 2021 年下半年，示范工程已全面完成建造工作，实现了首炉核燃料装料和首次临界，年底实现首次并网。通过 HTR-PM 项目的实施，我国掌握了商业规模模块化高温气冷堆的总体设计技术，在一批先进核能核心装备技术上取得了重大突破，实现了关键设备的国产化制造。

图 4-18　国家科技重大专项高温气冷堆核电站示范工程现场

在 HTR-PM 项目的基础上，我国正在部署后续商业规模 60 万 kW 级模块化高温气冷堆 HTR-PM600 的研发和设计攻关工作，以进一步推动高温气冷堆技术的产业化，保持我国在该领域的国际领先优势。HTR-PM600 采用经示范工程 HTR-PM 验证的反应堆模块和工艺系统，6 个反应堆模块连接一台汽轮发电机组形成商业规模的热电联产能力（图 4-19）。与此同时，研究提

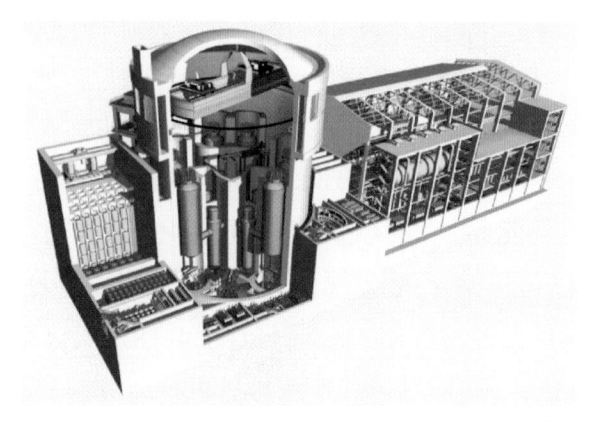

图 4-19　60 万 kW 级模块化高温气冷堆 HTR-PM600 概念设计方案

高高温气冷堆反应堆堆芯出口温度，以电磁轴承和氦气透平直接循环实现更高效发电；产生高温工艺热用于核能制氢，后者有望在未来成为交通和金属冶炼等领域的主力清洁能源。

3. 高温气冷堆产业化发展

高温气冷堆是世界上首个开展示范工程建设、最接近商业化的第四代核电技术，被称为建设创新型国家的重大标志性工程，得到了国际原子能机构、美国橡树岭国家实验室、《纽约时报》等国际机构和媒体的积极评价。目前，HTR-PM 双堆已经实现了首次临界，并于 2022 年底前并网发电。通过 HTR-PM 项目的建设，实现高温气冷堆从"样品"到"产品"的转化，确立标准化的核蒸汽供应系统模块，其运行特性、安全特性得到了工程验证；形成了工业化的高性能燃料元件生产能力，攻克了所有设备制造难关，初步培育了高温气冷堆产业链；同时，累积了工程建造和运行经验，培养了一支成熟的研发设计团队。可以说，高温气冷堆已经具备产业化推广条件。

在我国实现"双碳"目标背景下，作为低碳、高效的清洁能源，核能将在未来能源系统中发挥更大作用。目前，高温气冷堆氦气出口温度能达到750℃，产生 566℃的过热蒸汽；如果将氦气出口温度提高到950℃超高温运行，则可实现集中式大规模核能制氢。后续高温气冷堆产业化将在高效发电、热电联产、核能制氢三大领域，开拓核能综合利用新局面，为国家"双碳"目标的实现提供强有力支持。

一是高效发电。压水堆是我国当前和未来核能发电的主力，而对于一些不满足压水堆选址要求的厂址，如缺水、电网容量受限、偏远等地区，高温气冷堆可以作为压水堆的有益补充，作为核能发电的厂址选项。

二是热电联产。

1）与石化行业耦合。石化行业是仅次于钢铁产业的第二大耗能工业行业，作为煤炭消耗和 CO_2 排放大户，后续的发展正面临严峻的挑战。同时，大型化、一体化、园区化发展是石化行业的发展趋势，这也为高温气冷堆与石化行业耦合创造了条件。高温气冷堆与石化行业的能源高度契合，目前可以提供的 13.9MPa、566℃高品质蒸汽，可以满足石化行业主要的高温蒸汽需求，并且高温气冷堆也可以满足电力需求，从而成为石化园区的综合动力岛。

同时，高温气冷堆安全性好，规划限制区小，可以贴近终端用户建设，从而减少蒸汽传输距离，降低热损失。

2) 稠油热采。稠油是我国油气资源的重要组成部分，我国目前已探明稠油储量约 80 亿 t，每年产量约 1500 万 t。目前，稠油开采所需的蒸汽主要由天然气等化石能源供给，在"双碳"目标背景下急需无碳的替代能源供应。高温气冷堆产生的蒸汽可满足蒸汽驱、蒸汽辅助重力驱油等主要稠油热采工艺不同压力和温度蒸汽需求；同时，根据用户需要进行设计调节。

三是核能制氢。氢能作为清洁无碳、高效的能源和不可或缺的工业原料，是推动传统化石能源清洁高效利用和支持可再生能源大规模发展的理想媒介，已经成为我国实现"双碳"目标的重要选择。高温气冷堆被认为是最适合发展核能制氢的堆型，可在不增加碳排放的情况下实现大规模、稳定的绿氢供应，这与工业用氢需求十分匹配，有望在石化、冶金等行业的绿色低碳转型过程中发挥关键支撑作用。目前，清华大学和中国核工业集团等单位共同发起成立了高温气冷堆碳中和制氢产业技术联盟，加快推动高温气冷堆制氢技术的研发和产业化发展。

二、高温气冷堆地下核电厂总体布置方案

1. 概述

高温气冷堆核电厂单机组由核岛、常规岛和电厂辅助设施(BOP)等组成。核岛主要由反应堆厂房、乏燃料厂房、核辅助厂房、电气厂房、柴油发电机房、氦气储罐厂房等组成；常规岛主要由汽轮机厂房及其辅助厂房、冷却塔等组成；此外，还有若干 BOP 支持整个机组的生产运行。

从核电工程安全及经济合理性的角度分析，地下核电厂应尽量减小地下部分的规模。因此，从厂房功能和系统安全级别方面分析，将地下核电厂建筑物划分为地下和地上两部分。核电厂中涉核建筑物与核安全直接相关，安全级别高，应尽可能布置在地下或者半地下。常规岛及其他辅助厂房为非涉核建筑物，不直接影响核安全，安全级别相对较低，且汽轮机发电机组、冷却塔等建(构)筑物的尺寸较大，宜布置在地上。

充分利用我国自主研发的高温气冷堆核电技术，利用现有 20 万 kW 高温气冷堆示范工程及 60 万 kW 高温气冷堆在设计、设备制造、工程建设中

的经验反馈，对核岛进行优化和适应性修改，研发建造高温气冷堆地下核电厂，使其适用于国内现有废旧矿坑厂址，实现土地空间的再利用，为社会提供更大的经济价值。

2. 布置原则

在高温气冷堆核电厂成熟技术的基础上，根据地下核电厂需要与运行环境的变化，对地上核电厂的布置及工艺流程进行适应性调整后，综合厂址地形、地质条件等确定高温气冷堆地下核电厂总体布置原则。

1）采用模块化单机组布置，有利于设计的标准化以及采用更先进的三废处理工艺，减少机组间的相互影响，便于核电厂的运行和维护。

2）建筑物的布置要满足核电厂各系统功能的要求，实现实体隔离，防范假设始发事件的发生，确保尽量减少外部极端事故对安全相关物项的影响，确保能承受设计基准事故的影响，满足可建造性、可运行性和可维护性要求。

3）各个工艺系统和设备按照不同的安全功能分区，确保安全功能的实现；厂房合理地划分放射性区域和非放射性区域，保证辐射防护功能的实现。

4）核岛中涉核建筑物及设备应尽可能布置在地下，且尽可能紧凑布置，非涉核建筑物可布置在地上，以减少地下建筑物的规模。

5）宜将压力容器及蒸汽发生器舱室整体布置于地坪线以下，可避免商用大飞机恶意撞击。

6）反应堆厂房与汽轮机厂房间距宜尽可能短。

高温气冷堆地下核电厂核岛厂房布置还应遵循下述基本准则：

1）强防护区的建造应尽可能紧凑，并且出入口的设置应尽可能少。

2）应尽可能将反应堆厂房布置在核电机组的中心位置，便于其他厂房的接口设置。

3）反应堆厂房的设备舱口位于合理的位置。

4）反应堆厂房与电气厂房之间的连接区应足以布置电气密封件（贯穿件）。

5）核辅助厂房与反应堆厂房的连接区需尽可能宽，满足密封件（贯穿件）等的布置需求。

6)乏燃料厂房及燃料输送通道应与其他区域隔离,并设置独立的出入口。

7)放射性污染区与非放射性清洁区应尽可能实体隔离。

8)电气厂房A、B列应分区域布置,采用水平隔离措施或竖向隔离措施。

9)每个厂房应设置至少两个应急出入口用于各种事故情况下的人员疏散。

3. 总体布置方案

(1)主要厂房

根据布置位置不同,地下核电厂分为地上建筑物和地下建筑物两类,地下建筑物与地上建筑物划分见表4-4。

表4-4 高温气冷堆地下核电厂地下建筑物与地上建筑物划分

项目	类型	建筑物名称
核岛	地下厂房	反应堆厂房、乏燃料厂房、核辅助厂房
	地上厂房	柴油发电机房、电气厂房、附属厂房
常规岛	地上厂房	汽轮机厂房、辅助厂房、冷却塔
BOP系统	地上厂房	三修综合厂房、化工品库、应急指挥中心等核电厂配套设施

1)20万kW高温气冷堆地下核电厂主要厂房。

反应堆厂房、乏燃料厂房及核辅助厂房按功能分为一回路堆舱、核辅助系统、乏燃料储存系统三大功能区,整个厂房结构为一整体结构,三大功能区之间不设缝,结构体系是抗震墙结构,整个厂房平面呈倒"L"形。

常规岛、BOP系统等仍采用地上核电厂的布置方案,均参照总体布置原则和相关规程规范要求,将汽轮机厂房就近布置在反应堆厂房北侧靠近主蒸汽管道出口,并与反应堆厂房之间留有一定的安全距离。

根据20万kW高温气冷堆核电厂现有堆型,结合工程实际建筑物各主要厂房尺寸见表4-5。

表4-5 20万kW高温气冷堆地下核电厂建筑物各主要厂房尺寸 (单位:m)

建筑物	尺寸(长×宽)	总高度	地上	地下
反应堆厂房	44.3×34.5	69.50	22.6	46.9
乏燃料厂房	34.5×24.5	61	14.1	46.9
核辅助厂房	44.8×28.0	46.9	—	46.9
电气厂房(地上)	42.6×49.0	15.90	15.90	—

2) 60 万 kW 高温气冷堆地下核电厂主要厂房。

60 万 kW 反应堆厂房为圆形厂房，乏燃料厂房布置于反应堆厂房西北侧，核辅助厂房与电气厂房围绕反应堆厂房布置。附属厂房为独立的地上建筑物，服务于核岛厂房。

常规岛、BOP 系统等仍采用地上核电厂的布置方案，均参照总体布置原则和相关规程规范要求，将汽轮机厂房就近布置在反应堆厂房东侧靠近主蒸汽管道出口，并与反应堆厂房之间留有一定的安全距离。

根据 60 万 kW 高温气冷堆核电厂现有堆型，结合工程实际建筑物各主要厂房尺寸见表 4-6。

表 4-6　60 万 kW 高温气冷堆地下核电厂建筑物各主要厂房尺寸　　　（单位：m）

建筑物	尺寸(长×宽)	总高度	地上	地下
反应堆厂房	53(直径)	80.4	33	47.40
乏燃料厂房	29.95×27.7	62.5	14.7	47.80
核辅助厂房及电气厂房	97.8×50.8	38.55	—	38.55
附属厂房	97.8×21.65	27.95	19.25	8.70

(2) 总体布置的基本形式

厂区内涉核建筑均为地下建筑物，其他建筑均为地上建筑。总体布置以核岛厂房为中心展开，汽轮机厂房就近布置在主蒸汽管道出口外侧，与核岛厂房呈 90°布置。电气厂房、附属厂房、柴油发电机房等贴临反应堆厂房布置，方便电缆进出走线及人员进出。其他厂房、常规岛、BOP 厂房均参照总体布置原则和相关规程要求，按功能分区布置在地面。

综合高温气冷堆工艺系统布置特点，同时考虑抗商用大飞机撞击、设备运输、防飞射物等外部因素，提出将原厂房 28.100m 层反应堆检修大厅设置为地坪层的高温气冷堆地下核电厂半埋式方案。

1) 20 万 kW 高温气冷堆地下核电厂布置方案。

总体布置时，尽量保证在原有 20 万 kW 高温气冷堆核岛厂房工艺系统及厂房布置大体不变的情况下，将反应堆厂房、乏燃料厂房、核辅助厂房采用半埋式方案，将反应堆厂房下移 28.1m，28.100m 标高调整为地坪层现标高±0.000m，与其相连的核辅助厂房、乏燃料厂房相应下移 28.1m，地下室埋深由 18.6m 调整为 46.7m。电气厂房、常规岛、BOP 系统等仍采用地上核电厂的布置方案(图 4-20)。

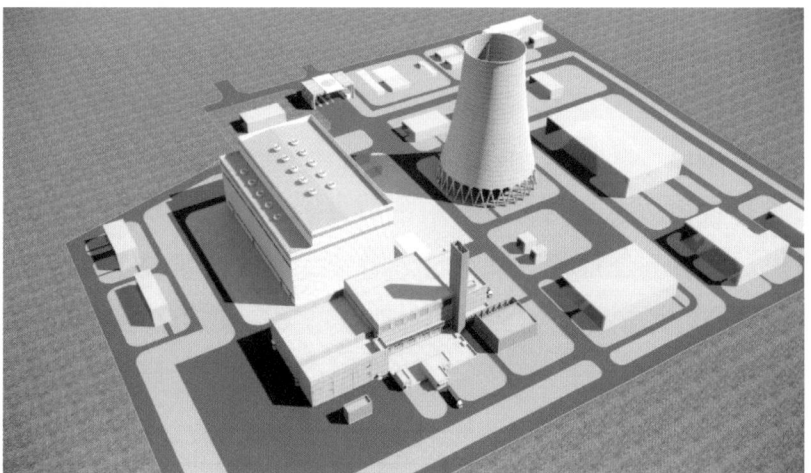

图 4-20　20 万 kW 高温气冷堆地下核电厂效果图

2)60 万 kW 高温气冷堆地下核电厂布置方案。

总体布置时,尽量保证在原有 60 万 kW 高温气冷堆核岛厂房工艺系统及厂房布置大体不变的情况下,将反应堆厂房、乏燃料厂房、核辅助厂房、电气厂房、附属厂房采用半埋式方案,将反应堆厂房下移 28.1m,28.100m 标高调整为地坪层现标高±0.000m,与其相连的乏燃料厂房、核辅助厂房、电气厂房、附属厂房相应下移 28.1m,地下室埋深由 19.3m 调整为 47.4m。在地坪层整个核岛厂房群场地四周设置实体挡水堰,水堰上设置金字塔形金属桁架。柴油发电机房、常规岛、BOP 系统等仍采用地上核电厂的布置方案(图 4-21)。

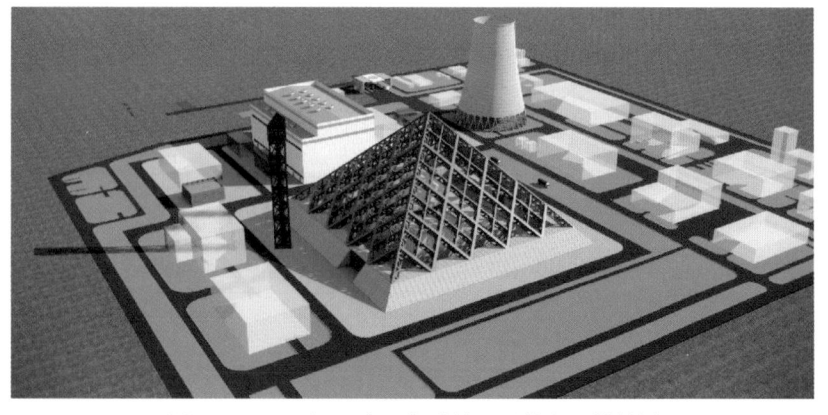

图 4-21　60 万 kW 高温气冷堆地下核电厂效果图

4. 核岛地下厂房布置

(1)布置形式

1)20万kW高温气冷堆核岛地下厂房布置形式。

反应堆厂房为地下建筑群中心,核辅助厂房、乏燃料厂房均环绕其布置,反应堆厂房原标高28.100m,反应堆检修大厅下移28.1m,28.100m标高调整为地坪层现标高±0.000m。与其相连的核辅助厂房、乏燃料厂房相应下移28.1m,地下室埋深由18.6m调整为46.7m,形成地下核电厂布置方案(图4-22)。

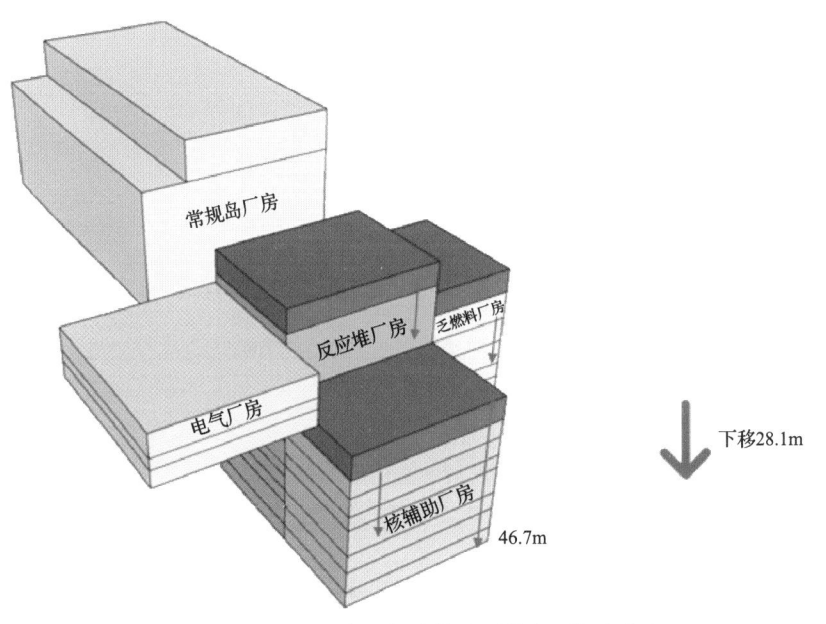

图4-22　20万kW高温气冷堆地下核电厂概念方案

反应堆厂房布置一回路舱室、燃料装卸系统、一回路压力泄放系统、新燃料系统、主蒸汽、主给水系统等。

乏燃料厂房用于燃料中间储存,内设乏燃料储存井、乏燃料操作间、乏燃料通风设备间及乏燃料配套电气设备间及乏燃料检修间等。

核辅助厂房位于反应堆厂房南侧,为两个反应堆共用的厂房,主要布置氦净化与氦辅助系统、厂用水系统和设备冷却水系统、放射性废物处理系统、新燃料储存库、反应堆厂房和核辅助厂房的进排风系统、卫生出入口等(图4-23和图4-24)。

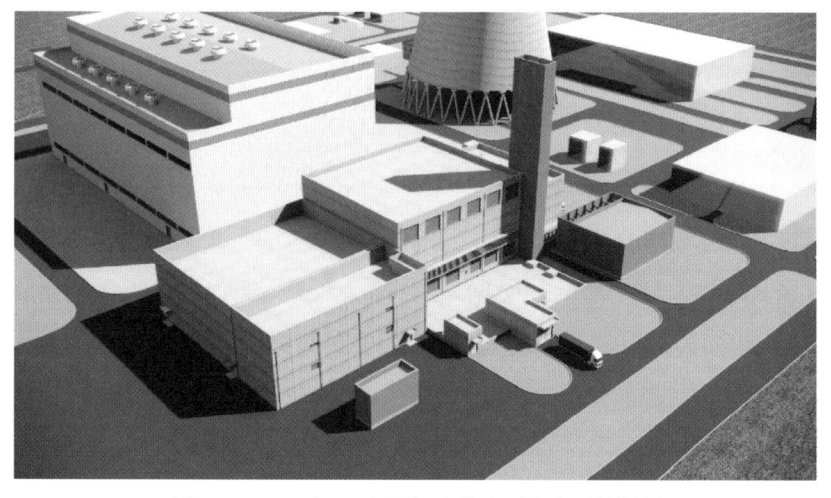

图 4-23 20 万 kW 高温气冷堆地下核电厂效果图

图 4-24 20 万 kW 高温气冷堆地下核电厂布置剖视图

a. 抵御大飞机撞击、防水淹等抗外部事件方案研究

反应堆厂房两座反应堆舱室和蒸汽发生器舱室组成的一回路舱室、燃料装卸系统、一回路压力泄放系统、吸收球系统、新燃料装料间等全部位于地坪以下，可避免商用大飞机恶意撞击。

下沉后的核辅助厂房原屋面降至地坪以下，考虑到雨水的排放以及场地洪水倒灌至核辅助厂房屋面，从而进入核岛厂房，造成水淹灾害。在原核辅助厂房屋面新增一层工艺房间，使其屋面高于地坪层，以解决防水淹问题。但由于反应堆厂房空冷塔正处在新增层的标高范围内，所以将空冷塔和反应堆厂房整体适当抬高。

b. 人员疏散方案研究

由于核岛厂房将 28.100m 层检修大厅下沉至地坪层，对厂房的整体疏散做了调整,调整后正常运行状况下人员可通过电气厂房电梯及楼梯下到核辅助厂房−20.600m 层,通过卫生卡进入核岛厂房,通过各厂房内楼梯或电梯到达不同标高层进行检修。应急状况下,反应堆厂房内的各层人员均可通过疏散楼梯疏散至检修大厅至地表安全出口;乏燃料厂房人员可通过附设于厂房外侧的楼梯直接从各层到达地坪层,疏散至厂房外部安全区域或通过乏燃料厂房与反应堆厂房之间的门疏散至反应堆厂房进而疏散至室外;核辅助厂房内各层人员可通过疏散楼梯直接到达地坪层,疏散至厂房外部安全区域;电气厂房可通过疏散楼梯疏散至地表安全出口(图 4-25)。

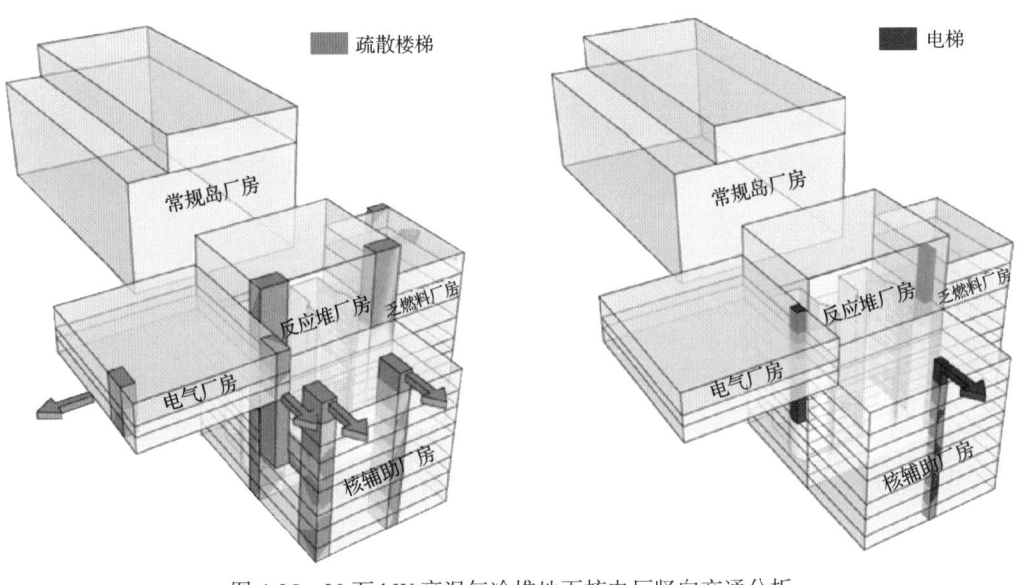

图 4-25 20 万 kW 高温气冷堆地下核电厂竖向交通分析

c. 设备运输及吊装方案研究

由于核岛厂房将 28.100m 层检修大厅下沉至地坪层,对厂房设备运输及吊装方案做了调整,调整后反应堆厂房地坪层外墙处设置设备运输门,可直接连通室外,既可作为安装期间设备运输门,又可作为大修期间主氦风机及其他设备运输门使用。设备在进入厂房之后的垂直运输问题,可通过设在厂房内的吊装孔解决。

乏燃料厂房与反应堆厂房之间设运输门与反应堆厂房连通作为乏燃料厂房疏散及相关设备运输通道。同时,厂房内还设置了供乏燃料转运的专用运输通道,使燃料可直接从乏燃料操作间运至地坪层。

核辅助厂房原有吊装间抬升至屋顶作为设备垂直运输通道,设备进入厂房后经由吊装间吊至不同标高层。

电气厂房为地上建筑，设备进入厂房后，通过电气厂房内吊装孔转运至不同层(图 4-26)。

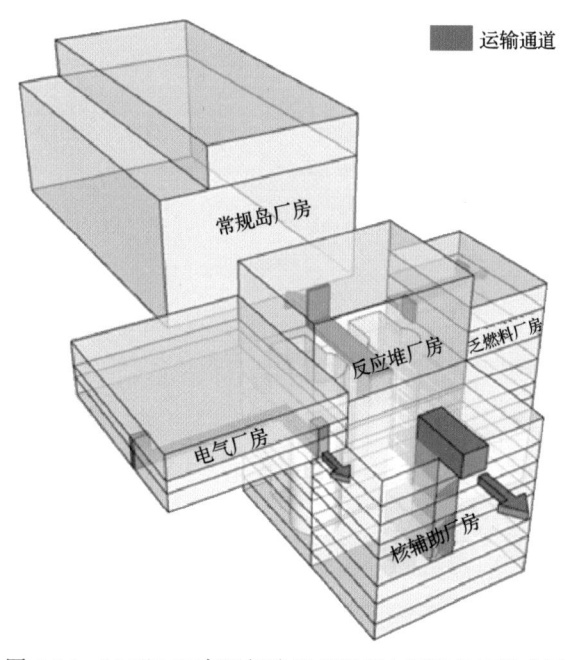

图 4-26　20 万 kW 高温气冷堆地下核电厂设备运输分析

d. 管廊、管井设置方案研究

核岛厂房整体下沉后，厂房与外部连接的管道等需要总体考虑调整方案。在 20 万 kW 地下高温气冷堆总体布置时，便着重考虑了主蒸汽、主给水管道、氦气管廊，送风机房通风竖井等部位的总体设计。

原 20 万 kW 高温气冷堆设计中，主蒸汽、主给水管道从 5.000m 层出核岛厂房，厂房整体下沉后，为使工艺系统管线布置更加合理，需在主蒸汽、主给水管道穿出反应堆厂房进入汽轮机厂房之间的路径上设置管廊及管井。管廊现标高–28.100m，全部埋于地下，与反应堆厂房、汽轮机厂房紧密连接(图 4-27)。

送风机房通风竖井，核辅助厂房原标高 14.500m 层为送风机房，通风口由原标高 14.500m 层外墙设通风百叶，调整为现标高–13.600m 层，取消百叶，改为通风竖井直通至核辅助厂房屋顶层以上(图 4-28)。

核电站运行期间，需要氦气供给，原 20 万 kW 高温气冷堆核电站中氦

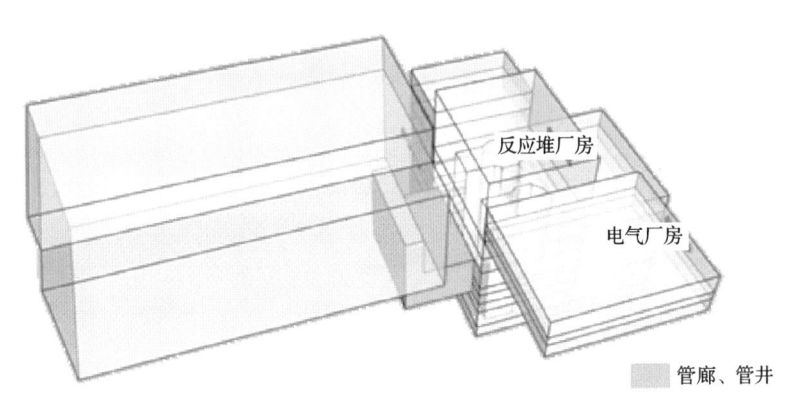

图 4-27　20 万 kW 高温气冷堆地下核电厂连通管井分析

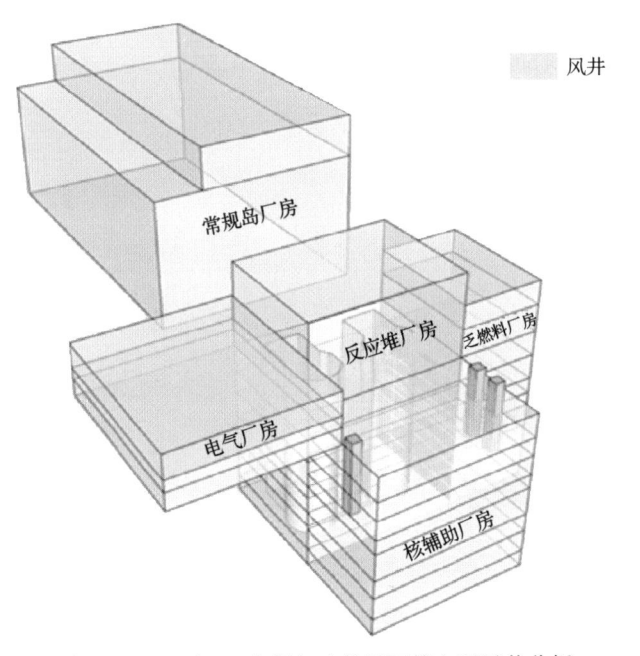

图 4-28　20 万 kW 高温气冷堆地下核电厂风井分析

气储罐位于乏燃料厂房与核辅助厂房夹角处,氦气管线直接进入核辅助厂房内。在 20 万 kW 高温气冷堆地下核电厂总体布置中,氦气储罐为地上建筑,而核岛厂房下沉后氦气管道进厂房的高度变为−28.100m,需要在氦气储罐区下设氦气垂直输送管井,连通至−28.100m 层(图 4-29)。

2) 60 万 kW 高温气冷堆核岛地下厂房布置形式。

反应堆厂房为地下建筑群中心,乏燃料厂房、核辅助及电气厂房、附属厂房均环绕其布置,厂房采用半埋式方案,反应堆厂房下移 28.1m, 28.100m 标高调整为地坪层现标高±0.000m, 与其相连的乏燃料厂房、核辅助及电气厂房、附属厂房相应下移 28.1m,地下室埋深由 19.3m 调整为 47.4m(图 4-30)。

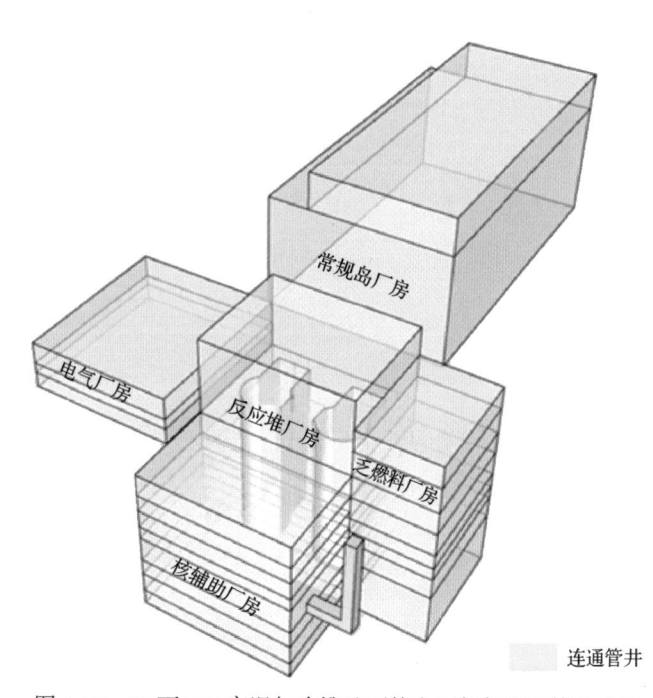

连通管井

图 4-29　20 万 kW 高温气冷堆地下核电厂氦气连通管井分析

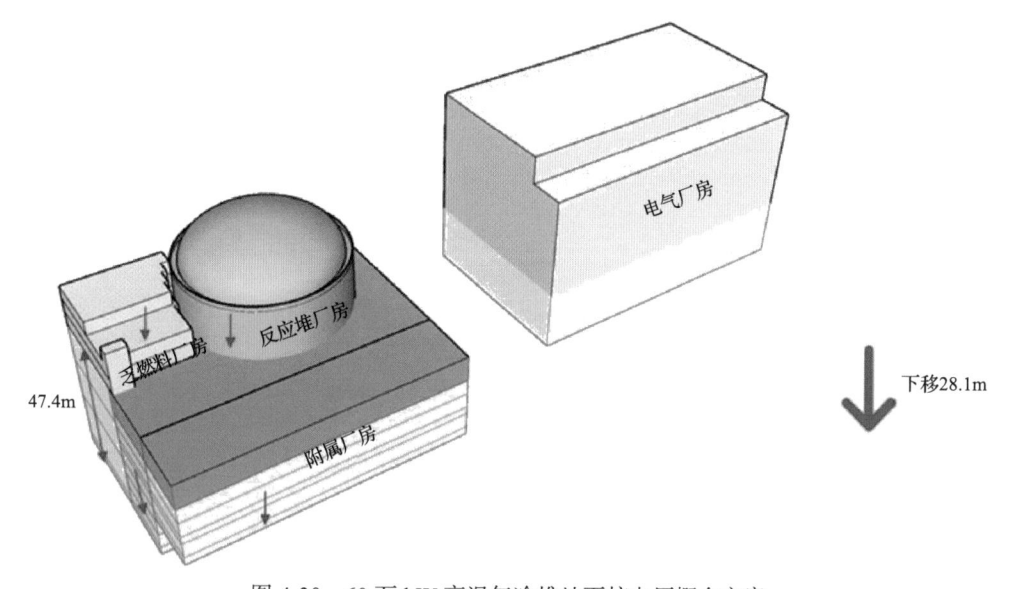

图 4-30　60 万 kW 高温气冷堆地下核电厂概念方案

圆形反应堆厂房布置总体保持不变,包括反应堆压力容器、蒸汽发生器、热气导管、主氦风机、堆内构件、控制棒系统、一回路仪表、一回路压力泄放系统、吸收球系统、舱室冷却系统、反应堆压力容器支承冷却系统、屏蔽冷却水系统、蒸汽发生器事故排放系统、燃料装卸系统、燃耗测量系统等(图 4-31～图 4-33)。

图 4-31　60 万 kW 高温气冷堆地下核电厂效果图 1

图 4-32　60 万 kW 高温气冷堆地下核电厂效果图 2

主蒸汽管道在 –19.850m 层通过管沟通向汽轮机厂房。主给水管道在 –22.600m 层直接通过管廊进入汽轮机厂房。

乏燃料厂房用于燃料中间储存，乏燃料厂房 –13.600m 以下主要为乏燃料储存井，–13.600m 为乏燃料操作间，±0.000m 层为乏燃料通风设备间及乏燃料配套电气设备间及乏燃料检修间。

核辅助及电气厂房围绕反应堆厂房设置，主要包括新燃料供应系统、氦净化与氦辅助系统、燃料装卸系统(气路部分)、一回路活性测量系统、气体采样分析系统、放射性液体废物处理系统、负压排风系统设备间、屏蔽冷却水系统设备间、放射性流出物检测等。

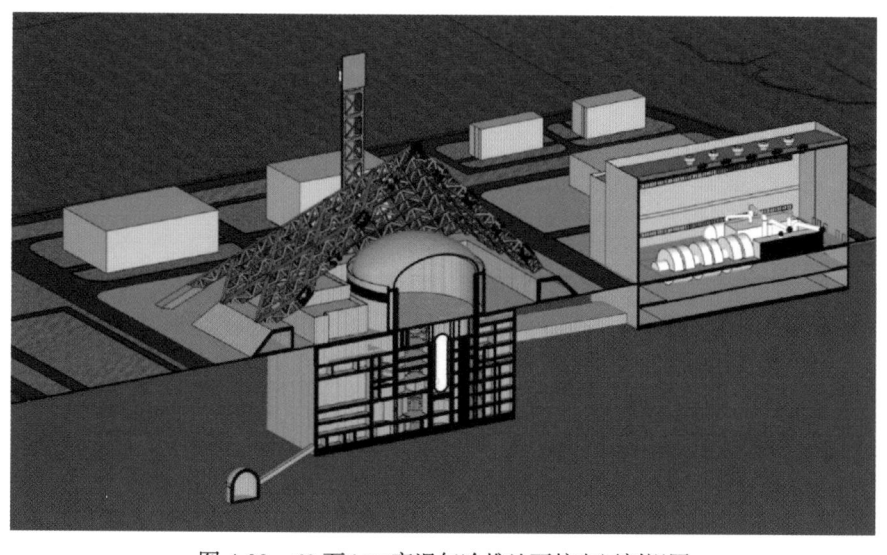

图 4-33　60 万 kW 高温气冷堆地下核电厂剖视图

a. 抵御大飞机撞击、防水淹等抗外部事件方案研究

在核岛厂房群四周设置长宽各 160m，高 10m 挡水围堰，可有效抵御洪水对核岛厂房的影响，围堰缺口处设置水密门，平时满足设备运输及人员通行的需要。在围堰上设金字塔形钢桁架，可有效抵御大飞机撞击，同时提升建筑的整体造型，通透的金字塔与核岛混凝土材质的虚实对比，使建筑在阳光下具有丰富的阴影变化，给人以极强的视觉冲击力(图 4-34)。

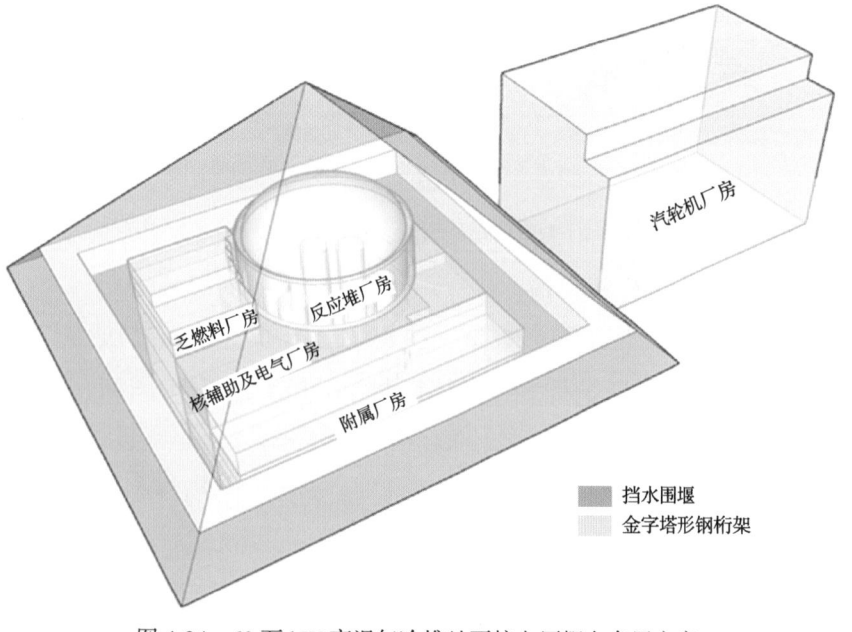

图 4-34　60 万 kW 高温气冷堆地下核电厂概念布置方案

下沉后的核辅助及电气厂房、附属厂房原屋面降至地坪以下，考虑到雨水的排放以及场地洪水倒灌至核辅助及电气厂房、附属厂房屋面，从而进入核岛厂房，造成水淹灾害。在原核辅助及电气厂房、附属厂房屋面新增一层工艺房间，使其屋面高于地坪层，以解决防水淹问题。另外，在核岛厂房外低于基础筏板标高设置事故蓄水池，洪水一旦进入反应堆厂房和乏燃料厂房，可通过排放管廊将洪水导入蓄水池(图 4-35)。

图 4-35　60 万 kW 高温气冷堆地下核电厂事故蓄水池

地下厂房周边设三层排水洞，底板下岩体内设一层排水洞，排水洞与厂房间距 50m，排水洞间采用排水孔相互搭接，形成环形兜底式排水幕防护地下厂房。此外，在距离反应堆厂房外 25m 处设置排水舱室，以对核岛形成加强防护。

b. 人员疏散方案研究

由于核岛厂房将 28.100m 层检修大厅下沉至地坪层，对厂房的整体疏散做了调整，调整后正常运行状况下人员可通过核辅助及电气厂房电梯和楼梯下到电气厂房–28.100m 层，通过卫生卡进入核岛厂房，通过各厂房内楼梯或电梯到达不同标高层进行检修。应急状况下，反应堆厂房内的各层人员均可通过疏散楼梯先疏散至检修大厅后到地表安全出口；乏燃料厂房人员可通过附设于厂房外侧的楼梯直接从各层到达地坪层，核辅助及电气厂房内各层人员可通过疏散楼梯直接到达地坪层，疏散至厂房外部安全区域；附属厂房可通过疏散楼梯疏散至地表安全出口(图 4-36)。

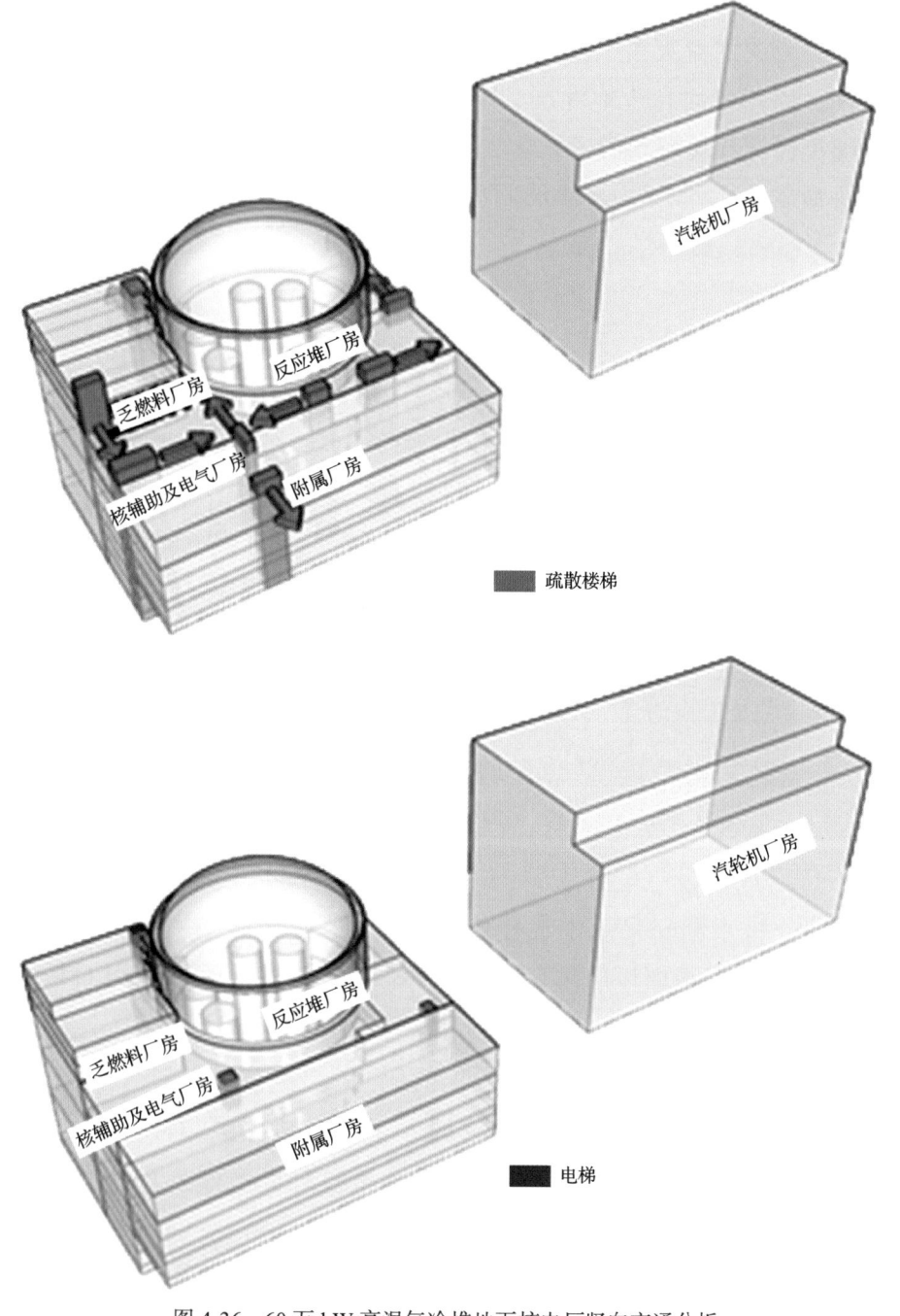

图 4-36　60 万 kW 高温气冷堆地下核电厂竖向交通分析

c. 设备运输及吊装方案研究

在厂房外挡水围堰开设两处运输通道,设置水密闸门,满足设备运输通道的要求。由于核岛厂房将 28.100m 层检修大厅下沉至地坪层,对厂房设备运输及吊装方案做了调整,调整后反应堆厂房地坪层外墙处设置设备运输门,可直接连通室外,既可作为安装期间设备运输门,又可作为大修期间主氦风机及其他设备运输门使用。设备在进入厂房内后的垂直运输问题,可通过设在厂房内的吊装孔解决(图 4-37)。

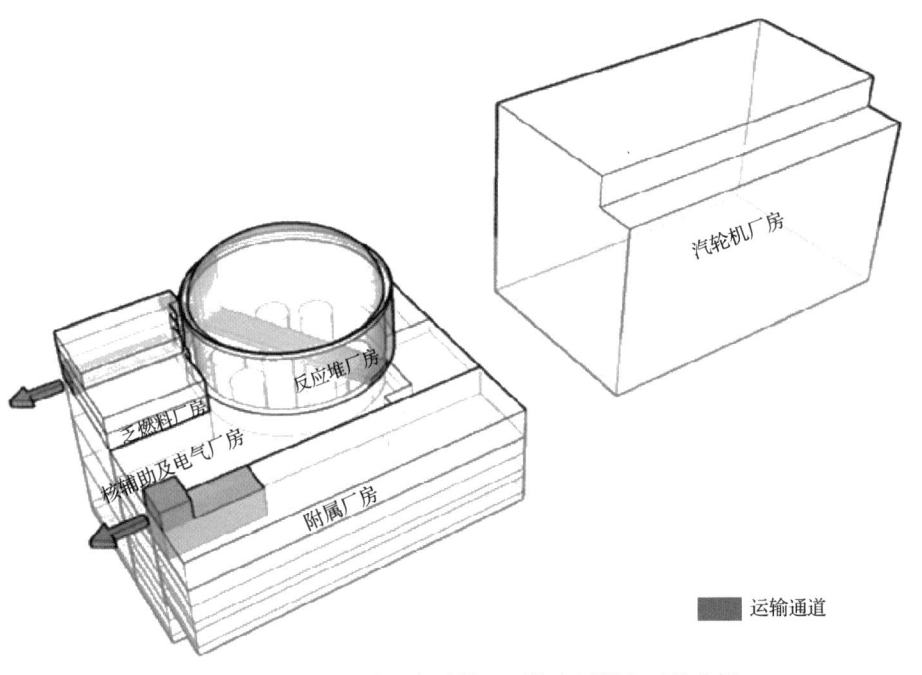

图 4-37 60 万 kW 高温气冷堆地下核电厂设备运输分析

乏燃料厂房在地坪层设置了供乏燃料转运的专用运输通道,使燃料可直接从乏燃料操作间运至地坪层。

附属厂房运输通道直接改为地坪层,进入运输通道后设备通过核辅助及电气厂房原有吊装间转运至不同标高层。

d. 管廊、管井设置方案研究

核岛厂房整体下沉后,厂房的通风、与外部连接的管廊等需要总体考虑调整方案。在 60 万 kW 高温气冷堆地下核电厂总体布置时,便着重考虑主蒸汽、主给水管廊及氦气管廊、空冷塔排风口、乏燃料厂房进风口等部位的总体设计。

原 60 万 kW 高温气冷堆设计中,主蒸汽、主给水管廊从 5.500m 层出核岛厂房,厂房整体下沉后,为使工艺系统管线布置更加合理,需在主蒸汽、主给水管廊出反应堆厂房进入汽轮机厂房之间的路径上设置管廊及管井。管廊现标高–22.600m，全部埋于地下，与反应堆厂房、汽轮机厂房紧密连接（图 4-38）。

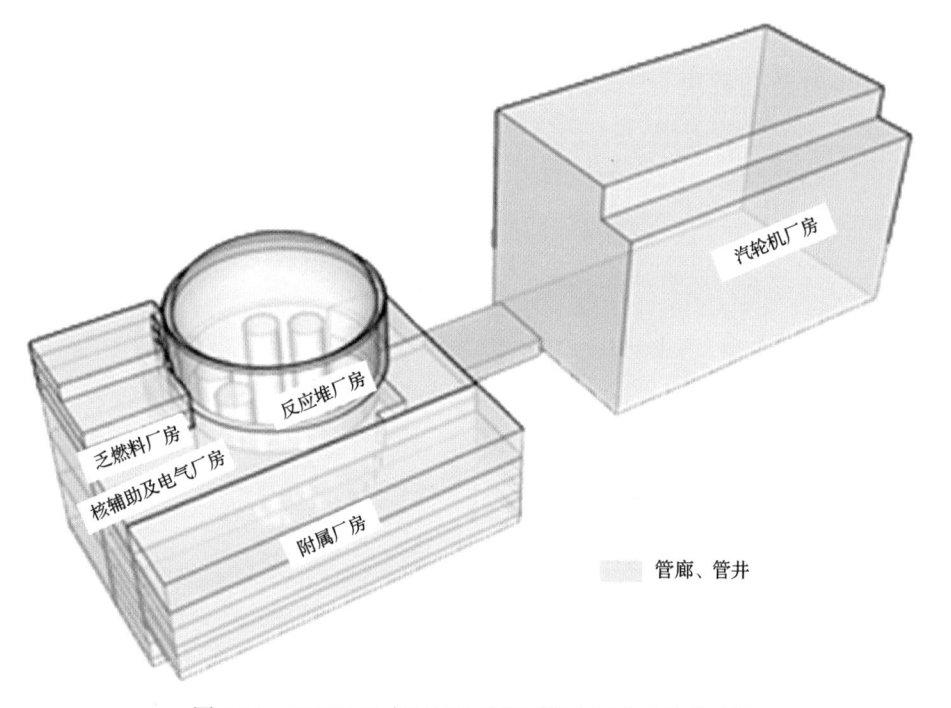

图 4-38　60 万 kW 高温气冷堆地下核电厂连通管井分析

乏燃料厂房进风井百叶原标高 23.600m，现标高 10.300m。由于核辅助厂房局部升高后屋顶标高±0.000m，遮挡该乏燃料厂房进风井百叶，取消原百叶新增进风竖井通至乏燃料厂房屋顶以上。

空冷塔原排风口标高 28.100m，现标高±0.000m。由于核辅助厂房局部升高后遮挡空冷塔排风口，调整空冷塔排风口位置，在反应堆厂房空冷塔外墙增加新百叶现标高为 1.500m。

核电站运行期间，需要氦气供给，原 60 万 kW 高温气冷堆核电站中氦气储罐位于核辅助厂房外侧，氦气管线直接进入核辅助厂房内。在 60 万 kW 高温气冷堆地下核电厂总体布置中，氦气储罐为地面建筑，而核岛厂房下沉后氦气管道进厂房需要在氦气储罐区下设氦气输送管廊及管井。

图 4-39 和图 4-40 分别为 60 万 kW 高温气冷堆地下核电厂风井分析和氦气连通管井分析。

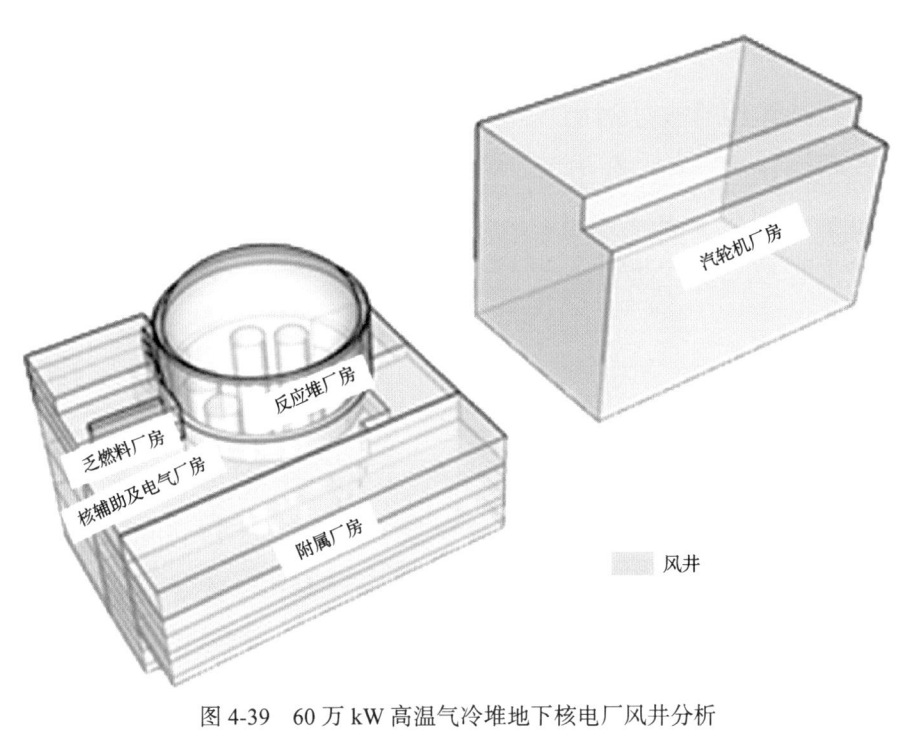

图 4-39　60 万 kW 高温气冷堆地下核电厂风井分析

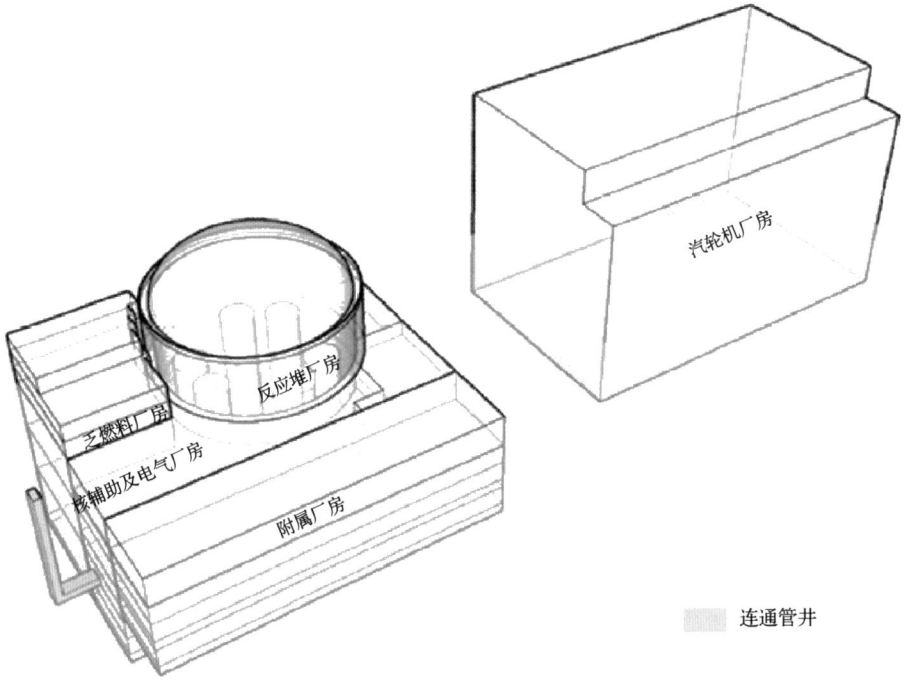

图 4-40　60 万 kW 高温气冷堆地下核电厂氦气连通管井分析

(2) 布置形式特点分析

施工期间，反应堆厂房的设备吊装是一项关键技术，高温气冷堆改为地下核电厂的设计方案后，设备起吊高度将大幅下降。检修期间，反应堆厂房的设备直接通过检修大厅运出厂房，方便设备的运输。核辅助厂房上方可直接布置设备运输出入口，在吊装、检修方面有较大的优势。压力容器舱室及蒸发器舱室等核安全级设备均坐落于地坪线下，利用大地作为屏障，对于抗大飞机撞击有较大的优势。

5. 地上厂房布置

20 万 kW 高温气冷堆地下核电厂中地上厂房主要布置电气厂房、汽轮机厂房、冷却塔及其他辅助 BOP。电气厂房及其进排风机房为地上建筑，贴建于反应堆厂房西侧，电气厂房共 3 层，高度约为 13.00m，厂房内部主要包括安全配电和蓄电池室，顶层是电厂的主控制室。

60 万 kW 高温气冷堆地下核电厂中地上厂房主要布置核辅助厂房(部分)、电气厂房(部分)、附属厂房(部分)、汽轮机厂房、冷却塔及其他辅助 BOP。

其他核岛厂房、汽轮机厂房、BOP 厂房仍采用地上核电厂的布置方案，均可参照总体布置原则和相关规程规范要求，并与反应堆厂房之间留有一定的安全距离。

三、高温气冷堆地下核电厂的安全特性

1. 地下核电厂的安全性优势

钮新强院士和罗琦院士在《地下核电厂概论》一书中指出，地下核电站增加一道围岩作为实体屏障，可有效抵御恐怖袭击等极端外部人为事件，提高抵御极端自然灾害的能力，抗震性能显著提高，核安保措施简单有效；利用地下硐室的包容性，更容易从设计上实现实际消除大量放射性物质释放的可能性，更利于严重事故工况下对放射性物质扩散的防控，其安全性大大高于第三代核电技术要求，是保障核能安全的重要途径。

地下核电工程和方案设计实践充分表明，将大型核电厂核岛部分布置在地下是可行的；与地面核电厂相比，地下核电厂增加了硐室围岩实体屏障，具有更强的放射性包容能力，从设计上消除了大量放射性物质释放的可能性，可避免严重事故的发生，并有效缓解和控制事故后果，可有效抵御恐怖袭击

等极端外部人为事件,进一步提高核电的安全性,增强公众对核电厂的信心,符合国务院发布的《核电安全规划(2011—2020 年)》对核电厂安全性的规定,其安全性大大高于第三代核电技术的要求。

地下核电厂的安全性主要体现在以下三个方面。

(1)从设计上实现实际消除大量放射性物质释放的可能性

地下核电厂将核岛等带核设施建造于地下硐室,利用硐室围岩,在反应堆多道放射性屏障的基础上,又增加了一道实体屏障,有效地实现了核岛与外界环境的实体隔离,更容易从设计上实现实际消除大量放射性物质释放的可能性。即使发生严重事故,核电厂安全壳完整性丧失,放射性物质从安全壳中泄漏出来,地下核电厂仍能借助工程安全设施,在地下硐室内有效实现放射性物质的阻留、处置与隔离。

历史上曾发生过地下核电厂的严重事故。1969 年 1 月,瑞士的 Lucens 反应堆压力管发生过热破裂导致 CO_2 泄漏,由于无法有效载出堆芯热量,最终造成堆芯部分熔毁,引起反应堆硐室内放射性水平迅速升高。事故发生后,立即将地下硐室密闭,有效阻止了放射性物质向外释放。事故发生 4 天后,短寿命放射性核素的衰变使硐室内放射性水平降低,专设过滤排放系统启动,过滤排放地下硐室内带放射性的空气。这次事故是全球核电史上首次报道的严重事故。尽管反应堆所在的地下硐室放射性污染严重,但事故发生初期地下硐室的密闭包容作用以及事故后期专设过滤排放系统的投入,使得本次严重事故向外界排放的放射性活度微乎其微,没有对公众和外界环境造成危害。国外早期的地下核电厂建设和事故充分表明,地下核电厂能有效防止放射性物质向外界环境的释放,更有利于对严重事故中反应堆释放的放射性物质的控制,更容易从设计上实现实际消除大量放射性物质释放的可能性。

(2)有利于增强核电厂抵御极端外部人为事件和自然灾害的能力

核电厂的反应堆及乏燃料储存装置等一旦遭遇恐怖袭击、飞机撞击等极端外部人为事件,极有可能导致核电厂的放射性核素向环境泄漏,造成环境污染、危害公众健康。为抵御极端外部人为事件,核电厂必须增加额外投入,以加强安全防护。地下核电厂核岛位于地下硐室、岩体内,能有效抵御极端外部人为事件的影响,地下核岛上方几十至几百米的岩层可确保及时被常规武器直接命中，仍能保证地下核岛的安全。

极端外部自然灾害（包括地震、冰冻、暴雨、台风等）对地下核电厂核岛的不利影响小于地面核电厂。地下土层温度高于地面，地下 10m 处即为恒温层，地下 100m 处，温度逐渐升高。将核电厂建于地下，可防止地下硐室中的水池、水化学工艺系统难以结冰，有助于提高核电厂抵御极端冰冻灾害的能力，进而确保核电厂的正常运行。研究表明，地下地震动随深度的增加呈逐渐减小趋势。地下硐室在地震中的安全稳定性高于地面厂房，核电厂建于地下，有利于提高核电厂抵御严重地震灾害的能力，降低核设施倒塌、受损的风险。

除此之外，地下核电厂有利于降低洪水、台风、暴雨等外部自然灾害的威胁。地下核电厂仅有有限的对外通道，可采取通过快速封闭通道等措施，将地下硐室与外界隔离，从而有效提高核电厂抵御洪水、暴雨、龙卷风等自然灾害的能力。

(3) 有利于强化核电厂的核安保能力

核电厂在正常运行、检修、退役等阶段均会涉及大量的放射性材料。为应对涉及核材料和其他放射性物质或相关设施的偷窃、蓄意破坏、未经授权的接触、非法转让或其他恶意行为，地面核电厂通常需制订复杂、严密的核安保措施。一方面，实行分区管理，根据纵深防御原则和重要性的不同，划分为观察区、控制区、保护区和要害区，分别配置不同的技术防范手段和采取相应的保护措施。另一方面，对核材料实行分类管理，根据其性质和数量的区别，划分为 I、II、III 三类，分别规定其生产、储存、使用、运输等方面的实物保护级别。同时，随着技术的发展，原有的技术防范标准偏低的保护系统也要求进行升级改造，提高核材料安保的水平。地下核电厂核岛位于地下，地下围岩构成天然的实体屏障，将涉核设施与外界隔离开。涉核设施与外界仅有有限的几个出入口，其核安保只需在几个有限的出入口附近做好警卫与守护，即可极大地提高整个核电厂的核安保能力。地下涉核设施内部的核安保措施也可根据情况进行简化或取消，节省核安保投入。

我国实行核燃料闭式循环策略，对核电站乏燃料进行再处理，以提高铀资源利用率。闭式燃料循环中，乏燃料需在核电站乏燃料水池中储存 5～10年后，运至后处理厂提取乏燃料中的铀、钚等元素，以继续制造核燃料元件供核电站使用。地面核电站乏燃料通常通过卡车长途运输送至后处理厂处理，其间存在交通事故、盗窃丢失等巨大安全风险。由于公众对放射性相关问题的敏感，容易引起公众的过度关注和反对。如果将地下核电站、核燃料后处理设施、核燃料制造设施共同建于地下，有利于构建地下闭式核燃料循环。改进的闭式核燃料循环策略可提高我国铀资源利用率，有利于我国核能的可持续发展。同时，闭式核燃料循环整个过程位于地下，远离公众视野，避免了乏燃料和铀-钚混合燃料的长距离运输，减少了高放射性物质暴露在公众环境的可能性。因此，建设地下核电站有利于提升核燃料利用率。

2. 高温气冷堆地下核电厂的安全性

将模块化高温气冷堆核电厂建于地下硐室或矿井，在具有固有安全特性的核能系统的基础上，增加了一道硐室围岩实体屏障，安全性更加突出，使得高温气冷堆地下核电厂在建造、运行、退役等不同阶段均具有显著的安全特征，是积极有序发展核电的新途径。高温气冷堆地下核电厂在不同阶段的安全特征如表 4-7 所示。

表 4-7 高温气冷堆地下核电厂在不同阶段的安全特征

阶段	安全特征
建造	从设计上实际消除大量放射性物质释放
运行	地下核电厂可以降低极端外部事件对高温气冷堆的影响（如大飞机撞击、地震、龙卷风、雷电、辐射等因素）； 降低核电厂对周围环境的影响，减少/消除放射性物质释放（事故状态下放射性物质全部包容在地下封闭空间）； 事故发生时，无须额外的冷却水源，不会产生大量的放射性废水
退役	降低核废物管理成本； 将放射性废物深埋于地下，可免去或大幅减少退役费用

首先，高温气冷堆地下核电厂能够在设计上实现实际消除大量放射性物质释放的可能性；其次，由于硐室围岩的屏蔽作用，地下矿井可有效抵御大飞机撞击、地震、洪水等极端外部事件和地震、冰冻、暴雨、台风等极端自然灾害，是放射性物质释放的天然屏障，可消除场外应急；再次，在任何事故工况下，反应堆可实现安全停堆和余热有效导出，无须额外引入冷却水，不会产生放射性水排放；最后，即使安全壳的完整性遭到破坏，放射性物质和高温气体将释放到地下硐室内，其周围大量的岩体可以吸收热量和提供抑压的气体扩展空间，可以长期有效地包容放射性物质；此外，山体的屏蔽作

用以及到大气的更长的裂变产物传输路径,使得地下核电厂在放射性大气释放方面优于地面核电厂。

固有安全性是模块化高温气冷堆最重要的特征之一。模块化高温气冷堆能够从反应堆设计上实现实际消除大量放射性物质释放,不会出现堆芯熔毁等严重事故。将模块化高温气冷堆核电厂建于地下矿井,安全性更加突出,是积极有序发展核电的新途径。地下矿井可有效抵御大飞机撞击、地震、洪水等极端外部事件和自然灾害,是放射性物质释放的天然屏障,可消除场外应急。在任何事故工况下,反应堆可实现安全停堆和余热有效导出,无须引入冷却水,不会产生放射性水。

四、地下核电厂厂址选择

1. 地下核电厂厂址选择基本原则与技术要求

根据我国《核电厂厂址选择安全规定》(HAF101—1991),核电厂选址的基本评价内容一般包括如下三个方面:①厂址外部环境对核电厂安全可能产生的影响,包括外部自然和人为事件;②核电厂对厂址周围区域环境可能产生的影响,包括自然环境和社会环境;③实施应急预案的可行性。

对于一个特定的厂址,如果在上述三个方面都不存在影响厂址可接受性的因素或者能够通过采取工程措施解决可能存在的不利因素,那么该厂址就具备建设核电厂的厂址条件。需要指出的是,如果厂址位于地表或接近地表处可能产生明显错动的地表断裂带内,一般来说这样的厂址是不适宜的,因为很难采取切实可行的工程措施降低地表断裂的风险。我国《核电厂厂址选择安全规定》(HAF101—1991)要求在厂址附近5km范围内不得存在能动断层。

我国目前的核安全法规和标准适用于陆地地表固定核设施,包括滨海和内陆地区的核设施。国外有关国家或地区以及有关国际机构发布的核安全法规和标准也主要适用于陆地地表固定核设施。国内外有关国家和研究机构对地下核电厂的选址进行过一些探索性的初步研究,这些研究表明,相对于地面厂址而言,地下厂址在某些方面能够提供更好的安全性。例如,从地震的观点看,地下厂址可以降低地面加速度、增大横向刚度和消除倾斜问题;从核电厂对环境安全的观点看,可以更好地抵御外部自然事件(地震、极端气象条件等)和外部人为事件(爆炸、武力攻击等)对核电厂的影响;在正常运行和事故工况下对公众的辐射影响更小,可以将地下厂址选择在更加靠近人口中心的位置。但作为厂址选择的依据来说,还缺少系统性的深入研究和数据,还不能形成完整的法规标准体系。

长江勘测规划设计研究院与中国核动力研究设计院合作完成了地下核电站可行性研究和地下核电厂示范性概念设计。对于地下核电厂的选址,明确指出首先需要遵循国家核安全局发布的《核电厂厂址选择安全规定》(HAF101—1991)及其配套的核安全导则等与核电厂选址有关的标准和法规,同时需满足大型地下硐室群、边坡、地灾防治、水文地质等方面相关的规程、规范或行业标准。对于地下核电厂放射性气体和水体(尤其是后者)在岩石和土壤中的迁移行为及其可能对环境生物圈的影响评价,可能需要在现有基础上开发完善相应的模型和数据等。

适宜的厂址首先必须符合核安全法规的要求。按照我国核安全法规的要求,厂址附近 5km 范围内不得存在能动断层。如果存在这样的断层,这个厂址就不能成立,因为这样的断层难以通过工程措施加以改变。

防水淹是地下核电厂选址的一个重要方面,为避免过大的工程代价,厂址宜选择在水淹风险较小同时采取较为简单的工程措施就能应对的区域。

核能供热是本研究的重点应用方向之一。对于这个应用方向,厂址应位于潜在的用户附近,以避免由于距离过长对供热产生较大的损失。

尽管高温气冷堆具有优良的安全特性,在正常运行情况下向环境的放射性释放量很小,在事故情况下的释放量有限,但作为一般的要求,厂址宜选择大气扩散条件良好的区域。

人口密度和分布情况是影响核电厂厂址选择的一个重要因素。国内外的核安全法规都在这个方面有明确的规定,如厂址距人口中心的距离等。由于高温气冷堆的优良安全特性(事故情况下放射性物质释放进程缓慢,引起的危害较小,在技术上不需要场外应急),高温气冷堆核电厂可以建在离人口中心更近的厂址上,这是国内外核安全监管机构的普遍共识。为了体现轻水小型堆和非水堆等先进堆的安全特性,美国核能管理委员会(NRC)正在制定关于先进堆厂址选择的人口因素导则。

作为一般的要求,厂址宜与环境影响敏感区保持合适的距离。

地下核电厂的反应堆、乏燃料厂房等核设施需要置于地下岩体或稳定的山体内,因此厂址应具备布置地下核设施的合适地形地质条件。

建设地下核电厂的主要目标之一是能够更好地抵御飞机坠落和恐怖袭击等外部事件影响。从工程布置技术方案上可以采用全埋式方案和半埋式方案,具体采用哪种方案,需要在权衡防护目标和工程代价的基础上选择确定。对于本研究来说,选择半埋式方案的一个优越性是可以避开煤矿井下的安全风险。

综上所述,遵循目前我国核安全法规标准的相关要求,参考有关地下核电厂选址的研究成果,同时考虑高温气冷堆的安全特性,本研究提出地下核电厂厂址选择的基本技术要求如下:①厂址附近5km范围内没有能动断层;②距潜在用户较近;③大气扩散条件好;④与人口中心和环境影响敏感区保持合适的距离;⑤具备布置地下核设施的合适地形地质条件。

2. 选址调研情况简要介绍

本研究对山西两家煤业集团旗下矿井的基本情况进行了调研。总体而言,其中一家煤业集团旗下的矿井距离生产装置较远(20km以上),对于核能供热(蒸汽)而言,长距离输送将对生产成本产生较大的负面影响。另一家煤业集团旗下一些即将退役的矿井距离煤化工装置较近(5km左右),可以作为潜在的厂址。潜在厂址的进一步调研分析表明,大多数矿井为竖井,存在井口直径较小、井下有大量瓦斯气体、井下涌水量较大等不利因素。如果采用全埋式方案,工程复杂,成本高。

鉴于上述原因,本研究以山西某集团旗下的某煤矿作为参考厂址,工程设计采用半埋式的布置方案。研究结果表明,在现有核安全法规标准的基础上,考虑高温气冷堆的安全特性,在山西省选择适宜的地下核电厂厂址在技术上是可行的。但相对于地面核电厂而言,在煤矿井中建设核电厂需要考虑煤矿特有安全风险对厂址适宜性的影响,建议后续可深入研究地下建设核电厂可能面临的主要困难和约束条件。

五、高温气冷堆地下核电厂供汽方案的初步经济性测算

高温气冷堆地下核电厂可产生工业规模的高温工艺热,可大规模、低成本制氢,替代化石能源产蒸汽和氢气,为大幅降低化工、冶金等行业的碳排放提供了一条新途径。下面重点对高温气冷堆地下核电厂供汽方案进行初步经济性测算。

1. 供汽方案

高温气冷堆核能项目可以提供电和各种参数的蒸汽,也可以根据用户需求进行多种产品组合。供热技术方案可以根据用户端参数特点选用背压机组、抽凝机组等,也可以不发电全部提供工业蒸汽(需要外购电)。

背压供汽方式是将除回热系统自用外的所有排汽,都外供给热用户,不存在冷源损失,热效率高。同时,所发电量供给厂区各用户,剩余电量根据需求外供,发电量完全由供热量决定。而抽凝机组可以通过调整汽轮机进汽量和供热抽汽量,在一定范围内同时满足热负荷和电负荷,因此广泛用于负荷变化幅度较大、变化频繁的区域性热电厂中。其缺点是依然存在大量的冷源损失,热经济性比背压机组差。对于稳定的蒸汽用户,推荐使用背压机组供汽方式。

背压机组产品组合具体为:2×60 万 kW 高温气冷堆,外供 4.5MPa 过热蒸汽 3154t/h,同时还可以发电 288MW,扣除厂用电 84MW,外供电 204MW。假设用户端在生产过程中连续使用蒸汽,生产期间用汽量稳定,波动小,机组年运行时间为 8000h。

2. 技术经济分析

(1)投资估算

与厂址条件相关的费用(如前期准备工程费、大件运输措施费、土地征用费等)为暂估值,不包括厂外送变电工程、厂外热力管网费用。投资估算按照以下两种方案分别计算:

方案 1:在目前 2×60 万 kW 高温气冷堆项目核岛造价水平的基础上,适当考虑费用优化,项目建成价比投资为 2.0 万元/kW(比投资按照全部发电功率 1340MW 计算),项目计划总资金约为 295 亿元。

方案 2:在目前 2×60 万 kW 高温气冷堆项目的基础上,进行较大幅度的技术方案优化,以及土地、部分 BOP 工程等考虑利用当地一些优惠建设条件,项目建成价比投资为 1.6 万元/kW(比投资按照全部发电功率 1340MW 计算),项目计划总资金约为 240 亿元。

(2)财务分析

核能供热项目相对纯发电项目,成本中比较特殊的是外供蒸汽凝结水是否回收，本次按照凝结水回收考虑，即凝结水经过处理后可以循环利用，降低运行成本。对于产品售价，计算方法为电价为确定值，按照一定的收益率反算汽价；对于热电成本分摊，综合考虑供汽、发电消耗的热量比和收入比，背压机组中电成本分摊比例为15%，蒸汽为85%。

财务分析的其他假定输入参数为：机组年运行时间为8000h；计算期30年；定员413人，凝结水循环处理成本为2元/t；长期借款利率在贷款市场报价利率基础上再考虑一定优惠；发电和供应蒸汽均考虑增值税抵扣及返还政策。

项目建成价比投资为2.0万元/kW时，按照前面介绍的热电分摊原则，蒸汽成本为103元/t，电成本为0.28元/(kW·h)（均为不含税价格）；售电价格按照0.42元/(kW·h)计算（含税价，参考其他核电项目电价水平），6%收益率情况下反算汽价，为139元/t（含税价）。如果蒸汽凝结水按照不回收计算，会额外增加约5%的成本。

未来，项目建成价比投资达到1.6万元/kW时，按照前面介绍的热电分摊原则，蒸汽成本为92元/t，电成本为0.25元/(kW·h)（均为不含税价格）；售电价格按照0.42元/(kW·h)计算（含税价，参考其他核电项目电价水平），6%收益率情况下反算汽价，为119元/t（含税价），见表4-8和表4-9。

表4-8　2×60万kW背压机组技术经济汇总表（方案1）

序号	项目名称	单位	指标	备注
1	工程费用	亿元	159	
2	工程其他费用	亿元	45	
3	常规岛工程费用	亿元	13	
4	BOP、前期工程费用	亿元	19	
5	首炉核燃料费	亿元	15	
6	工程建成价	亿元	272	
7	建成价比投资	万元/kW	2.0	
8	项目计划总投资	亿元	295	
9	电成本(不含税)	元/(kW·h)	0.28	
10	蒸汽成本(不含税)	元/t	103	
11	电价(含税)	元/(kW·h)	0.42/0.33	
12	6%收益率反算汽价(含税)	元/t	139/144	

注：①吸收了示范工程经验，优化设备设计；②辅助系统多堆共用；③建成价比投资计算中的功率按全部发电功率1340MW计；④0.33元/(kW·h)是山西省火电标杆电价

表 4-9　2×60 万 kW 背压机组技术经济汇总表(方案 2)

序号	项目名称	单位	指标	备注
1	工程费用	亿元	150	
2	工程其他费用	亿元	38	
3	首炉核燃料费	亿元	15	
4	工程建成价	亿元	221	
5	建成价比投资	万元/kW	1.6	
6	项目计划总投资	亿元	240	
7	电成本(不含税)	元/(kW·h)	0.25	
8	蒸汽成本(不含税)	元/t	92	
9	电价(含税)	元/(kW·h)	0.42/0.33	
10	6%收益率反算汽价(含税)	元/t	119/125	

注：①工程费用的估算是考虑，在目前 2×60 万 kW 高温气冷堆基础上，进行较大幅度的技术方案优化，以及前期准备工程、BOP 工程等利用当地一些优惠条件；②工程其他费用也考虑了废弃矿井地面设施和土地利用优惠条件；③建成价比投资计算中的功率按全部发电功率 1340MW 计；④0.33 元/(kW·h)是山西省火电标杆电价

3. 减排效应分析

2019 年，全国单位火电发电量 CO_2 排放约 838g/(kW·h)，2×60 万 kW 高温气冷堆核能供热项目替代火电机组每年可减少 CO_2 排放量为 842 万 t(按照纯发电项目年运行时间 8000h 计算)。如果 CO_2 排放权的价格按照 50 元/t 及 100 元/t 分别计算，2×60 万 kW 高温气冷堆核能供热项目相当于经济价值 4.2 亿元及 8.4 亿元的碳排放权。CO_2 排放权的价格按照 50 元/t 计算时，经济价值占成本的 13%～15%。

综上所述，可见：①我国的模块化高温气冷堆完成示范工程建设，具有固有安全性。建议可以考虑在山西省开展高温气冷堆地下核电厂的可行性研究，用于热电联产、提供高温蒸汽，与煤化工相结合，减少碳排放强度。②高温气冷堆是我国自主研发的新一代核反应堆。高温气冷堆的高温工艺热可大规模、低成本制氢，替代化石能源产蒸汽和氢气，从而大幅降低化工、冶金等行业的碳排放。③核能供热可以部分替代燃煤供热机组，对地方减排贡献有很大潜力，可实现燃煤零消耗、环保近零排放，可极大地满足化工基地供热规划的需要，有效解决化工产业发展遇到的制约问题，极大地促进化工产业基地健康绿色可持续发展。④初步经济测算表明，利用高温气冷堆产生的高温蒸汽，与山西省煤化工产业的结合在经济上是可行的。

第五章　　山西省废弃矿井工业遗产旅游战略研究

　　废弃矿井是工业化进程的产物。在关停的废弃矿井中，很多废弃矿井如石圪节煤矿、阳泉煤矿、白家庄煤矿、晋华宫煤矿等工业遗产丰富，资源开发价值高。如何加强废弃矿井工业遗产保护和适宜性开发，已成为山西省城市更新与产业升级过程中所面临的重大问题。

　　英国、德国、法国率先进入工业化后期，在工业遗产保护与再利用方面取得了巨大的成功。英国曼彻斯特北部地区、德国鲁尔区、法国洛林地区等传统老工业区通过工业遗产保护与旅游开发，实现了区域经济成功转型。

　　2020 年 5 月，习近平总书记在山西省视察时强调，历史文化遗产是不可再生、不可替代的宝贵资源，要始终把保护放在第一位。国家发展和改革委员会、工业和信息化部等五部门联合印发了《推动老工业城市工业遗产保护利用实施方案》，提出延续城市历史文脉，为老工业城市高质量发展增添新的动力。2004 年以来，我国积极探索废弃矿山工业遗产保护与旅游开发新路径，共批准了 88 家国家矿山公园。山西省高度重视废弃矿井工业遗产保护与旅游开发，开发了以晋华宫国家矿山公园、西山国家矿山公园为代表的旅游目的地。尽管如此，山西省废弃矿井工业遗产保护与旅游开发尚处于初期阶段，已开发的旅游目的地数量有限，竞争力不足，整体发展滞后于整个旅游业态发展水平。

　　山西省是"华夏文明的摇篮"，在人类社会历史发展进程中遗留下来了丰富的历史文化遗迹。这些遗迹反映了各个历史时期人类的社会活动、社会关系、意识形态以及利用自然、改造自然和当时生态环境的状况，是人类宝贵的历史文化遗产。矿业遗迹主要指矿业开发过程中遗留下来的与采矿活动相关的踪迹和实物，包括矿业生产过程中探、采、选、冶、加工等矿业生产遗迹、矿业制品遗存、矿山社会生活遗迹和矿业开发文献史籍，它表征某一阶段某一个地方某种矿业发展的历程，记录人类采矿活动的历史。矿业遗迹广义上可归入地质遗迹的组成部分，既包括在漫长的地质历史时期形成的能被人类利用的不可再生的岩石和矿物，又包括在人类的开采利用下正在或已经消失的特定空间地域。历史文化遗迹和矿业遗迹两者融合发展是提升山西省废弃矿山工业旅游核心竞争力的重要手段。通过历史文化遗迹与矿山遗迹资源要素相互渗透、交叉、重组，可以突破原有地域空间，使两者的边界弱化、模糊甚至消失，形成新的旅游产品、旅游业态和产业体系，可以提升旅游产品的竞争力，增强旅游产业发展新动力、新活力，促进旅游产业高质量发展。

本章结合山西省独特的历史文化遗迹时序全景图，从山西省废弃矿井资源特征与空间分布现实出发，分析历史文化遗迹与矿业遗迹旅游资源融合外部条件，构建资源融合、产业融合、空间融合发展模式，为山西省旅游产业内涵式增长提供前瞻性科学基础和技术支撑。

第一节 山西省废弃矿井工业遗产旅游研究动态及其资源情况

一、废弃矿井工业旅游的研究动态

旅游业的迅速发展，给煤炭产业转型发展带来了新希望。探索废弃矿井与旅游产业的融合发展，是解决废弃矿井再利用的重要途径之一，国家出台的相关政策支持并鼓励发展特色旅游产业。2009年12月，国务院印发《国务院关于加快发展旅游业的意见》，鼓励各种所有制企业因地制宜，合理利用资源，依法投资旅游产业，充分发挥市场配置资源的基础性作用，提倡旅游与文化、工业等相关产业和行业的融合发展，实现旅游业可持续发展。2016年，国家发展和改革委员会、科学技术部、工业和信息化部等联合发布《关于支持老工业城市和资源型城市产业转型升级的实施意见》，提出大力发展工业文化，鼓励改造利用老设施和露天矿坑等，建设特色旅游景点，发展工业旅游。因此，基于废弃矿井资源特性，依托旅游产业的相关政策，推动废弃矿井旅游开发势在必行。

近年来，谢和平院士等提出科学高效地实现关停矿井"不封井，只封工作面"的转型升级可持续发展理念。汪秋菊针对废弃矿井现状提出建议，通过"废弃矿山+旅游产品/业态"的开发路径实现经济转型。王煜琴等提出废弃矿区生态旅游开发空间重构的思路与策略，促进矿区转型和可持续发展。侯思远结合废弃矿井地下空间特征，提出地下空间使用功能重构和体验场景营建的研究线索，以此提升旅游品质。卢邦稳依据地下空间的不同类型提出矿井地下旅游等多种开发模式。山西大同大学为有效提高教学的参与度，在校内建立矿井井下采掘实训基地，是矿井地下空间利用值得借鉴的方式。这些学者或高校的思考和建议，为今后地下空间旅游资源开发提供了参考价值。

我国在矿井工业旅游方向的研究开展较迟，最先提出工业旅游定义的是裴泽生，而后出现了多位学者对其特征和开发模式进行长期、深入的研究。其中，姚宏提出将"动态性、科学性、易达性、地域性和多效益性"作为工业旅游的特征，何振波却认为工业旅游最显著的特点是"知识性、观赏性和依托性"。这些学者的观点也为后续开发提供了思路和方向。目前，国内废弃矿井旅游发展正在蒸蒸日上，形式更加多元，依据矿井不同特征进行合理化开发利用的理念，被外界广泛应用和赞同。

近年来，我国工业遗产的保护意识在不断增强，工业遗产再利用也得到了国家的大力支持。中国科技会堂 2018 年 1 月发布了"中国工业遗产保护名录（第一批）"，包括 14 处矿区和矿场。国家矿山公园申报和建设工作已于 2014 年开始启动，我国现已批准了 88 处国家矿山公园。从区域位置来看，华东区 34 处，华南区 27 处，东北区 11 处，晋陕蒙宁甘区 13 处，新青区 2 处，海南 1 处，这些改造后的工业遗产得到了大量游客的喜爱，受到了广泛的关注，为工业旅游发展起到了引领示范作用。

国外一些发达国家开展废弃矿井相关的研究始于 20 世纪 60 年代，尤其是德国、英国在废弃矿井旅游开发利用上具有一定的实践经验，到 80 年代，国外工业旅游几乎覆盖了整个工业领域。旅游开发的理论和实践已经十分成熟，主要以"生产场景"、"工艺过程场景"、"运输系统场景"和"社会文化场景"四种场景为工业旅游的典型场景。

二、国内外废弃矿井旅游开发研究现状

1. 国内废弃矿井旅游开发研究现状

中国煤炭博物馆是我国唯一的国家级煤炭行业博物馆，规模大，地下部分设有煤海探秘活动。山西大同晋华宫国家矿山公园内设有工业遗址参观区和井下探险区等，适于不同年龄段人群游览参观。上海佘山世茂洲际酒店是世界上首个建设于采石坑内的五星级自然生态酒店，以独一无二的建筑和景观奇迹被誉为"世界建筑奇迹"。上海辰山植物园矿坑花园基于百年开采历

史的采石坑遗迹，结合上海辰山植物园的建设，成为国内首屈一指的园艺花园(图 5-1)。

(a) 中国煤炭博物馆

(b) 晋华宫国家矿山公园

(c) 上海佘山世茂洲际酒店

(d) 上海辰山植物园矿坑花园

图 5-1　国内废弃矿井旅游开发模式图

2. 国外废弃矿井旅游开发研究现状

著名的然梅尔斯贝格矿山博物馆建立在德国最大的矿场上，包含地下矿井旅游、矿业文化展览、地上观光旅游等完整的旅游体验设计，展示了独特的矿业历史和矿业文化。英格兰国家煤矿博物馆，馆内游玩项目众多，其中地下旅游部分可以亲自参与体验并由矿工带领参观，博物馆还设有采煤机械展示、生活画廊和矿工生活区等项目，全方位地展示采矿行业和发展历程。被誉为"天然 SPA 养生馆"的图尔达盐矿，是全世界首个由废弃矿山改建的景点，在 1992 年对外开放，地下有主题公园和天然 SPA 养生馆。五星级"地宫酒店"瑞典萨拉银矿，拥有几百年开采历史的旧矿山，矿山停产后，在矿井深处，建造成了集观光和休闲于一体的地宫酒店。"盐矿教堂"维利奇卡盐矿，是欧洲最古老的盐矿之一，矿井下有盐湖、教堂、博物馆、娱乐厅、餐厅、疗养院和众多反映宗教和矿工劳动场面的雕塑(图 5-2)。

(a)"天然SPA养生馆"图尔达盐矿1　　　(b)"天然SPA养生馆"图尔达盐矿2

(c)"地宫酒店"瑞典萨拉银矿　　　　　(d)"盐矿教堂"维利奇卡盐矿

图 5-2　国外废弃矿井旅游开发模式图

三、山西省文化旅游资源分布

　　山西省位于黄河中游东岸,是我国南北、东西之间物资交流的平台与通道,还是华夏文明的重要发祥地,被誉为"华夏文明的摇篮"。经过多年的发展,山西省旅游产业地位日益提升,经济贡献度也日趋突出,2000~2017年山西省旅游总人数与旅游总收入如图 5-3 所示。

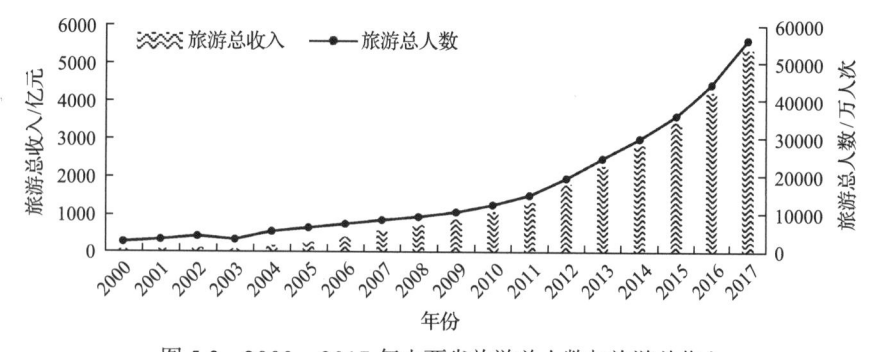

图 5-3　2000~2017 年山西省旅游总人数与旅游总收入

1. 历史文化旅游资源

　　山西省 11 个城市的文化旅游资源数量,共计 2644 个,各城市文化旅游资源单体数量方面,从多到少依次是运城市、临汾市、晋中市、长治市、晋城市、太原市、吕梁市、忻州市、大同市、阳泉市、朔州市。其中，运城市文化旅游资源数量最多，共有446个，占山西省文化旅游资源总量的16.9%；其次是临汾市，占山西省文化旅游资源总量的12.4%；晋中市第三，占山西省总量的12%；长治市第四，占山西省文化旅游资源总量的10.9%；晋城市第五，占山西省文化旅游资源总量的 9.2%；这五个城市集中了山西省文化旅游资源总量的61.4%。阳泉市和朔州市文化旅游资源数量最少，仅占山西省文化旅游资源总量的2.7%。可以得出，山西省11个城市中多数地区文化旅游资源数量较多，只有部分城市数量较少，但二者之间数量差异较大。山西省南部文化旅游资源较多，北部文化旅游资源较少。

　　山西省文化旅游资源空间分布类型为集聚型(图 5-4)。集聚的空间分布格局有利于山西省文化旅游资源的整体开发，易于形成规模效益，但资源分布过于密集会导致资源雷同现象严重，基础设施重复建设等问题。

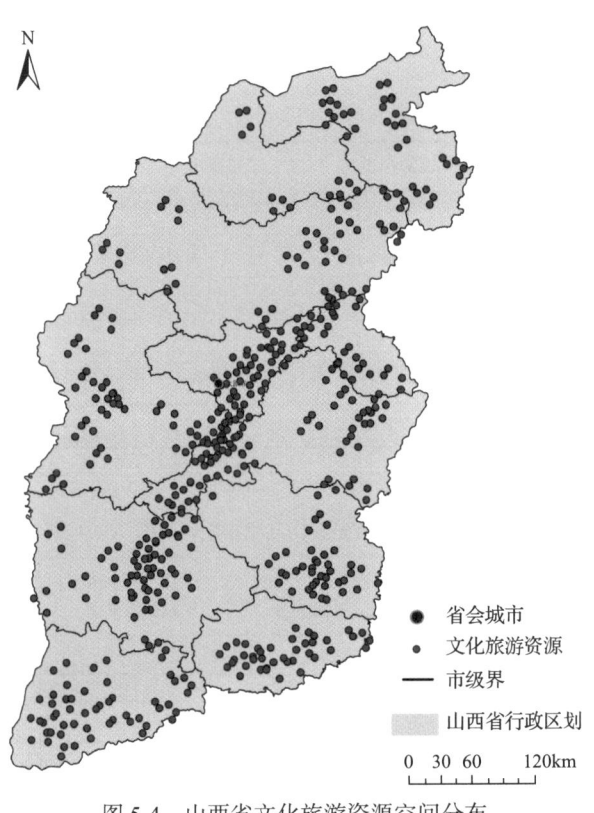

图 5-4　山西省文化旅游资源空间分布

　　旅游资源就其客体属性来说，分为自然旅游资源和人文旅游资源两大类，前者主要指山水名胜、自然风光，如风景区、珍贵动植物的生息地、特殊的地质构造等；后者主要指历史古迹、文化遗迹，以及文化艺术、民族习俗、城乡建设等。旅游资源整合即对一切自然的和人文的旅游资源进行综合开发利用，使之成为一个有机体，从而吸引更多游客、产生更好的经济效益。

2. 矿山旅游资源

矿山遗迹是矿业遗迹，是矿业开发过程中遗留下来的与采矿活动相关的踪迹与实物，主要包括矿产地质遗迹，生产过程中探、采、选、冶、加工等矿业生产遗迹，矿业制品遗存，矿山社会生活遗迹，矿业开发文献史籍。矿山遗迹蕴含丰富的工业遗产，既包括作坊、车间、仓库、码头、管理办公用房以及界石、工具、器具、机械、设备等物质文化资源，还包括工艺流程、生产技能和与其相关的文化表现形式，以及存在于人们记忆、口传和习惯中的非物质文化遗产。

在矿业发展的过程中，工业遗产伴随工业发展和城市发展而生，形成了复杂的工业遗产系统。结合《实施保护世界文化与自然遗产公约操作指南》中对遗产内容和价值的理解，从城市系统的角度，将矿山工业遗址分为四种构成类型：矿山生产场所遗迹、矿山居住场所遗迹、附属设施与其他建筑遗迹、矿山次生景观遗迹。这些遗迹蕴含了丰富的旅游资源。

(1)矿山生产场所遗迹

矿山生产场所遗迹是指矿山企业的生产区，包括办公楼、竖井、斜井、通风井及井下机械设备、煤矿洗选设备与生产线、动力车间、运输车间等，是矿山工业遗址的核心部分。

(2)矿山居住场所遗迹

矿山居住场所遗迹是指矿山工人村、工人聚居区，包括某种形式的工人住宅、工人俱乐部、购物场所(供销社、菜市场)、食堂、工人俱乐部等。由于矿山生产带来的大量人口聚集而形成的居住场所，是矿山工业遗址的重要组成部分。作为旅游资源，是呈现工人集体居住生活的重要物质载体。

(3)矿山附属设施与其他建筑遗迹

工人及携带家眷的集中居住，导致产生一些矿山附属设施如医院、学校等，有的矿山也形成了一些特殊标志的节点，如车站、小型教堂、庙宇。附属设施与其他建筑遗迹就是指这些建筑遗产,这些设施或建筑不直接参与生产, 也不服务于职工生活, 但其产生和存在与矿山生产生活密切相关。

（4）矿山次生景观遗迹

矿山次生景观遗迹指由于工业生产而对周边地区造成的景观变化,产生原因主要为原材料的获取、废弃物的堆积等,也包括配合工业生产的对外交通运输。最为典型的矿山次生景观为煤矿矸石山和煤田范围的采空塌陷区。可见,这些矿山次生景观不仅是城市"生态修复"的主要对象,也包含着工业发展时期特殊的人文价值。山西省典型矿山次生景观如表 5-1 所示。

表 5-1　山西省典型矿山次生景观

项目	矿山生产场所遗迹	矿山居住场所遗迹	矿山附属设施与其他建筑遗迹	矿山次生景观遗迹
晋华宫煤矿	南山井主斜井, 南山井下 3 号工作层, 绞车设备	晋华宫工人村		采煤沉陷区
白家庄煤矿	1 号井遗址, 2 号斜井, 排土场, 矸石山, 储煤场, 煤矿行人、运煤、运料、排水、通风、供电系统; 日军锅炉房烟囱遗迹; 日军办公场所遗迹, 两排窑	日军军官居住遗迹、日军矿工区遗迹	日军慰安所遗迹、日本变电所遗迹、日军碉堡遗迹、奶奶庙	矸石山、昌旺林
阳泉三矿	车间, 厂房, 矿场, 贾地沟矿井, 东丈八井, 洗选加工区, 瓦斯采集区, 矿井通风区, 仓库	职工集体宿舍区、职工俱乐部、退坡窑洞	阳泉三矿中学、银圆山庄	矸石山、采煤沉陷区
石圪节煤矿	南副立井, 北副立井, 主斜井, "三天轮"提升装置, 洗煤厂及附属设施, 更新厂	职工集体宿舍、矿工俱乐部	裕丰煤矿工人抗日救国会旧址、康克清到石圪节煤矿传播革命火种旧址	
中条山有色金属集团有限公司	机修厂, 北峪铜矿, 铜矿峪铜矿, 篦子沟选矿厂	篦子沟工人居住区、篦子沟俱乐部		

四、山西省废弃煤矿旅游发展现状

山西省自 20 世纪 90 年代开始探索废弃煤矿的生态恢复和再利用路径,结合废弃矿区土地破坏的实际情况与地区经济社会发展的需要,采用土地恢复与治理的相关技术,对山西省区位较好的废弃矿区,以及郊区的采煤塌陷地、荒山等进行治理和再利用。一些废弃矿区转化为接续产业生产、商业用地和社区居民住宅用地。还有一些废弃矿区依托区位条件、资源禀赋、产业积淀和地域特征,形成了迎合"旅游时代"需求的旅游目的地或旅游景观。

山西省凭借矿业开采形成的具有区域稀有性地表或地下矿业遗迹、遗址等开发了国家矿山公园、工业旅游景区、社区公园及农业、林业旅游景观等。其中，最有特色的为晋华宫国家矿山公园、丹朱岭工业旅游景区等。山西省矿山旅游开发形成的旅游目的地如表 5-2 所示。

表 5-2 山西省矿山旅游开发形成的旅游目的地

煤矿名称	城市	废弃地改造方式
大同晋华宫煤矿	大同市	晋华宫国家矿山公园
晋煤集团长平公司	晋城市	丹朱岭工业旅游景区
晋城市古书院煤矿采煤区	晋城市	晋城白马寺山植物园
山西焦煤西山煤电集团白家庄矿	太原市	西山国家矿山公园
山西焦煤霍州煤电集团有限公司	临汾市	矸石山公园
朔州小峪煤矿	朔州市	林业复垦
平朔安太堡露天煤矿	朔州市	生态农业、林业复垦
阳泉阳胜煤矿	阳泉市	煤矸石山的林业复垦
古交市东曲煤矿	古交市	生态农业、公园景观
晋城市北岩煤矿	晋城市	林业复垦、建筑用地

1. 晋华宫国家矿山公园

大同晋华宫煤矿、山西焦煤西山煤电集团白家庄矿区等将矿山遗址改造成为国家矿山公园。矿山公园是以展示人类矿业遗迹景观为主体，体现矿业发展历史内涵，具备研究价值和教育功能，集游览观赏、科学考察与科学知识普及于一体的空间地域。国家矿山公园一般包括矿业遗产展览展示项目、生产景象参观项目。矿业遗产展览展示项目主要利用图片、文字、影视及信息系统多媒体形式，向游客全面介绍矿业开采各个不同历史时期的生产生活场景，展示其开发利用的发展历史。矿山生产景象参观项目主要是让游客参观、体验煤矿工人的工作环境、生产生活条件、乘坐的交通工具，矿井的基本构造，煤炭开采方式，以及煤炭的形成和生产过程等。

晋华宫国家矿山公园位于大同市西 12.5km 处，与世界文化遗产云冈石窟隔河相望，地理位置优越，交通十分便利。它是"休闲观光园"、"转型示范园"、"文化创意园"、"地质科教园"和"大众科普园"五园一体的工业旅游项目特色基地。公园主要由煤炭博物馆、煤都井下探秘游、工业遗址区、晋阳潭、仰佛台、石头村和棚户区遗址七大景区组成。晋华宫国家矿山公园旅游项目如表 5-3 所示。

表 5-3　晋华宫国家矿山公园旅游项目

序号	游览项目	具体内容
1	煤炭博物馆	博物馆整体设计以"自然和谐，科学发展"为主题，以"煤矿、地质、资源、人类、和谐"为展示主线，建有煤的形成、煤的开采、煤的利用、煤的文化和百年同煤五大展区，是一座集科学性、知识性、观赏性和趣味性于一体的大型地质矿山博物馆
2	煤都井下探秘游	是目前世界最大、亚洲唯一、中国第一的可供游客直接体验、感受、参观的真实矿井，呈现在游客眼前的是距今 1.4 亿年之久的侏罗纪煤系。游客在这里下矿井、坐矿车、穿矿服、戴矿灯，吃一天矿工饭，当一天矿工人
3	工业遗址区	工业遗址区主要包括南山材料斜井吊车平台、南山斜井绞车房、百年绞车、锅炉房、压风机房、热风炉房、地面变电所、煤流系统等煤炭工业旧址和地面生产遗址
4	晋阳潭	承担着晋华宫国家矿山公园的生态系统，是污水处理、循环利用、低碳设计的实例，提供各种生态服务，是场地自然景观的再现与再生，使场地经历农业文明、工业文明最后回归到完整的生态系统，同时留下了历史的符号与记忆，成为一种后工业文明的载体
5	仰佛台	矿山公园的至高点仰佛台，从这里放眼远眺，驰名中外的世界文化遗产云冈石窟，巍峨翠绿的武周山峦，蜿蜒流过的十里河，现代美丽的晋华宫矿尽收眼底。依山而凿的云冈石窟群清晰可见。晋华宫国家矿山公园与云冈石窟两大旅游景区遥相呼应，实现了佛文化与煤文化的完美对接
6	石头村	石头村主体是村落，白墙青瓦映衬出矿工生活的简单安逸，封闭式的住宅关起门来自成天地，院内四面房门都开向院落，和谐宜居，户型布局为民居四合院，两出水坡屋顶为瓦屋面，正房与偏房高低不同，错落有致，有落差的设计充分吸收了阳光照射，采光效果甚佳。游客既可享受地道的大同美食又可亲自体验采摘的农家乐趣，独具风格
7	棚户区遗址	棚户区遗址占地面积 4.5 万 m^2，外围全部由石块砌成，遗址区内建有一座面积为 160m^2 的展览馆，馆内通过展板的形式真实展示了矿工生活的变迁

资料来源：大同煤矿集团

2. 丹朱岭工业旅游景区

丹朱岭工业旅游景区主要将废弃矿山旅游资源开发与教育相结合，围绕地质遗迹、矿业生产与安全管理、矿业开采历史等开展科普旅游、研学旅游、红色旅游等。丹朱岭工业旅游景区位于高平市原国家一四五造币厂旧址，

2004 年开始建设，建成后将形成煤炭安全教育体验游、煤炭工业发展史观光游和中国钱币博物馆参观游"三位一体"的旅游景点。目前，已经初步完成了井下煤矿事故安全教育演示区域和培训中心的建设。井下煤矿事故安全教育演示厅利用声、光、电等高科技手段，对煤矿的水灾、火灾、粉尘、瓦斯、冒顶五大自然灾难进行模拟演示，让参加者在体验中更好地提高安全生产意识，掌握安全生产知识，接受安全生产教育。

第二节　山西省废弃矿井工业遗产旅游条件分析

一、废弃矿井工业遗产旅游政策相符性分析

1. 国家及地方扶持政策分析

（1）国家扶持政策分析

《国务院关于加快发展旅游业的意见》（国发〔2009〕41 号）首次把旅游业提高到战略性产业的高度,明确把旅游业培育成国民经济的战略性支柱产业和人民群众更加满意的现代服务业，将旅游业的地位上升到战略高度，上升到与人民生活息息相关的现代服务业的高度，这是对旅游业的全新定位，也是对旅游工作提出的新的更高要求。这标志着我国旅游业发展将进入一个新阶段，也为工业旅游开发带来了重要发展时机。

2013 年发布的《全国资源型城市可持续发展规划（2013－2020 年）》提出，结合资源型城市产业基础和发展导向，积极发展类型丰富、特色鲜明的现代服务业。大力推进废弃土地复垦和生态恢复，支持开展历史遗留工矿废弃地复垦利用试点，积极引导社会力量参与矿山环境治理。

2014 年发布的《国务院关于促进旅游业改革发展的若干意见》提出，支持各地依托自然和文化遗产资源、大型公共设施、知名院校、工矿企业、科研机构，建设一批研学旅行基地；进一步细化利用荒地、荒坡、荒滩、垃圾场、废弃矿山、边远海岛和石漠化土地开发旅游项目的支持措施。可以说，我国发展旅游业的思路有所拓宽，将参观工厂、开发矿山等工业遗产景点纳入旅游规划中。

2015 年发布的《关于支持旅游业发展用地政策的意见》，积极保障旅游业发展用地供应，支持使用未利用地、废弃地、边远海岛等土地建设旅游项

目。明确旅游新业态用地政策，促进文化、研学旅游发展，利用现有文化遗产、大型公共设施、知名院校、科研机构、工矿企业、大型农场开展文化、研学旅游活动，在符合规划、不改变土地用途的前提下，上述机构土地权利人利用现有房产兴办住宿、餐饮等旅游接待设施的，可保持原土地用途、权利类型不变。土地新政鼓励废弃工矿用地开发旅游，对矿山的旅游开发形成了有力推动。

2016 年发布的《全国矿产资源规划(2016—2020 年)》提出，按照谁投资谁受益的原则，逐步建立以政府资金为引导的多元化投入融资渠道，鼓励各方力量开展历史遗留损毁土地复垦。建立土地复垦监测和后评价制度，强化监管。加强土地复垦研究和先进技术推广应用，全面提升矿区土地复垦水平。完善配套支持政策，在用地、用矿等方面对绿色矿山建设予以倾斜。

2017 年，国家旅游局组织编制完成了《国家工业旅游示范基地规范与评价》，该标准从基本条件、基础设施及服务、配套设施及服务、旅游安全、旅游信息化、综合管理等方面对工业旅游示范基地的建设发展提出了要求，为各地废弃矿井开展工业旅游示范基地建设提供了重要参考。

2018 年印发的《国家工业遗产管理暂行办法》，提出支持有条件的地区和企业依托国家工业遗产建设工业博物馆；支持利用国家工业遗产资源开发工业旅游项目，鼓励利用国家工业遗产资源建设工业文化产业园区、特色小镇(街区)、创新创业基地等。

近年来，政府部门在经济、社会和生态效应的多重目标驱动下，大力推广、引导和规范工业旅游发展，我国工业旅游已初具规模，形成了一些比较成熟的旅游目的地，工业旅游发展进入了新阶段，在法律、政策、实践等层面积极推进工业旅游的发展。北京、广西、江西、浙江以及广东广州、山西太原、山东青岛等各个地区也编制了本地的工业旅游地方标准，促进和规范了工业旅游管理。

(2)地方扶持政策分析

2021 年 1 月，山西省召开省政府第 98 次常务会议，研究安全生产、文旅融合发展、平台经济发展、促进全民健身和体育消费等工作。

会议指出，2021 年是全面建设社会主义现代化国家新征程开启之年，也是山西省"十四五"转型出雏形起步之年，做好安全生产工作至关重要、责任重大。要深入学习贯彻习近平总书记关于安全生产的重要论述，认真贯彻落实李克强总理批示要求和全国安全生产电视电话会议部署，按照省委、省政府工作要求，坚持人民至上、生命至上，统筹发展和安全，落实安全生产领导责任、部门监管责任、企业主体责任、个人安全责任，坚决遏制重特大事故发生，推动全省安全生产形势持续稳定向好。要坚持目标导向、问题导向、结果导向，深入推进安全生产专项整治三年行动，在全面排查整治的基础上，加强煤矿、危险化学品、道路交通、非煤矿山、建筑施工、消防等重点领域风险防范，严格落实分级分类监管等安全生产工作制度，强化超前防范，推进依法治理。要加强灾害防治，抓好重大安防工程建设，推进"三零"单位创建，强化安全生产基层基础，提升本质安全水平。要全力做好春运春节期间安全生产和应急值守工作，确保社会大局安全稳定，保障人民群众平安祥和过节。

会议强调，文化是旅游的灵魂，旅游是文化的载体。要坚持以文塑旅、以旅彰文，以扩大内需为战略基点，加快推动全省文化和旅游融合发展，助力构建新发展格局。深入推进文物保护利用示范，构建非遗和民间艺术活态传承利用体系，塑造"山西三宝"为代表的工艺美术品牌，推动文旅资源利用融合。加快打造乡村旅游、红色和廉政文化等旅游目的地，开发工业旅游产品，提升旅游景区文化内涵，打响"康养山西、夏养山西"品牌，推动文旅产品融合。高质量建设黄河长城太行三大品牌、文化遗产保护利用、智慧文旅等项目，推动文旅项目建设融合。着力培育"游山西·读历史"品牌，打造特色节会活动，提升文旅服务质量和消费水平，促进文旅市场融合。开展融合发展试点示范探索，深化景区"两权分离"改革，创新投融资机制，不断激发文旅融合发展动力活力。

2. 煤炭企业去产能关闭矿井利用政策分析

中国工业旅游相对于欧美国家而言起步较晚，20世纪90年代中期少数实力较强或独具特色的企业集团出于营销目推出了一些观光项目，奠定了中国工业旅游发展的基础。1990年，山西杏花村汾酒集团开始收取门票供游客参观；1994年，中国一汽集团通过"一汽实业旅行社"，对外开放了卡车生产线、红旗轿车生产线、捷达轿车生产线及汽车研究所样车陈列室；

上海宝钢开始在集团、股份公司领导的帮助和支持下开展工业旅游，先后获得"上海市优秀旅游产品"称号，并被评为"全国工业旅游示范点"。此后北京三元食品股份有限公司、中国石化燕山石化公司、北京燕京啤酒集团公司等企业纷纷对游人开放，国内其他一些知名企业也纷纷开始涉足工业旅游项目。

供给侧结构性改革实施以来，存在去产能加速而优质产能置换相对滞后等问题。2017 年 4 月印发的《关于进一步加快建设煤矿产能置换工作的通知》，要求在建煤矿项目应严格执行减量置换政策或化解过剩产能的任务。

2017 年 12 月发布的《关于进一步推进煤炭企业兼并重组转型升级的意见》提出，通过兼并重组，实现煤炭企业平均规模明显扩大，中低水平煤矿数量明显减少，上下游产业融合度显著提高，经济活力得到增强，产业格局得到优化。到 2020 年底，争取在全国形成若干个具有较强国际竞争力的亿吨级特大型煤炭企业集团，发展和培育一批现代化煤炭企业集团。

在去产能效果逐步显现的情况下，国家对调控的重心也进行了相应调整。业内人士指出，2017 年，我国煤炭行业由 2016 年的"去产能、限产量"逐渐调整为"保供应、稳煤价"；2018 年，国家把提高供给体系质量作为主攻方向，从总量性去产能转向结构性优产能。

2018 年全国能源工作会议提出，全年煤炭计划去产能 1.5 亿 t，要坚决夺取煤炭去产能任务决定性胜利。2019 年，要稳步推进企业优胜劣汰，加快处置"僵尸企业"，制定退出实施办法，促进新技术、新组织形式、新产业集群形成和发展。

2019 年，山西省则要坚定走"减、优、绿"之路，继续运用市场化法治化手段退出煤炭过剩产能，稳妥处置已关闭退出煤矿的资产债务问题。河北省将加强重点行业领域安全监管，加强煤矿安全监管工作，继续加大引导煤矿有序退出工作力度，通过产能置换、政策引导等措施，力争 28 处煤矿关闭或核减部分无效产能，实现年退出产能 1000 万 t 以上。四川省 2019 年加快煤炭行业重组整合和转型升级。

3. 工业旅游行业产业政策分析

标准化建设是推进工业旅游示范点的重要举措。2002 年发布的《全国农业旅游示范点、工业旅游示范点检查标准（试行）》（简称《标准》），对工业旅游示范点的诸多方面都做了详尽的规定。该检查标准作为示范点验收的重要依据在很长时间对工业旅游示范点的建设起着有效的引领作用。

《标准》从以下十个方面设置大类分值：示范点的接待人数和经济效益（200分）；示范点的社会效益（150分）；示范点的生态环境效益（50分）；示范点的旅游产品（100分）；示范点的旅游设施（140分）；示范点的旅游管理（60分）；示范点的旅游经营（130分）；示范点的旅游安全（80分）；示范点的周边环境和可进入性（60分）；示范点的发展后劲评估（30分）。《标准》检查得分最高为1000分，另有加分项目最高为50分。农业旅游点合计得分在700分（含）以上、工业旅游点合计得分在650分（含）以上，方具有被评定为"全国农业旅游示范点"和"全国工业旅游示范点"的资格。通过政府的规范管理，可以促进工业旅游健康有序地开展，避免一窝蜂地盲目上马而造成资源浪费、质量低下等问题。

工业旅游的地方标准建设也是工业旅游标准化建设的重要组成部分。应该说明的是，在工业旅游标准化的建设中，虽然依托上述全国范围内统一的示范点验收标准起到了规范作用，但是并没有设定全国范围内适用的更细化的工业旅游示范点服务质量方面的标准，而是交由各地方自行制定相关的工业旅游示范点服务质量及评定标准。

上海市2007年发布了首个工业旅游地方性标准——《工业旅游景点服务质量要求》。此后，上海市的工业企业、产业园区、创意园区等发展工业旅游的开放度、积极性逐步提高，主动以工业旅游标准为蓝本进行工业旅游建设发展。工业旅游景点数量不断增加，并初具规模，上海市工业旅游标准化工作会议每年召开一次，是继上海市旅游工作会议后第一个专项旅游标准化的工作会议。上海市工业旅游标准化建设在全国具有示范意义。

2009年北京市发布了《工业旅游区（点）服务质量要求及分类》地方标准，同年天津市发布了《工业旅游示范点服务质量与评定》。此外，广西、江西、浙江以及广东广州、山西太原、山东青岛等十几个地区也编制了本地的工业旅游地方标准。工业旅游地方标准化建设工作是近年来工业旅游政策规范管理的重要抓手与内容。

2010年，山西省出台了《山西省工农业旅游促进及示范点评定实施办法（试行）》，评定了全国工农业旅游示范点、山西省工农业旅游示范点以及山西省工农业旅游点的旅游区（点）、单位（如平朔露天煤矿、山西杏花村汾酒集团、山西老陈醋集团、大同晋华宫矿的井下游），纳入全省旅游发展规划、产品开发和宣传促销计划中，促进山西省工业旅游的全面发展。

二、"双碳"目标对旅游融合发展提出新的要求

自 2020 年国家提出"双碳"目标，我国的经济社会发展进入了时间紧迫的"双碳"周期，实现碳达峰碳中和是"十四五"时期乃至更长时间内所有产业和行业发展的重要政策导向。山西省是我国重要的能源基地、典型的资源型经济省份，其经济发展高度依赖煤炭等矿产资源。近年来，随着煤炭产能过剩、环境保护压力加大及我国供给侧结构性改革的不断深化，接替产业发展滞后、环境破坏欠账严重、失业人员增多等一系列问题，资源型经济发展矛盾日益凸显，对山西省经济发展构成了严重的威胁。山西省发展绿色产业已成为必然趋势。

旅游产业作为服务业，以其"低污染、低排放"为特征通常被公认为绿色产业。但以当前山西省热门历史文化景区为例，旅游产业发展出现了外部性、"非绿色"问题。旅游资源过度开发，由此引发了交通拥堵、环境污染、自然与人文资源遭到破坏等一系列问题，妨碍了旅游产业的可持续发展。

实现旅游产业绿色发展，必须重新审视和思考旅游产业发展与自然环境的关系。直面资源过度开发、环境严重破坏等带来的危机与挑战，在保护自然和促进发展的基础上推进旅游产业发展。同时，必须重新审视不同景区的功能定位，形成资源互补的竞争优势。客观上，对于历史文化遗迹与矿山旅游融合发展提出了新的要求。历史文化遗迹与矿山旅游急需以创新、融合、共享为核心，积极推动旅游产业绿色转型，形成绿色发展新动力。

三、山西省进入文旅融合的关键时期

党的十九大报告指出，我国经济已由高速增长阶段转向高质量发展阶段，社会主要矛盾已经转化为人民日益增长的美好生活需要和不平衡不充分的发展之间的矛盾。作为国家战略性支柱产业，文旅融合已成为新时代产业发展的主流和趋势。

文旅融合就是要将深入挖掘中国传统文化内涵与旅游产业发展、保护生态紧密融合，将自然生态和地域文化特色融入旅游消费元素。

山西省是文化旅游资源大省,从山西省历史文化旅游资源的数量和质量来看,具备成为文化旅游大省的资源条件,但山西省旅游产业地位与文化优势资源条件并不相称。在旅游产品建设方面,缺乏地区强有力的龙头景区和在全国具有广泛号召力的超级旅游目的地;在旅游公共服务建设方面,旅游交通基础设施、环境质量及配套服务设施等方面与发达地区相比,还存在巨大差距。与此同时,依托矿山遗迹发展起来的旅游目的地大多处于小、弱、散的局面。

山西省自 2018 年 10 月开启文旅产业加速融合的新时期以来,将文化旅游作为转型发展的支柱型产业进行重点打造。随着山西省经济结构转型的需求和文化旅游业优势的不断凸显,文化与旅游两个产业的融合空间不断扩大,其产业边界日趋模糊化,产业形态发生了重大改变,文旅融合已进入发展的关键时期。

山西省文旅融合发展,助力于旅游产品的地方化、多样化、创意化发展及旅游产品间相互融合与相互促进,为历史文化遗迹与矿山工业旅游融合创造了条件。

四、旅游需求日益多元化

在全域旅游时代背景下,旅游需求多元化、个性化特征更加突出。废弃矿山遗留下来的井架、生产系统、运输系统、通风系统等,在旅游者历史怀旧、科普体验、求新求异等心理驱动下,都可能成为新型旅游吸引物,历史文化遗迹与矿山旅游融合进入了前所未有的机遇期。

另外,旅游者更倾向于具有"一站式体验"特征的旅游产品,也为历史文化遗迹与矿山旅游融合发展创造了机会。随着旅游者消费心理越来越成熟,一般化的自然景观和人文景观不足以吸引旅游者的热爱。即在一次旅游活动中获得集知识性、娱乐性、体验性、享受性等全面综合性的体验。

市场需求是决定资源配置和旅游开发路径的起点。旅游者"一站式体验"的消费需求,促使废弃矿山旅游开发需通过综合性的功能来实现。历史文化遗迹与矿山可以在旅游要素、旅游产品、旅游市场、公共服务等多个方面找到融合发展的对接点,促进旅游产品供给品质化、旅游业态多元化发展,为历史文化遗迹与矿山旅游融合发带来了全新的机遇。

五、交通网络为旅游融合发展提供便利条件

交通在旅游系统中占有十分重要的地位。对于旅游者而言，"行"是旅游六要素中重要的一环，交通对于增强旅游者体验性、提高满意度及形成良好旅游目的地感知形象具有极大的影响。交通体系是区域旅游发展的重要条件和驱动力。交通服务和设施的完善为潜在旅游资源开发提供了更多机会。

截至 2020 年，山西全省公路通车总里程已经达到 15 万 km；高速公路出省口基本打通，实现省际互联互通、省内重要连接线基本贯通；三大板块主体区旅游公路全面建成，形成"城景通""景景通"一张网；新建支线机场 1 个，通用机场及起降场总数达到 10 个以上；建设太原和大同两个全国性综合交通枢纽，交通运输发展总体水平显著提高。山西省高速公路、旅游公路、机场、航线不断改善，缩短了出行偏远煤矿的时空距离，大大减少了旅行者旅行的时间和成本，弱化了废弃煤矿地理区位劣势，为废弃矿山工业遗产旅游开发提供了有力的支撑。

六、技术发展为旅游融合发展提供重要支撑

近些年来，我国加快废弃地生态开发修复技术科技攻关，因地制宜地整合基质改良、植被修复、微生物修复等技术，提出适合不同废弃地特征的技术方法，为废弃煤矿旅游开发所需的安全、优质生态环境创造了必要条件。

与此同时，世界范围内能源科技创新日新月异，以信息化、智能化为代表的信息技术快速发展，为废弃煤矿旅游方面的再利用发展提供了重要的技术支撑。新型信息技术与煤炭行业深度融合一方面为推进煤炭领域供给侧结构性改革、优化产业结构创造了有利条件，另一方面旅游大数据、智慧旅游、旅游云平台等信息技术的创新将全面推动"旅游+煤炭"的深度产业融合，为废弃煤矿生态恢复创造了有利条件，也为废弃煤矿旅游开发带来了新的机遇。

山西省旅游融合实践需要归纳总结，形成理论，指导历史文化遗迹与矿山旅游融合发展实践。目前，国内外学者对历史文化遗迹与矿山工业旅游融合发展的研究十分有限，特别需要对国内外工业旅游开发实践进行归纳总结，形成旅游融合发展理论，为推进废弃矿山旅游开发、资源型城市经济转型提供技术支持。

第三节 山西省废弃矿井工业遗产旅游开发模式

历史文化遗迹与矿山工业旅游融合是一项系统工程,其融合具有多元交叉的关系属性。因此,需要理念融合、资源融合、产业融合、空间融合等多维路径推进。通过理念融合找到历史文化遗迹与矿山工业旅游融合的共同根基;通过资源融合,发现以地域文化为核心的旅游资源;通过产业融合,找到创新旅游产业价值链的着力点;通过空间融合,实现寓教于乐、游之有意,促进历史文化遗迹与矿山形成的旅游目的地实现可持续发展。下面分别介绍资源融合、产业融合、空间融合发展模式。

一、历史文化遗迹与矿山工业旅游:资源融合发展模式

1. 历史文化遗迹与矿山工业旅游融合理念

旅游资源就其客体属性来说,分为自然旅游资源和人文旅游资源两大类,前者主要指山水名胜、自然风光,如风景区、珍贵动植物的生息地、特殊的地质构造等;后者主要指历史古迹、文化遗迹,以及文化艺术、民族习俗、城乡建设等。旅游资源整合即对一切自然的和人文的旅游资源进行综合开发利用,使之成为一个有机体,从而吸引更多游客、产生更好的经济效益。

人类几千年文明给我们留下了灿若星河的文化遗产,特别是古遗址、古墓葬、古建筑、石窟寺等不可移动文物,是先人在历史、文化、建筑、艺术上的具体遗产或遗址,涵盖政治、经济、军事、宗教等领域,具有极高的历史、艺术和科学价值。

这些历史文化遗迹的文物价值与旅游价值不对等。文物价值在于其历史、考古、稀有程度、艺术、学术等方面的价值,而旅游价值关注的是遗址带给游客文化的体验、情境的沉浸、历史的感悟,在旅游吃、住、行、游、购、娱要素中获得的不同生活方式体验。因此,具备高文物保护价值的遗址,不一定能够带来高的旅游体验价值。同时,由于文物保护的需要,遗址旅游开发受限制较多,针对遗址本身可做的文章有限,所以要跳出遗址做遗址。这个跳出有两层含义:首先,跳出遗址文化(文化上跳出),挖掘隐藏在遗址背后与遗址密切相关的隐性文化,如与遗址相关的典型人物、历史事件、故事等文化,进行文化体验的深层次延伸打造;其次,跳出遗址本体(空间上跳

出），在遗址本体外延展更大的空间进行文化延伸。

资源禀赋是矿山遗迹工业遗产旅游开发的前提条件。按照矿业遗产价值等级的不同，将矿山遗迹旅游资源分为两类：蕴含丰富的工业遗产，矿业旅游资源价值高和矿业旅游资源价值低甚至是没有价值的旅游资源。废弃矿区旅游资源禀赋不同，与历史文化遗迹融合模式也存在很大差异。

2. 矿业旅游资源价值高的资源融合模式

这一类型的矿山遗迹中矿业开发史籍、矿业生产遗址、矿业活动遗址、矿业制品、与矿业活动有关的人文景观和矿产地质遗址等旅游资源丰富，在历史、社会文化、艺术审美、科学技术等方面具有较高或非常独特的价值。表 5-4 以晋华宫国家矿山公园为例介绍此类矿山遗迹的旅游资源及其价值。在旅游开发时，可以将矿山遗迹整体场地原貌，包括所有建筑物、仪器设备，以及为生产提供支持的辅助系统，完整地保留下来，让游客获得关于矿业遗迹、遗址、采矿工具、矿业制品和矿山开采等新奇工业文化体验和工业知识。从国内外矿山旅游开发实践来看，目前这类矿山遗址多开发为博物馆、国家矿山公园等模式。矿山遗迹旅游资源开发与文化相结合，将矿业遗址开发成为博物馆，来展示矿山的科技、历史和艺术价值。根据矿山遗迹的价值、规模、空间分布，博物馆呈现方式主要有露天博物馆和展示型博物馆两种。露天博物馆主要通过活化矿业矿山的方式，使矿业生产过程、生产风貌、工作生活场景得以再现，全方位地为游客提供重要的旅游体验。展示型博物馆主要采用文字、照片、沙盘、多媒体等展示方式，展现原有工业生产环境和生活方式，并通过导游解说、现场表演等方式来提高游客体验度。

表 5-4　大同煤矿(晋华宫国家矿山公园)旅游资源及其价值

项目	内容
旅游资源	矿业生产和活动遗迹：煤峪口矿双卷筒电机绞车；日本侵华时期掠夺山西省煤炭所建的大斗沟石头窑；晋华公司遗址；南山井煤炭旧址及地面生产遗迹。 社会人文遗迹：日本帝国主义侵占大同期间残酷迫害煤矿工人的"万人坑"遗迹。 自然遗迹：侏罗纪煤层地质奇观
旅游资源价值	科技价值：中国近现代重要的煤炭工业基地；156 项重点工矿业基本建设工程项目之一；1913 年由加拿大勃川木公司生产，1953 年投入运转，2011 年停用的煤峪口矿双卷筒电机绞车；地质与化石、矸石：由南山矸石山改造的绿化山及矿井水处理后的晋阳潭。 历史价值与教育价值：日本帝国主义侵占大同期间残酷迫害煤矿工人的"万人坑"遗迹；"大跃进"时期采煤历史；人类采煤工业演变过程。 文化价值：融合"煤"文化与当地文化的煤矿特色民俗文化村

矿山公园是以矿业遗产保护为中心的旅游综合体。矿山公园是以展示人类矿业遗迹景观为主体,体现矿业发展历史内涵,具备研究价值和教育功能,集游览观赏、科学考察与科学知识普及于一体的空间地域。矿山公园建设依托于矿山开采形成的矿业遗迹、遗址、采矿工具、矿业制品和矿山开采揭露的地质遗迹等旅游资源。这些旅游资源具有明显的矿业活动发展留下的历史烙印,因而国家矿山公园具有地质遗迹、矿业遗迹和地质环境的保护、地质研究和矿业发展史研究、科学考察等属性。

物质性文化资源具有可识别性和直观性,在矿山遗迹工业旅游开发过程中,易转化为旅游吸引物。然而仅关注物质性文化资源的开发是不够的,需要从矿山发展中形成的非物质文化层面来鉴赏和解读,使物质性文化资源迸发文化的生机和灵气。

将历史文化遗迹与矿山旅游资源相融合,这种融合可以使民俗风情、传统技艺和民间艺术等软性的传统文化资源得以保护和延续;也可以吸引游客,开辟商机,最终实现文化保护和产业开发的双赢。

对于矿业遗迹非物质文化资源的文化挖掘,不能仅停留在矿业生产生活层面上。矿业遗迹与其所寄予的经济、社会、生态空间紧密相连。在矿山遗迹工业旅游开发过程中,对于人文旅游资源,特别是民俗、节庆、礼仪、宗教仪式以及民俗风情、传统技艺和民间艺术等物质与非物质文化资源,需要通过创新的体验模式设计、多元的文化演绎手法,充实化、体验化、活化遗址旅游;通过故事主线和情境体验设计赋予物化遗址以生命力,使遗址成为鲜活的生命体;遵照故事主线发展和游客心理体验节奏,形成有节奏的旅游高潮点,游与憩结合,从而实现旅游要素与文化体验相结合的游憩结构设计,塑造遗址旅游的核心吸引力。

(1)矿山遗迹+民俗风情

民俗文化是一个地区、一个民族悠久历史文化发展的结晶,是民众生产、生活过程中形成的一系列非物质的东西,包括生活习惯、社会习俗、节日庆典、婚丧嫁娶、宗教信仰、服饰衣着等,因此其也具有独特性和不可替代性。民俗风情与旅游的结合,为具有悠久历史文化的地区发展旅游业提供了新思路。

游客通过参与民俗旅游活动,亲身体验当地风土人情,能够获得精神满足，从而提高旅游体验度。随着体验经济的发展，围绕当地风土人情而开展的民俗旅游逐渐成为各地发展旅游产业中重要的一环。

山西省作为华夏文明重要的发祥地之一，具有十分丰富的民俗资源，独特的风土人情别具魅力，最具代表的就是煤窑祭祀、民间社火、灯会和祭祖民俗。近年来，山西省各地都陆续开展了极具风土特色的"民俗旅游"活动，如"我们的节日·春节——平遥中国年"、晋商社火节、洪洞历山三月三庙会、普救寺"魅力中国城永济过大年"等活动，这些万众瞩目的民俗旅游活动不仅给山西省带来了经济效益，同时也将山西省的魅力人文风情传递出去，为山西省旅游业的发展起到了极大的宣传作用。

民俗风情内容的丰富性与形式的多样性，使其可以附着于不同的旅游吸引物，为原有的旅游资源增加新的体验模式，提高其吸引力。矿山遗迹+民俗风情是在矿山遗迹的基础上融入当地风土人情，打造特有的"煤"文化，如通过纪录片或影片展示不同时期人民的用煤文化，通过真人表演或者情景体验展现煤工的劳作文化（如晋华宫的井下探秘游活动），通过民俗演出或者人物扮演体会原有居民的生活文化等，而在休息区或者游览路径上则可以为游客提供特色的饮食文化体验，将物质的矿山工业景观与非物质的民俗文化相结合，灵活运用情景体验、人物扮演、民俗表演等形式，丰富矿山遗迹工业旅游的文化内涵，提升游客的情感体验。与矿山工业相关的民俗文化如表 5-5 所示。

表 5-5　与矿山工业相关的民俗文化

类别	主要介绍	图片
生活文化	矿区工人及家属的日常生活、休息场景。例如，晋华宫国家矿山公园的棚户区遗址，外围全部由石块砌成，遗址区内建有一座面积为 160m² 的展览馆，馆内通过展板的形式真实地展示矿工的生活变迁。遗址区内还留有数间土坯房，房内陈设的土炕、生活用具等反映了昔日矿区工人的饮食起居，展示了昔日矿区工人的艰苦居住条件和战天斗地的豪迈气概，再现了矿区工人淳朴善良的民风民俗	
饮食文化	矿区工人在井下工作时间长，工作强度大，矿区会为工人提供早餐、班中餐等工作餐。矿区所在地也有很多特色饮食，如刀削面、莜面、炒凉粉和油糕等	

类别	主要介绍	图片
生产文化	矿区开采的矿石种类以及使用的采矿工具的变迁。例如，南山材料斜井吊车平台、南山斜井绞车房、百年绞车、锅炉房、压风机房、热风炉房、地面变电所、煤流系统等煤炭工业旧址和地面生产遗址展示了矿区的工业流程	
其他	矿区工人在婚丧嫁娶、宗教信仰、服饰着装上的不同民俗文化	

(2)矿山遗迹+节庆活动

节庆旅游因其独特的文化魅力和区域经济带动作用，越来越多地得到相关行业的肯定和认可。随着旅游业发展日趋多元，游客越来越看重传统旅游活动中的文化要素，文化创意元素的注入也为旅游业增添了新的活力。

"文化节庆旅游"以当地独特、深厚的文化底蕴为主要诉求内容，将节庆旅游和文化创意相结合，打造极具影响力的"文化节庆旅游"经济产业链。

山西省积极推进旅游节庆活动的发展，推出了一批特色鲜明的文化活动和体育赛事，如平遥国际摄影大展、平遥国际电影展、五台山国际文化旅游节、运城关公文化旅游节、临汾尧文化节、黄河壶口文化节、介休绵山清明(寒食)文化节、洪洞大槐树寻根祭祖节、大同云冈文化旅游招商系列活动、云丘山中和文化旅游节、和顺牛郎织女文化旅游节、右玉西口风情文化旅游节、武乡八路军文化节、太行山文化旅游节等文化活动等。

节庆活动蕴含着中华民族特有的精神价值、思维方式、想象力，体现着中华民族的生命力和创造力。矿山遗迹+节庆活动是依托已举办的重大文化活动，充分挖掘与矿业活动密切相关的节庆活动资源，如旺火节、打铁花、祭祀窑神、女娲补天等，将节庆活动和矿山遗迹充分融合，形成富有矿业文化特色的重大节庆活动，从而增进文化与游客的密切联系，将文化遗产保护通过旅游节庆活动，让大众认知并得以落实，实现了无形性向有形性的转变。以旅游节庆活动为载体，综合策划，提高游客的参与性，以期达到良好的双赢效果。与矿业活动密切相关的节庆活动如表5-6所示。

(3)矿山遗迹+传统技艺

随着人们生活水平的提升，非物质文化遗产的保护与传承逐渐成为社会关注的重点，"非遗+旅游"的组合，不仅保护了大量非遗文化，同时也为地区经济发展做出了重要贡献。

表5-6　与矿业活动密切相关的节庆活动

类别	主要介绍	图片
旺火节	山西省煤炭资源丰富，煤与当地人的衣食住行密切相连。因此，煤的作用远在古代就已渗透到当地的风俗民情中，其中垒旺火是晋北地区久负盛名的一种中国传统风俗习惯，尤以怀仁旺火为最	
打铁花	晋城司徒小镇在春节期间有打铁花表演，这种风俗已经流行千余年，铁匠师傅打出的铁花绚丽程度不亚于燃放烟花	
祭祀窑神	山西省太原一带煤矿祭祀窑神的场面很隆重。窑主烧香叩拜，还要摆上丰盛的酒席招待客人，当天还要为窑神唱大戏。窑神，即煤窑之神，又称窑神爷。在我国煤业悠久的地区都有供奉窑神的习俗。在山西省大同、太原等地的煤窑附近，都建有窑神庙，每年冬至或腊月十八日为祭窑神日	
女娲补天	女娲之所以被视为中国煤炭开采的始祖主要是因为她炼石补天，而冶炼自然而然就会用到煤炭，而在山西省阳泉市的平定县有一座山，据说那里就是女娲补天之处，至今山上仍存留有女娲烧煤炼石的遗灶，而这个"遗灶"正是山峰削平了的山顶，所以这里也被视作中国煤炭开采的发源地	

5000年文化看山西省，悠久的文化历史使山西省具有大量的非物质文化遗产，创造了各种具有地域特色的传统技艺。目前，山西省拥有29项国家级非遗的传统技艺，生产方面的相关技艺有阳城生铁冶铸技艺、大同铜器制作技艺、杏花村汾酒酿制技艺、清徐老陈醋酿制技艺、陶器烧制技艺、琉璃烧制技艺等；饮食方面的相关技艺有传统面食制作技艺（龙须拉面、刀削面、抿尖面和猫耳朵等）、郭杜林晋式月饼制作技艺、平遥牛肉烹制技艺、六味斋酱肉传统制作技艺等；建筑方面的生产技艺有窑洞营造技艺、雁门民居营造技艺、古建筑模型制造技艺等。

这些传统技艺是在人们的生产生活实践过程中逐渐演变形成的,会受到当地地理环境、生产方式、历史传统的影响,蕴含当地人民特有的精神文化与想象力,具有地域性强、技艺性强的特征。矿山遗迹+传统技艺的融合一方面可以依托矿业遗迹,结合矿业资源相关的传统技艺,体现矿业发展历史,科普相关技艺知识;另一方面可以利用生活方面的传统技艺,打造具有矿区特色的建筑、饮食和手工艺品,将非物质性的文化具象为物质性的景观或产品。这种融合既能推动传统技艺的保护和发展,也能吸引游客,创造商机,从而达到文化保护和产业开发的双赢。与矿业资源密切相关的传统技艺如表 5-7 所示。

表 5-7   与矿业资源密切相关的传统技艺

类别	主要介绍	图片
阳城生铁冶铸技艺	山西晋城传统技艺,国家级非物质文化遗产之一。 阳城生铁冶铸技艺在熔炼铸造时先将采得的矿石粉碎,再经高温焙烧去硫,然后方可入炉,通过观察铁水色泽判断其成色。阳城生铁冶铸术主要包括坩埚炼铁、犁炉炼铁和犁镜的铁范制作,其中坩埚炼铁和犁炉炼铁是中国生铁冶炼技术的代表作	
阳泉民用铸铁技艺	山西阳泉传统技艺,山西省非物质文化遗产之一。 阳泉市境内矿藏资源丰富,铸铁历史源远流长,素有"煤铁之乡"之誉。河底镇任家峪村一带,煤炭资源十分丰富,铁业铸造业历史悠久,该地的手工业炼铁生产,始于明清两代,清雍正年间任家峪村民铸造的舂米器具等实物至今仍存。任家峪村铸铁技艺以民用铸铁生产为主,兼有铸铁工艺品制作	
怀仁陶瓷制作技艺	山西怀仁传统技艺,山西省非物质文化遗产之一。 怀仁自古以来就是中国陶瓷的重要产地之一。据《中国陶瓷史·历代名窑》记载:怀仁窑:在今山西怀仁,故名。现发现的制陶遗址有小峪、张瓦沟、吴家窑三处;始烧于金代,历经元明两代。烧瓷以黑釉为主,弦纹瓶及罐等器物胎体厚重,装饰有粗线条划花及剔花两种,有雁北地区特色。怀仁陶瓷以吴家窑、碗窑最为出名,具有重要的历史文化价值	

续表

类别	主要介绍	图片
大同铜器制作技艺	山西大同传统技艺，山西省非物质文化遗产之一。 大同铜器始于东周时期，历史悠久，工艺精湛，造型典雅，应用广泛，是大同这座古老城市文化和精神的浓缩，是民族融合、文化融合的产物，是世代传承的瑰宝，是大同的名片。大同铜器有 8 大系列，300 多个品种，其中宫廷御锅、工艺火锅、佛像供具、文房四宝、酒具茶具、装饰品、旅游纪念礼品和收藏品等均有涉猎	

(4)矿山遗迹+民间艺术

几千年历史文化的积淀使山西人民创造了各种各样的民间艺术,这些民间艺术同历史文化遗迹一样,与山西人民的社会生活密切相关,以不同的艺术形式承载着山西人民的历史繁衍、生活方式、价值取向等文化内容。旅游业的发展为民间艺术产业的规模化和市场化提供了思路和载体,而独特的民间艺术则为旅游业赋予了文化和灵魂。

山西地域南北狭长,民间艺术品种繁多,包括戏曲、民间音乐、民间舞蹈、曲艺、美术等多种艺术形式。戏曲是山西民间艺术中最具地域特色、乡土气息最浓郁、表达寓意最丰富的艺术形式,不仅有较为古老的、早期中国戏曲艺术代表的锣鼓杂戏和雁北耍孩儿,还有诸如朔州秧歌、祁太秧歌、襄武秧歌、壶关秧歌、泽州秧歌等种类繁多的秧歌戏,此外还有十几种道情戏、梆子戏、皮影戏、木偶戏、上党落子等小戏种。山西的民间舞蹈同样众多,仅鼓舞就有翼城花鼓、平定武迓鼓、万荣花鼓、稷山高台花鼓、土沃老花鼓等,还有狮舞、麒麟舞、傩舞。值得一提的还有中阳剪纸、闻喜花馍、定襄面塑、上党堆锦、高平绣活、炕围画等传统美术。

这些民间艺术是一场文化的盛宴,具有极高的观赏性和审美价值,本身就能引来大量关注,矿业遗迹+民间艺术的融合可以弥补矿业遗迹在艺术性与故事性上的不足,通过引入矿区所在地的民间艺术或者结合当地艺术节等活动,不仅可以吸引更多游客,还可以通过各种表演和手工艺品带动游客消费,拉动地区经济。需要注意的是,矿业遗迹+民间艺术的融合既要彰显矿区特色,又要凸显艺术文化,因此在旅游资源的开发上必须要合理规划,充分挖掘产品特色，创造出具有核心竞争力的旅游产品。体现矿区特色的民间艺术如表 5-8 所示。

表 5-8　体现矿区特色的民间艺术

类别	主要介绍	图片
锣鼓杂戏	从宋金杂剧到元曲再到清戏，锣鼓杂戏这一民间艺术从未隔断过，它不仅对晋南蒲剧，而且对所有戏剧剧种都产生过影响，所以称其为戏剧史上的"活化石"。其说唱方式带有浓郁的地方特色，并且单以锣鼓伴奏，不用丝弦乐器，剧本题材以历史故事为主，人物均为男性，锣鼓杂戏以它独特的艺术魅力展示华夏古老的文明历史	
北路梆子	与蒲州梆子、中路梆子、上党梆子合称"山西四大梆子"。北路梆子的唱腔深受蒲州梆子的影响，具有高亢激越、淋漓酣畅、稳健粗犷的特点，同时又结合当地的民歌小调，形成"咳咳腔"等自成一体的唱法，带有鲜明的地方特色，充分体现了当地劳动人民质朴淳厚、豪爽大方的性格	
朔州秧歌	朔州秧歌是融武术、舞蹈、戏曲于一体的综合性的民间艺术形式，以舞蹈为主的秧歌称为"踢鼓秧歌"，以演戏为主的秧歌称为"大秧歌"。它起源于农民在田间地头劳动时所唱的歌曲，后与民间舞蹈、杂技、武术等表演艺术相结合，在每年的正月社火时演唱带有故事情节的节目，逐步形成戏曲形式	
中阳剪纸	中阳剪纸以中阳当地民俗信仰、岁时节令、人生礼仪、神话传说为主要表现内容，其中既有以鱼、蛙、蛇、兔为主题的装饰纹样，也有配合岁时节令、人生礼仪的民俗剪纸，还有以民间神话为题材的剪纸作品。中阳剪纸多以红纸剪成，体现喜庆、热烈的民俗气氛，有时也根据风俗习惯，运用紫、黑、黄、绿、蓝等彩色纸剪制作品	
定襄面塑	定襄面塑是晋北面塑的代表，其最大的特点是多偏重素色，爱捏胖妞与动物，以面粉本色较好地展示娃娃白净的肤色，再以各色豆子点缀。定襄面塑塑造的形象简练概括、粗犷豪放、朴实丰厚、天真烂漫，每件作品都有一种雅拙的原始美	
炕围画	炕围画是特殊地域的特殊产物。晋北一带因黄土高原的大陆性气候，冬季气温偏低，农村中家家户户都用火炕取暖御寒。炕上的墙面极易脱落起皮，经常弄脏衣物被褥。于是人们先以刷墙所用的白土(亦叫甘子土)，调以胶水，在环炕的墙上涂一高约 2 尺*的"围子"，这样既保护了墙面，又使人们免遭了脏衣污物之累。后来人们又在墙面上绘制简单的线条装饰，最初的炕围画就出现了。之后，人们又以颜料做底，色彩画花，桐油涂罩。这时的炕围画既鲜艳亮丽，又坚固耐久	

*1 尺≈33.33cm

3. 矿业旅游资源价值低的资源融合模式

这一类矿山遗迹工业遗产价值低，甚至是无价值的地区。这些矿山遗迹虽然退出生产，但依然是土地资源，除了土地复垦为农用地和建设用地外，对于区位条件好的地区，可以开发以人工主题为中心的旅游目的地。迎合游客新需要和不断升级的市场需求，将"吃、住、行、游、购、娱"等旅游要素融入矿山遗迹，通过产业融合、元素融合、功能融合，将矿山遗迹与餐饮业、零售业、住宿业、娱乐业及创意产业等旅游关联产业无缝对接，使之具有文化性、艺术性、生活性和实用性，成为新型休闲娱乐的发展空间，以及别具一格、具有现代气息的旅游目的地，为历史文化遗迹旅游发展提供支撑。

(1)吃：如何藉由悠久的美食文化彰显山西旅游餐饮特色？

对于地理区位优越的矿山遗迹资源可将其开发与餐饮业相结合，让美食文化体验成为矿山遗迹旅游休闲的重要组成部分。

在旅游六大要素中，"吃"排第一位，足以凸显其重要地位。美食是传达地方文化的重要符号，透过食物的"形、色、味、器、境"，可以反映一个地域的传统文化，以及目的地的生活方式。随着旅游者对旅游体验需求的增加，品尝美食已经从一项满足基本需求的行为，变成了一种专项性旅游体验活动。

山西别具一格的食物及饮食习惯形成了一种独特的文化，作为中华民族的发祥地之一，从春秋战国时期开始，山西北部、中部就成为中原人民与少数民族杂居的地区之一。由于民族聚居与民族文化融合，各种风俗聚集于山西，山西的食俗也就变得复杂、多样化和庞杂起来。首先，从菜品品牌来看，全国范围内山西具有一定知名度的美食有"汾酒""山西陈醋""山西刀削面""平遥牛肉"等，省内知名品牌也不少，如"清和元头脑""老鼠窟元宵""闻喜煮饼"等。从饮食习惯来看，山西人嗜好面食，剔尖、拉面、刀拨面、刀削面，号称"山西四大名面"；其次，山西民间的饭菜中用醋量很大，在农村几乎家家户户都有一套制醋的经验，庭院中也必备一两个酿醋用的大缸，醋的种类也是多种多样，包含高粱醋、米醋、枣醋、柿子醋、沙棘醋等，美味健康；最后，除了醋之外山西的汾酒也是山西人的饮食骄傲，汾酒已有1000 多年的酿造历史，以晶莹透明之色、纯正绵长之香、美味生津之味三绝，被誉为"仙酒""玉液""琼浆"。除此之外，山西的特色小吃还有灌肠、疤饼、碗托、荞面河捞、豆腐脑、孝义火烧、寿阳豆腐干等。山西菜被称作晋菜,"晋菜"在全国的知名度不高,全国"八大"菜系、"十大"菜系中都不包含晋菜,受关注程度远小于川菜、粤菜等。

a. 打造"矿业文化"餐饮主题餐厅

对于地形地貌较为独特,具有一定审美价值或艺术特色的废弃矿区,可通过创意设计将其改造为独具矿山工业特色的星级主题餐厅,使其成为山西的地标性美食打卡地。

经济的快速发展,人民生活质量的提高,旅行的大众化等,都为主题餐厅带来了巨大的发展机遇。当代的消费者不再局限于对菜品的需求,反而对空间环境、心理感受、品牌价值和服务体验有更多的诉求。矿山遗迹作为一个充满工业气息与众多神秘故事的空间,通过培育打造工业文化气息矿工主题餐厅,能够给消费者带来新奇的用餐体验。充分利用矿山遗迹遗留的建筑单体和风格,在保留矿区原真性的同时,充分利用其资源优势,挖掘矿区背后的故事和精神,形成国内具有独特风格的星级餐厅。通过多媒体技术和装修设计还原特定时间段的故事或生活,唤起一部分人的记忆和求知欲。例如,世界上最有名的矿井餐厅为芬兰洛赫亚小镇的 pop-down 餐厅,餐厅共设 64 个座位。此矿井深达 379.7808m,且井内石灰岩仍在开采中。为了烘托气氛,厨师都要戴上矿工专用的安全帽。虽然餐厅陈设简陋,但"矿工餐"却美味至极,有咸鲑鱼、牛柳蜗牛、烤苹果奶酥等。除打造餐厅以外,还可充分利用矿区的土地资源,培育有机蔬菜地,与生态园和农业采摘结合起来,打造集吃喝玩乐于一体的综合型户外庄园,使之成为历史文化旅游旅程中独具地方特色的目的地,满足不同游客的消费需求。

b. 构建山西"矿工"美食品牌体系

在山西十大特色美食如"清和元头脑""老鼠窟元宵""闻喜煮饼"等基础上,创建以"矿工美味"为主题的品牌,形成美食品牌体系,让美食文化体验成为矿山遗迹旅游休闲的重要组成部分。

c. 建设矿业文化美食街

对于地理区位优越的矿山遗迹,可通过培育打造工业文化气息的美食街、突出工业文明的休闲集聚街区,形成集矿工特色饮食风味与山西特色美食、浓郁矿井风情与商业氛围交相辉映的休闲美食体验产品。同时,也可以定期举办美食节,如以"山西面食""品醋大赛"为主题的特色节庆活动，丰富山西历史文化旅游的内涵，提升整个区域旅游目的地的综合接待能力。

(2)住：如何增加矿业文化内涵提升山西住宿业品质？

山西旅游住宿业在结构、质量方面与国外和国内发达省份仍有差距，缺乏有特色的高品质旅游住宿业品牌。截至 2019 年底，山西省六成酒店触网，携程网在线酒店数量共计 14733 家。太原酒店数量最多，其次是晋中和临汾，阳泉酒店数量最少。按照二星级及以下/经济型、三星级/舒适型、四星级和五星级/高档型的分类方法，山西经济型酒店数量最多，占酒店总数量的94.3%，舒适型酒店占 3.5%，高档型酒店占 2.2%。调研发现，山西的老牌酒店存在设施陈旧、客用品较差、服务一般等问题，消费者评价较低。通过调研分析，这些潜在客源对快捷型的宾馆兴趣一般，而对主题型、文化型酒店具有强烈需求。未来，随着山西旅游的发展，住宿市场规模将持续扩大，需要引导山西酒店业转型升级。

矿山遗迹拥有独特的自然资源和人文资源，通过"矿山遗迹+旅游酒店"和"矿山遗迹+民宿"的方式，打造一批"矿业文化主题"民宿、酒店，通过其内部装饰设计及服务等各方面展现矿业文化，形成特色，宣扬工业文化遗产。

a. 形成"矿山遗迹+旅游酒店"模式

目前，国内外在该模式上进行了成功探索。上海佘山世贸洲际酒店是世界上第一个建在废石坑里的五星级酒店，该酒店一反向天空发展的建筑理念，向下探地表 88m，充分利用采石场深坑的独特肌理和地势地貌特征，依附崖壁而建，克服深坑治理各种疑难杂症，以酒店业态为主体，配合观光、游乐体验等多种元素，创造了全球人工海拔最低的五星级酒店。将城市的伤痕变为瑰宝，为城市创造稀缺性价值，成为人类建筑史上的奇迹，也是自然、人文和历史的集成者，为"废弃矿坑+酒店"提供了一个经典范本。这种模式通过挖掘矿山遗迹工业文化历史价值和审美价值，在保护矿山遗迹地质地貌的基础上，营造了气息浓郁的商业氛围。该模式一方面保护了工业遗存和人文景观；另一方面激活了工业遗产的商业价值，通过休闲功能的引入带动矿山遗迹经济发展，两者相辅相成、相互影响，形成了更大的经济社会效应。矿山遗迹+酒店模式范例如表 5-9 所示。

表 5-9 矿山遗迹+酒店模式范例

酒店	前身	功能
上海佘山世贸洲际酒店 	世界上第一个建在废石坑里的五星级酒店。深坑有悠久的历史，是中华人民共和国成立前日本侵略者的采石场，当年，正是靠着这些石头建造了一个个碉堡，日本侵略者对中华儿女进行了残酷的迫害	深坑酒店、世界十大建筑奇迹之一、水下餐厅、瀑布观景、悬崖滑索、步行景观栈道
萨拉银矿酒店 	被誉为"世界上最深地下洞穴酒店"的萨拉银矿酒店。从中世纪开始，这座矿井就一直是瑞典最大的银出产地，后被迫停产	新奇刺激的居住体验，吸引了不少游客前来探险与举办派对、婚礼

b. 形成"矿山遗迹+民宿"模式

矿山遗迹中矿工曾经的生活区或传统村落特色浓郁、配套设施完善。将地理区位优越的矿山遗迹生活区或传统村落与民宿业开发相结合，让特色民宿体验成为矿山遗迹旅游休闲的重要组成部分。用景区吸引人，用民宿留住人，民宿已成为城市旅游经济的一个重要增长点。民宿体现了一个城市的风格与特点，是旅游过程中不可或缺的独特体验。煤炭作为山西著名的城市名片之一，给游客留下了极强的城市印象，而矿山遗迹则可以利用这一独特印象，深入打造使其成为山西民宿的一大热点。例如，西安的兵马俑主题民宿，很好地将城市文化与住宿业融合在一起，给游客创造了极为新奇的旅游体验。

(3)行：如何形成有矿业文化特色的旅游交通体系？

旅游交通能否正常、有序发展，关系到整个旅游目的地开发的成败。矿山遗迹与历史遗迹工业旅游融合发展，形成旅游线路，就要创造便于游览、舒适、快捷、安全的旅游交通条件，满足旅游消费者的需求。

在解决功能性问题的基础上，打造有文化特色的旅游交通体系，让工业文化体验成为矿山遗迹旅游休闲的重要组成部分。重点是构建有矿业文化特色的立体交通，形成包括马车驿道、小火车轨道、自行车骑道、健走步道、汽车赛道等在内的立体旅游交通体系，串联各个旅游功能区及游客集散中心。

旅游小交通是串联不同旅游目的地和地标式景观的旅游服务体系,如穿梭于各主要景区景点间的双层敞篷观光巴士、黄包车和小马车等,小交通也是不同城市文化的体现。

a. 小火车轨道

观光小火车已经由传统交通工具转变为集娱乐、交通、文化于一体的多功能角色扮演。无轨观光小火车摆脱了单一的使用功能,不断创新升级,逐渐发展了其自身的特点和独特的品质,有效地增加了旅游目的地的分量和吸引力。嘉阳小火车是全世界目前唯一每天还在载客运行的窄轨蒸汽小火车,被称为第一次工业革命的"活化石""末代晃舞",有外国人称其为"在中国比熊猫都还珍贵的国宝"。嘉阳国家矿山公园凭借小火车资源优势,以蒸汽文明为工业景观亮点,打造油菜花大地艺术景观、蒸汽机车喷汽冲烟特殊景观,营造蒸汽彩虹、弥漫蒸汽、彩烟表演等项目,提升了蒸汽文化的内涵和吸引力,每年吸引 14 万多游客前来观光旅游。矿山遗迹可根据资源特色,作为众多景点的停靠站,打造具有工业特色的旅游小交通,串联各个重要的旅游景点。

b. 赛车车道

矿山遗迹也可根据地质地貌,充分发挥其资源效益和土地效益,打造类似宁波的"国际赛车场"。宁波因地制宜地利用矿山遗迹的独特地势,使矿山遗迹成为全球唯一的高山台地赛车场——容纳 1.4 万名观众的山坡看台紧挨赛道。用统筹的眼光看,矿山遗迹不仅是资源,更是全新的发展空间。

c. 交通巴士路线

开通以矿业文化为展示形式的旅游交通巴士,可借鉴伦敦观光巴士的经验,便利国内外游客环绕矿区游览。同时,在矿业遗迹所在城市内行驶的旅游巴士,也将传播矿业文化,并为整个城市添彩。

d. 马车驿道

开发旅游人力车(旅游黄包车),可模仿矿业发展源起时期的装束,部分复原当时矿业开采生产生活的场景。目前,北京的旅游黄包车仅出现在后海、柳荫胡同等区域,成为中外游客偏好的一大旅游产品。如果能开发旅游黄包车,将吸引更多的中外游客前来体验,还可以大大便利旅游者的出行。

（4）游：人工主题旅游产品如何开发？

对于地理位置较为优越的矿山遗迹，可将其与众多产业相结合，打造旅游新业态。很多矿山遗迹地处城市发展的重要区域，周边被居民住宅所包围。将矿山遗迹改造成为公共休闲游憩空间，既可以方便居民休闲娱乐，又可以减少对土地征用的费用。同时，在矿山遗迹旅游开发过程中，可以充分利用矿山遗迹开采后形成的地形地貌，"借坡、取势"，为游客休闲、观光、露营、探险、疗养、养生等提供舒适的场所。

矿山遗迹旅游资源开发与体育产业相结合，依托矿山遗迹形成的特殊地形地貌，以"关注大众、全民参与运动休闲"为出发点，针对不同市场消费群体，开发出不同运动强度的户外体育运动项目——攀岩、蹦极、登山、滑雪、潜水、冲浪、滑翔、跑酷、骑游、赛车、越野、巷道野战、矿山探险、矿难逃生等，形成功能休闲化、娱乐化、多元化的体育旅游业态。

矿山遗迹旅游资源开发与教育相结合，围绕地质遗迹、矿业生产与安全管理、矿业开采历史等开展科普旅游、研学旅游；将矿山遗迹开发成为矿业生产、地质考察的科研基地。利用地质遗迹、矿业生产遗迹、矿业制品遗迹、矿山社会生活遗迹和矿业开发文献史籍等旅游资源，还原当时矿业生产过程中"探、采、选、冶、加工"等生产场景和生活情境，开展研学旅游、科普旅游。利用矿山遗迹保留的具有重大审美价值和科学价值的地质地貌景观、地质剖面、构造形迹，具有重要价值的古人类遗址、古生物化石遗迹，典型的地质灾害遗迹等，开展不同类型的遗迹研学旅游。将矿山遗迹开发成为灾害治理、生态保护的示范基地。将矿山遗迹现存的被严重破坏的生态结构、地质结构和土壤作为矿山废弃地恢复利用的实验基地，为生态修复、地质研究、采矿学等相关学科的研究者提供实习实验的场所。此外，废弃矿区经过生态修复和治理后，可开展特色农业旅游，与其他旅游资源在产业、空间和结构上进行配合，形成相互促进、共同发展的一体化旅游服务园区。

对于地理位置较为偏远的矿山遗迹，可利用自身资源的特点，打造生态、科研等示范基地。废弃矿区资源枯竭的同时，还伴随着地下采空区和地上废坑问题，国外不少矿山遗迹改造，采取从周边河流、湖泊等水域抽填废坑，填造地上景观，进而形成了生态游憩园区的模式。对于远离城市的废弃矿区，往往处于较为自然的生态环境中，或与一些已经开发的旅游景区为邻。可以利用周边景区的知名度，进行捆绑开发，错位开发。

（5）购：文化创意旅游商品如何成为最大的黑马？

对于地理位置较为优越的矿山遗迹，可将矿山遗迹旅游资源开发与商业购物相结合，将矿山遗迹的建筑遗存开发成为购物中心，既保留了工业遗存又发挥了其资源价值。

a. 形成休闲购物广场

很多矿山遗迹地处城市发展的重要区域，交通体系成熟且占地面积较大，城市土地资源的紧缺和高额的建设成本，都不利于生态、社会和经济效益的提高，而依托矿山遗迹原址，借助其开采后形成的地质地貌，将其建成大型休闲购物广场，可大幅度降低区域修复的成本，同时也能够吸引大量的人流，转变矿山遗迹的土地功能。

目前，此模式典型的代表为奥伯豪森购物中心。奥伯豪森购物中心利用废弃锌和金属矿，新建了一个大型购物中心，同时开辟了一个工业博物馆，并就地保留了一个高117m、直径达67m的巨型储气罐。购物中心并非单纯的购物场地，还配套有咖啡馆、儿童游乐中心、网球和体育中心、影视娱乐中心以及由废弃矿坑改造的人工湖等。

b. 形成创意产业园区

对于地理位置较为偏僻的矿山遗迹，可将其改造利用成为独具艺术色彩的文化产业园，废弃矿区中的旧建筑具有不同于当代城市建筑风格与城市街区形式的特色，成为强调独特性、标志性的创意文化产业的最佳选择，旧建筑更新改造后实现了历史与现代、传统与新潮、古典与时尚的融合，为创意文化产业的发展提供了个性化的空间载体。利用废弃矿区所遗留下来的工厂建筑物、生产设施等，充分引入"创意、艺术、时尚、高科技"等元素对周边环境进行整治与改造，赋予工业遗产新的文化内涵、生产出高附加值的产品。这种模式实施的关键在于对原有工业建筑的重新设计和理解，在历史文脉传承和区域经济可持续发展之间，在实用与审美之间，在现实与未来之间寻求最佳平衡点，实现精神追求与经济发展共赢。

北京的798艺术区是我国废弃地实践文化创意模式的典型案例。它曾经是20世纪50年代苏联援助中国建设的718联合厂，在工厂失去生产功能后，以招租的方式获取收益。低廉的租金、包豪斯建筑风格、便利的交通，吸引了大批入驻者,他们来自设计、出版、展示、演出、时装、酒吧、餐饮等诸多创意产业。如今798艺术区已发展成为深受入境游客喜爱的旅游目的地,也是当代年轻人北京旅行必去的打卡地之一。

(6)娱:如何形成高雅与通俗文化并存的休闲娱乐文化?

这种模式就是在工业遗迹原址上,以"混合使用"为理念,服务当地居民和游客为主旨,融合游憩、休闲等多种旅游功能,通过工业景观建筑的修复、更新和改造,将它们变成集商店、咖啡厅、餐馆、酒吧、办公楼、住宅和文化设施的综合体。这种模式通过挖掘矿山遗迹工业文化历史价值和审美价值,通过后期的设计与改造,营造气息浓郁的商业氛围。该模式一方面保护了与矿业相关的文化遗迹和人文景观;另一方面激活了矿山遗迹的商业价值,通过休闲娱乐功能的引入带动矿山遗迹经济发展,两者相辅相成、相互影响,形成更大的经济社会效应。

矿山遗迹旅游开发时不仅要对废弃空间进行改造,更要注意融入当地特色矿业文化,避免产生同质化的问题,在建设观赏、体验、科普、游憩等传统旅游产品的基础上,拓展和开发矿业文化内涵丰富、娱乐内容奇特、体验性强的旅游产品,多角度呈现矿业发展地域特色,与历史文化遗址形成强强联合的空间效应,增强文化旅游过程的体验度和新鲜感。

矿山遗迹旅游资源开发与矿业文化、地域文化相结合,开发凸显工业文化和工业文明为主题的旅游演艺节目,开展具有矿山特色的曲艺、戏曲、杂技、民俗表演、文化巡游等活动,促进新兴广播影视、动漫、手工艺品、视觉艺术、画廊、表演艺术、酒吧等文化元素的渗透,增强旅游的品质与趣味性。

a. 矿业遗迹+演艺

推进旅游演艺业态模式创新,鼓励发展中小型、主题性、特色类、定制类旅游演艺项目,形成多层次、多元化供给体系。《关于促进旅游演艺发展的指导意见》指出,支持各类经营主体利用室外广场、商业综合体、老厂房、产业园区等拓展中小型旅游演艺空间。未来,旅游演艺的场所将更加多样化,并为中小型、主题性、特色类、定制类演艺项目发展提供更多支撑。要努力推出更多思想精深、艺术精湛、制作精良的旅游演艺作品。加强对文化遗产保护传承等相关题材创作的扶持,引导旅游演艺经营主体充分挖掘中华优秀传统文化中的核心思想理念、中华传统美德、中华人文精神，运用丰富多彩的艺术形式进行当代表达，推出一批底蕴深厚、特色鲜明、涵育人心的优秀作品。"矿业遗迹+演艺"可以以实景演艺和剧场演艺两种模式呈现。

实景演艺项目：以矿业遗迹的实景为背景打造的演艺项目，其主要特点是将当地的历史文化与矿业遗迹通过表演紧密结合。"矿业遗迹+演艺"形成的景区，不仅是看表演的地方，也是参观的地方，使矿业遗迹形成了独一无二的天然剧场，让游客置身其中，得到超然的视听感受。

具有代表性的有广西桂林实景山水歌舞剧《印象·刘三姐》。2km 的漓江水域、12 座山峰，构成了《印象·刘三姐》天然剧场，宽广的自然视野和超然的视听感受，让游客分不清看的是景，还是演出。这个以天然山水为背景的实景演出，用导演张艺谋的话说，"它是一场秀"，秀的是桂林山水、民俗风情，秀的是天人合一的境界。

剧场演艺项目：此种模式以人文景区为依托，以展示当地文化内涵、反映景区主题为目的，是景区日常运营的主打项目之一。演艺项目通常在景区内有固定演出场所，以室内舞台为主，利用声光电等现代高科技手段塑造丰富的舞台表达形式，将地域文化生动地诠释出来，强调旅游者观赏与参与体验的结合，是旅游者完成日间游览后的另一种精神享受和文化观摩，是对文化诠释的补充，增加了景区的人文内涵和吸引力。

曲江文旅大唐芙蓉园的《梦回大唐》，以大唐文化为本，从帝王、诗歌、仕女、歌舞、智乐等 12 个大唐主题文化多角度演绎大唐盛世的综合性大型梦幻诗乐舞剧。

各大重点景区也积极践行"旅游+文化"理念，推出了一批大型演艺节目，取得了良好的经济社会效益。《又见五台山》《又见平遥》《太行山》等演出成为游客不得不看的节目。这些高品质的文化演艺节目，让游客放慢了脚步，延长了在景区的时间。其中，《又见平遥》仅 2016 年就演出 795 场，上座率达到 89%，接待游客 56.7 万人次，收入 8200 余万元。

b. 矿业遗迹+影视城

影视城是由影视拍摄基地发展而成的，专业从事影视剧拍摄制作、影视剧拍摄景区及相关旅游资源开发经营等业务，一般设影视拍摄基地、旅游景区、饭店、宾馆、旅游营销、制景装修等经营单位。大部分是集影视拍摄制作、生态度假、观光旅游、康复疗养等功能于一体的影视旅游基地。以"旅游业+影视城""旅游业+游客影视体验"为核心,秉承实景重现的原则。影视公司可以在此拍摄取景,游客可以参与试镜演出,依靠真实丰富的剧情设置,为游客提供各种角色扮演。

2012 年,怀仁县①是中国主要产煤大县之一,煤炭储量达到 44 亿 t。以煤炭为第一大产业的怀仁县是山西经济强县,主要经济指标位于山西省前列。除了煤,怀仁县的旅游资源也较丰富,是金沙滩古战场遗址。2016 年下半年开始,金沙滩开始了"脱胎换骨"的过程。一年后,曾经的荒滩上古建筑成片崛起,点将台、八卦阵、宋营、辽营等体现古时宋辽两军对抗的场景被一一复原。2017 年 5 月,山西金沙滩影视体验基地开放运营,成为山西省首家正式启动的影视城。杨业、杨六郎、穆桂英、萧太后、萧天佐、萧天佑等 500 余名角色可供游客选择扮演。

二、历史文化遗迹与矿山工业旅游:产业融合发展模式

矿山遗迹作为待开发的旅游目的地,可以从产业融合发展的角度出发,将矿山遗迹旅游开发与城镇化、农业现代化、工业化、服务业高度化融合发展,形成"矿山遗迹+城镇化""矿山遗迹+农业现代化""矿山遗迹+工业化""矿山遗迹+服务业高度化"模式,打造成为旅游休闲的新业态和高附加值新型旅游产品。这些旅游产品在功能上与历史文化遗迹相互补充、相互连接,在主题上与历史文化遗迹互有特色,实现了历史文化遗迹与矿山工业旅游融合发展。矿山工业旅游发展,强调了产业与产业之间的关联,注重旅游产业与其他产业的融合,将旅游的功能渗透到社会生产的各个领域和各个层次中,凸显旅游产业的辐射性作用。

1. 矿山遗迹+城镇化模式——矿业遗产旅游小镇

特色小镇是指依赖某一特色产业和特色环境因素(如地域特色、生态特色、文化特色等),打造具有明确产业定位、文化内涵、旅游特征和一定社区功能的综合开发体系。特色小镇的建设要求是产业特色鲜明、环境美丽宜居、文化独具特色、设施配套完善、体制机制创新。

将矿业遗迹打造成为矿业遗产旅游小镇具有一定的优势。矿山遗迹保留

---

① 2018 年 2 月,经国务院批准,撤销怀仁县,设立县级怀仁市。

了深深的矿业生产痕迹，工业文化独具特色。恢宏的工业建筑和巨大尺度的机器设备，在视觉上极具有吸引力，以"矿业历史文化"为导向，以矿业遗存为载体，更容易形成个性化、艺术化、传承化、文化化的景观与建筑风貌，塑造矿业小镇"特色鲜明"的形态，迥异于一般自然人文类旅游目的地。矿业遗产对长期工作于此包括产业工人在内的居民来说有特殊的情感。打造矿业遗产旅游小镇将给予矿山居民以心理的成就感和归属感，更易于工业遗迹得以保护和工业精神得以传承。空间相对独立且公共基础设施比较完善，更易突出精致，展现矿业遗产特色。

2. 矿山遗迹+农业现代化模式——休闲农业旅游

这种模式是以矿山遗迹生态恢复与重建为基础，采取工程技术手段恢复大气环境、土壤环境、地形环境、水环境和植被环境，根据场地的具体环境条件，进行农业、林业、渔业、畜牧业的发展，对功能布局和场地风貌的景观再造，使废弃区修复后的场地与自然、人文景观、现代旅游相结合，将农业生产生活、科学应用、农艺展示、艺术加工与旅游要素融为一体，增进游客对农业生产生活的体验，提升产品附加值，创造经济价值。该模式是在矿山遗迹生态修复治理基础上新型农业与现代旅游业相结合的模式。

利用矿山遗迹发展休闲农业旅游在保证资源充分利用、农业可持续发展、游客体验度提高和生态环境改善方面均具有重要作用和意义。英国康沃尔郡伊甸园利用陶土矿采掘后形成的巨坑，进行土壤生态修复与治理，建设了世界上最大的温室。

3. 矿山遗迹+工业化模式——现代化工业旅游

2009 年发布的《国务院关于加快发展旅游业的意见》中明确提出，大力推进旅游与文化、体育、农业、工业、林业、商业、水利、地质、海洋、环保、气象等相关产业和行业的融合发展。由此，为以矿业废弃地为载体发展的新型煤矿开展现代旅游带来了前所未有的发展契机。矿山遗迹+工业化模式是以矿山遗迹历史遗迹为载体，与现代企业对接，利用精密的设施设备、先进的工艺流程、现代管理制度等手段，而打造的现代企业与旅游相交叉的新兴综合旅游业态。这种模式可以解除工业旅游中的亲身体验障碍，使游客零距离地体验产品生产与制作过程，对于企业扩大品牌影响力、建立客户信任感等具有重要意义。

现代化工业旅游主要以占地面积不太大、交通便利性强、文化价值弱、土地污染轻的废弃地为基础,通过延伸原有产业链和发展新型替代产业等手段,提升废弃地的再利用价值。在发展工业的同时可以因地制宜地开发现代工业旅游,并推出特色旅游纪念品,形成产业效益的叠加。

4. 矿山遗迹+服务业高度化模式——深度复合型旅游

旅游产业作为第三产业经济发展的主导,具有广泛的渗透性和综合性的产业特征。矿山遗迹+服务化高度化模式就是利用产业关联性强的特征,通过产业融合、元素融合、功能融合,将矿山遗迹旅游资源与第三产业部门无缝对接,从而形成新型旅游业态。餐饮业、娱乐业、零售业、教育产业、环境艺术产业、会展业、影视业、文化业、美容业、体育业等都可以成为矿山遗迹旅游开发融合发展的对象,从而形成休闲旅游、研学旅游、度假旅游、会展旅游、影视旅游、文化旅游、康养旅游和体育旅游等新兴旅游业态。

(1)会展旅游

充分利用地理区位有明显优势的矿山遗迹,建成国际会展中心和体育场馆,积极承办大中型政府、企业、行业论坛等会议,构建区域交流平台,积极承接省域、跨区域乃至国际商务休闲需求平台;同时,积极发展商务旅游、会议旅游、行业会展旅游,增加区域旅游的复合性和创新性,拉动区域经济发展。承办区域高级别的政、商、企等会议论坛,举办国际、区域内展览会、博览会、交易会、展销会等。

(2)研学旅游

废弃煤矿涵盖露天坑、矿井生产建筑、选煤厂、筛选厂、原煤装储系统、运输系统、排水供水系统、通风系统、照明系统、动力设备(变电站、发动机房、泵房、压缩机房、锅炉房等)及辅助企业和设施等诸多煤矿生产、生活遗迹。其蕴含的工业遗产具有科技价值、历史价值、社会文化价值等。

结合矿山遗迹自然资源与人文资源,围绕地质遗迹、矿业生产技术与安全管理、矿业开采历史等开展地质科普旅游、矿业生产研学旅游、历史文化研学旅游,打造山西矿业遗址研学旅游集聚区。

（3）体育旅游

2021 年山西省印发的《关于促进全民健身和体育消费推动体育产业高质量发展的实施意见》提出，立足全省旅游文化资源优势，编制体育旅游重点项目名录，定期发布体育旅游精品线路，打造一批体育旅游精品示范工程，推进体育与旅游文化融合发展。

体育旅游是旅游产业和体育产业深度融合的新兴产业形态，是以体育运动为核心，以现场观赛、参与体验及参观游览为主要形式，以满足健康娱乐、旅游休闲为目的，向大众提供相关产品和服务的一系列经济活动，涉及健身休闲、竞赛表演、装备制造、设施建设等业态。体育作为一种新颖的体验形式成为现代旅游业的新亮点，体旅融合正在驱动形成业态发展新趋势。

体育旅游项目。矿山遗迹在旅游开发时，以矿业开采过程中形成的特殊地形和地貌为依托，以"关注大众、全民参与运动休闲"为出发点，针对不同市场消费群体，开发出不同运动强度的户外体育运动项目，如攀岩、蹦极、登山、滑雪、潜水、冲浪、滑翔、跑酷、骑游、赛车、越野、巷道野战、矿山探险、矿难逃生等，形成功能休闲化、娱乐化、多元化的体育旅游业态。

精品体育赛事活动。赛事活动是体育项目的重头戏，能够充分利用属地吸引物要素，为游客提供全过程、全时空的体育服务，衍生深受大众青睐的体育产品，满足游客的全方位体验需求。按照国际摩托车赛道标准、汽车拉力赛赛道标准及滑雪、摩托车比赛、滑翔机体验等项目要求，将矿山遗迹打造成为大型赛事活动举办地，承接世界摩托车锦标赛、世界汽车拉力锦标赛、国际越野摩托车大赛、民族滑雪比赛、国际滑翔伞比赛等。创新开发大型体育竞技主题演艺产品。

（4）康养旅游

2020 年山西省发布的《关于建设中医药强省的实施方案》指出，到 2030 年，要在全省全面建成中医药强省，促进中医药与旅游融合发展，打造中医药健康旅游品牌。结合山西药茶、养生茶、健康茶、中药茶等系列茶产品，发展以茶促旅、以旅带茶，将矿山遗迹打造成为休闲康养产业基地。

盐具有抗菌作用，同时能刺激细胞再生，从而达到调理肌肤的效果，令肌肤柔滑细嫩。喜马拉雅盐疗空气中包含硒、碘、钙、钾、镁和其他许多微量元素，可以修复人体功能，减少患感冒及其他疾病的可能。美洲、东欧、俄罗斯等国家或地区先后开辟了许多洞穴医疗站，很多患者受益于此。山西盐矿丰富，可利用盐矿开辟多主题特色强的康养旅游产品，为游客提供慢性疾病的治疗、健康保健美容的场所。

三、历史文化遗迹与矿山工业旅游：空间融合模式

空间融合是历史文化遗迹与矿山遗迹工业旅游融合发展的重要形态。从促进跨区域历史文化遗迹与矿山遗迹资源要素整合的角度出发，依托完整历史文化单元，在省域、经济圈、城市群等尺度的区域范围内，通过立体化、快速、现代化的交通体系，将多个具有相似或相关文化背景的历史文化遗迹和矿山有机串联起来，从而形成在功能上相互补充、相互连接，在主题上互有特色的旅游线路、旅游功能区、文化旅游带等。空间融合也可以将区域内不同特色、不同区位的历史文化遗迹与矿山遗迹作为空间节点，通过矿业发展文脉，将各旅游空间节点有机串联起来，它们相互作用、协调发展，都有自己的服务范围和影响区域，且在特色与功能上有所区别和分工，从而在区域内产生工业遗产保护和旅游开发的协同效应与溢出效应。

1. 以历史发展为脉络，打造原始文明—农耕文明—工业文明—生态文明人类发展旅游之路

人类文明的发展大致经历了原始文明、农耕文明、工业文明和生态文明四个阶段。山西地处黄河流域古代文化的中心区域，是人类和华夏文明发祥的最早起源地和中心区域之一，留下了华夏民族在不同文明发展阶段所镌刻的时代烙印。以历史发展为脉络，将这些遗迹串联在一起，打造世界级原始文明—农耕文明—工业文明—生态文明之路。

原始文明：黄河怀抱的临汾盆地和运城盆地，古称河东，是华夏文明重要的根脉所在，留下了丰富的古人类遗址。最早的"中国"就诞生于这片土地上，中华民族正是从这里进入文明的大门。山西有丰富的古人类遗址，最有代表性的古人类遗址为：西侯度文化遗址、丁村文化遗址、许家窑文化遗址、曲村遗址。依托古人类遗址遗迹，打造永和乾坤湾—吉县人祖山—尧都尧庙—襄汾陶寺遗址—万荣后土庙—芮城西侯度遗址旅游线

路，形成集科研、考古、教学、旅游观光于一体的综合历史人文教育基地和遗址公园旅游产品。

黄河流域曾经是中华民族的发祥地，而位于黄河中下游交汇处的山西地区则是中华民族的摇篮，也是中华文明孕育、成长和发展的基地。山西大地至今仍保存着传说中女娲烧煤炼石补天的遗灶，同时它也因革损益，发扬光大，保留了悠久的关于煤的文化沉淀；芮城县西侯度文化遗址的挖掘，则将中华民族用火的历史推进到180万年前，而火正是引导人们发现煤炭使用价值的重要媒介。

农耕文明：新石器时代中期，山西南部的农业、畜牧业和手工业就已达到相当发达的水平，在山西汾河两岸和大同、朔州一带，已经出现了比较集中的原始人群和村落。农耕乃衣食之源、人类文明之根，作为农耕文明起源地的运城，始终保持着传统的农业耕种方式和强大的农业生产力，历史传说中的"后稷稼穑""嫘祖养蚕""舜耕历山""禹凿龙门"等故事均发生在这里。依托山西丰富的"农耕文明"文化遗存，推进农业与文化旅游深度融合，发展旅游农业、观光农业、休闲农业、科普农业等新的农业门类，将农业的生产过程、生产场景和农耕文明的历史起源，都变成旅游资源，形成以农耕文明为主题的旅游目的地。

工业文明：山西工业史行业类别全面，近代工业史发展无间断性，可谓中国百年工业的一个缩影，此特点为其他地方工业史所罕有。中国百年工业史演进的阶段性特征，在山西均有体现。山西的煤炭工业、三线军工、交通铁道运输、纺织业、苏联援助工业、航天工业、核工业等，在全国都是独树一帜的。仅以太原一地为例，除了与东北沈阳兵工并驾齐驱，而为中国最大的太原兵工厂外，其他如火力发电厂、炼钢、大小型卡车厂、机车制造厂、精钢炼制厂、铝炼制厂、制针厂、汽车配件制造厂、洋灰厂、各种化学制造厂，再如卷烟厂、棉业纺织厂均占生产顶峰高位。基于山西工业旅游资源特征，打造多主题工业文化旅游目的地，以线串点的形式，构建山西工业旅游网络。一方面，注重"点"的塑造，以不同工业门类为主题，打造"煤炭、钢铁、玻璃、兵工"生产为主题的工业旅游目的地；另一方面，依托交通线路结合工业旅游产业，打造多主题的工业文化线路，形成"军工"主题线，"一五期间建设项目"主题线等为辅线的多级工业文化线路。

生态文明：人类发展史的实践表明，生态文明是有别于任何一种文明的崭新文明形态，其产生和发展具有必然的历史演进轨迹，即人类原始文明→农耕文明→工业文明→生态文明(图 5-5)。生态文明不只是生态、环境领域的一项重大研究课题，而是人与自然、发展与环境、经济与社会、人与人之间关系协调、发展平衡、步入良性循环的理论与实践，是人类社会跨入一个新时代的标志。从对大自然的掠夺型、征服型和污染型的工业文明走向环境友好型、协调型、恢复型的生态文明，是革命性的变化和进步。这既是人类历史发展的被迫之举，也是由"自在"走向"自为"的明智之举。

山西煤炭产业正面临着煤炭产能过剩、经济"去煤炭化"、严峻的环境形势、来自清洁能源的竞争压力等问题。为解决这些问题，山西结合工业和信息化部下发的《绿色制造工程实施指南(2016—2020 年)》和《关于开展绿色制造体系建设的通知》，制定了《山西省绿色制造体系建设实施方案》，积极推进绿色制造体系建设。山西 3 个工业园区被评为绿色工业园区，37户企业被评为绿色工厂，16 种工业产品被评为绿色设计产品，2 户企业被评为绿色供应链管理企业。山西省自然资源厅公开的《山西省 2020 年度绿色矿山创建名录》，86 座矿山入选。依托山西已形成的旅游制作体系，以传承工业文化为重心，以统筹利用工业旅游资源、发展工业文化产业为宗旨，推动形成"新型工业化+旅游"联动发展，打造不同门类的现代工业旅游示范区、绿色旅游示范基地，特别是绿色矿山旅游示范基地。全面展示矿业由粗放的资源开采向以高新技术为支撑的安全高效开采转变，由资源环境制约向生态环境友好型转变。

2. 以特定事件为线索，打造山西名人文化旅游线路

以特定事件为核心，以名人事迹为抓手，用历史事件串联名人的活动空间和英雄事迹，通过事件还原名人对历史事件的影响和贡献，引导游客对历史真实性的理解。在挖掘山西名人文化的同时，以名人遗迹为节点，采用不同方式整合、串联山西名人文化旅游资源和矿山遗迹，融入民俗、民风、民生等传统文化，形成富有特色的名人旅游线路，充分展现山西深厚的历史文化底蕴和丰富的文化旅游资源。

黄河流经山西，孕育了无数英雄豪杰、仁人志士。在中国的各个历史时期，山西曾涌现出无数的名哲先圣、科学巨擘、文艺大家、骚人墨客、政治

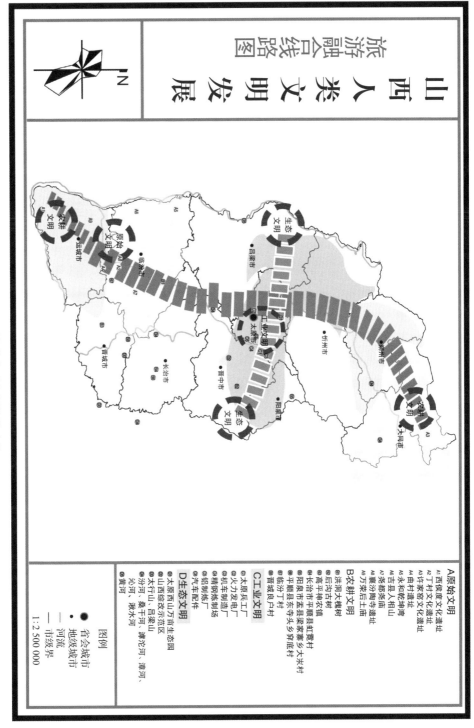

图5-5　山西人类文明发展旅游之路

山西旅游人类文明融合总线路图发展

N

A 原始文明
A1 西侯度文化遗址
A2 丁村文化遗址
A3 许家窑文化遗址
A4 曲村核坤凌
A5 永和核坤湾
A6 吉县人相山
A7 尧都尧庙
A8 襄汾陶寺遗址
B 农耕文明
B1 洪洞大槐树
B2 后沟古村
B3 高平神农镇
B4 长治市平顺县虹霓村
B5 阳泉市盂县骆驼乡大夫村
B6 平顺县东寺头乡赛乡穿底村
B7 临汾丁村
B8 晋城良户村
C 工业文明
C1 太原兵工厂
C2 火力发电厂
C3 机车制造厂
C4 精钢炼制厂
C5 铝制炼厂
C6 汽车配件
D 生态文明
D1 太原西山万亩生态园
D2 山西综改示范区
D3 太行山、吕梁山
D4 汾河、桑干河、滹沱河、清河、沁河、涑水河
D5 黄河

图例

● 省会城市
● 地级城市
—— 河流
—— 市级界

1∶2 500 000

豪杰、军事奇才、民族英雄和革命先驱等。山西近代名人非常之多，以杨深秀、孔祥熙、阎锡山、张培梅、薄一波、徐向前、彭真、刘胡兰、傅作义等名人为代表。一些山西近代名人与山西矿业发展存在一定的联系。以阎锡山为例，1932 年 9 月，由阎锡山创办的西北实业公司筹备处矿业组经过实地调查，在西山划定矿区，投资开凿矿井。1933 年，西北实业公司收购了其中规模较大的白家庄庆丰窑，于次年成立西北煤矿第一厂。刘笃敬是山西第一条铁路——同蒲铁路的奠基者，开创了山西煤炭工业的先河，又首创山西电灯公司，留下一代晋商传奇。1905 年，刘笃敬等创办了阳泉铁沟煤矿，这是由中国人投资在山西建立的最早大型煤矿。而后 100 年，山西一直是中国煤矿的最大产区。

整合名人旅游资源，通过名人生平，如以名人的出生、成长的人生轨迹为线索，以人生轴为核心，挖掘人物生平事迹及活动场所，将历史文化遗迹与旅游融合发展。结合不同类型的名人文化，提炼整合成不同主题旅游线路，如信仰之旅、信义之旅、清风之旅、诗词之旅、爱国之旅、寻艺之旅、传奇之旅，将知识性、趣味性、娱乐性、参与性融为一体，打造成为山西爱国主义教育的重要基地，建设成为国内外游客了解山西历史文化底蕴、展示名人风采的窗口。

3. 以时间演进为主轴，打造山西建筑艺术旅游线路

山西是我国地上文物最丰富的省份之一，古建筑数量居全国首位，现存登记在册的各类古建筑达 18418 处，种类丰富且具有极高的艺术审美价值，尤其是在建筑布局、空间组成、造型艺术、雕刻艺术等方面均具独到之处，逐渐形成了自己的建筑风格与特色，可以说山西是真正的"中国古代建筑宝库"。

民国时期山西工业迅速崛起，发展很快。特别是在 1932~1937 年，可以说是太原工业发展的一个辉煌时期。其工业企业数量之多、规模之大、门类之全和生产能力之强，不仅在省内独占鳌头，在国内也名列前茅。太原目前保留不少有较高历史价值和观赏价值的工业建筑群，如太原府故城、太原机器局旧址、西北机械厂旧址、同蒲铁路管理局旧址、山西大学堂旧址、山西实验中学的"涵静楼"、太原绥靖公署高级招待所、侵华日军军部大楼旧址、阎锡山故居、徐永昌故居、解放路天主教堂等多处近代遗址和

旧址。它们同时具有历史性和时代性，具有城市现代文明和城市历史文化的双重价值。

以时间演进为主轴，将这些建筑"宝藏"串联起来，打造一条从唐到中华人民共和国成立早期的建筑遗迹旅游路线(图5-6)。

4. 以"156"工业遗址为主线，打造工业旅游之路

1953～1957年，随着"一五"计划的顺利推进，在全国156项重点工程中，投资山西工业占18项，涉及煤、电、化工、装备制造等行业，奠定了山西工业重型化的发展格局，构筑了山西工业发展版图。这个时期的工业遗产不仅建筑类型多样、数量丰富，更为明显的特征是在工业区和工人社区的形成过程中表现出更多的信息和历史价值以及功能主义规划特征，建筑群空间组织形成了仪式感强烈的空间。这些工业遗址是国家新时代"工业化"发展的缩影，成为一个时代的记忆。以近代工业发展为线索，融合名人故居、名胜古迹、红色景点、矿山工业遗址，串联"156"工业遗址，打造"156工业奠基"之旅线路，全方位展现"一五"期间工业奠基和社会主义城市形象建设、中华人民共和国建设的时代气息和"大国崛起"历程。图5-7为山西工业发展旅游之路。

5. 以煤炭开采史为主线，打造煤炭工业旅游之路

山西煤炭储量大、品种多、易开采，开采历史悠久，因此留下了大量的矿山遗迹以及建筑物构筑物、生产流水线、矿山环境和其他有形无形的工业遗产资源，它们记载了特定时代工业生产生活的历史信息，见证了山西矿业的发展历史，具有重要的历史价值、艺术价值和社会价值。同时，这些资源又是典型的怀旧资源，共同构成了群体交往活动记忆的符号和基本材料，帮助人们了解山西一个时代的工作生活方式，追忆工业文明发展历史，唤醒对个人、家庭成长的回忆。

山西的矿山遗迹在时间跨度上，经历了清代、民国和中华人民共和国三个时期，形成了不同时期具有代表性的建筑风格。有些废弃煤矿遭遇了外国侵略者的掠夺，在很多建筑上留下了西方殖民时期和日本帝国主义侵略时期的历史痕迹。以白家庄煤矿为例，西山白家庄煤矿保留了大量日军侵略后的历史遗存，包括矿业遗迹老矿井4座、历史建筑物西北煤矿第一厂办公旧址、

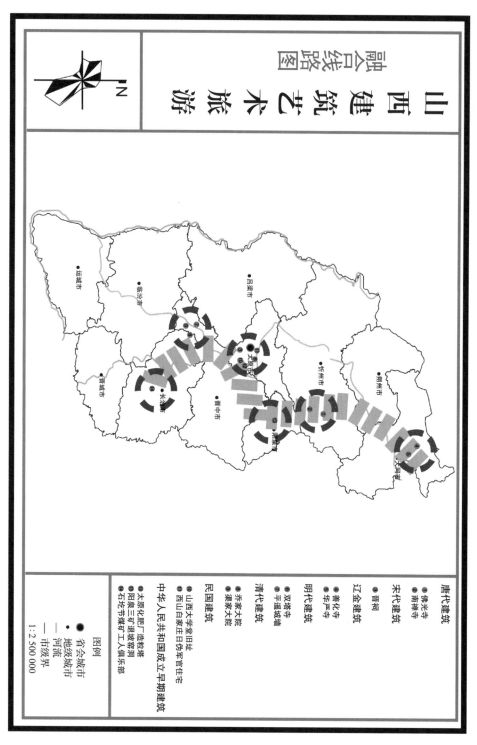

图5-6　山西建筑艺术旅游之路

山西建筑艺术旅游图线路综合

图例
● 省会城市
● 地级城市
—— 河流
—— 市级界

1:2 500 000

唐代建筑
● 佛光寺
● 南禅寺

宋代建筑
● 晋祠

辽金建筑
● 善化寺
● 华严寺

明代建筑
● 双塔寺
● 平遥城墙

清代建筑
● 乔家大院
● 渠家大院

民国建筑
● 山西大学堂旧址
● 西山自家庄日伪军官住宅

中华人民共和国成立早期建筑
● 太原化肥厂造氮塔
● 阳泉三矿退坡窑洞
● 石圪节煤矿工人俱乐部

图5-7　山西工业发展旅游之路

西山矿务局首座办公楼等,其中,西山日军居住旧址,当地人称其为十间房。坐西朝东,5 栋房屋,面积约为 $431m^2$。外形为日式建筑结构,人字顶瓦房,内为十字形结构,外屋为卧室,里屋为浴室。建筑形式呈现出古今交融、多元文化合璧的艺术特征。

依托山西完整的工业遗产单元,将山西多个具有相似或相关文化背景的工矿废弃地旅游目的地串联起来,通过煤炭工业遗产文化旅游带的打造,使分散的旅游资源集为一体,形成集聚效应。图 5-8 为山西煤炭工业发展旅游之路。

6. 以精神内涵为主题,打造山西红色旅游线路

山西作为老工业基地,留下了老一辈无产阶级革命家的光辉足迹以及宝贵的红色资源,为打造红色文化旅游产业提供了得天独厚的条件。依托山西红色文化优势,以"精神内涵"为主题,整合现有红色文化景点,完善旅游景区景点的旅游基础设施和服务设施,打造一条红色文化旅游产品线路,形成山西工业旅游核心产品。其主要作用在于:①有利于加强和改进新时期爱国主义教育,将革命历史、革命传统和革命精神通过旅游传输给广大人民群众;②有利于保护和利用革命历史文化遗产,建设和巩固社会主义思想文化阵地;③有利于带动山西经济社会协调发展,将历史、文化和资源优势转化为经济优势,推动经济结构调整,培育特色产业,促进生态建设和环境保护,为山西经济社会发展注入新的生机活力;④有利于培育发展旅游业新的增长点。红色旅游作为旅游业的重要组成部分,对于满足旅游需求、促进旅游业发展,增强旅游业发展后劲,开拓更广阔的旅游消费市场,具有积极作用。

在旅游线路构建过程中深入发掘重大事件、重大活动和重要人物的历史故事,以及这些故事背后山西人民抵制外来侵略、奋勇抗争、自强不息、艰苦奋斗的精神,将这些历史文化遗存有机串联在一起,打造山西红色旅游线路。以工业遗产所承载的革命历史、革命事迹和革命先辈的精神为内涵,以老一辈革命先烈在革命、战争和中华人民共和国成立初期建树丰功伟绩所形成的纪念地、标志物为载体,将石圪节精神、刘伯承工厂、黄崖洞精神、李双良精神、傅昌旺精神等地具有独特精神内涵的工业遗产融合起来,组织接待旅游者开展缅怀学习、参观游览的主题性旅游活动,形成革命传统教育与促进旅游产业发展相结合的新型的主题旅游形式(图 5-9)。

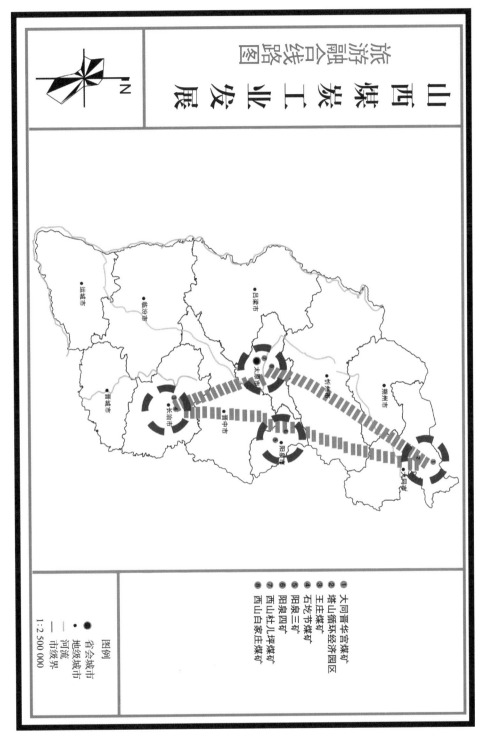

图5-8　山西煤炭工业发展旅游之路

山西煤炭工业发展
旅游融合线路图

图例

① 大同晋华宫煤矿
② 塔山循环经济园区
③ 王庄煤矿
④ 石圪节煤矿
⑤ 阳泉三矿
⑥ 阳泉四矿
⑦ 西山杜儿坪煤矿
⑧ 西山白家庄煤矿

● 省会城市
● 地级城市
—— 河流
—— 市级界

1：2 500 000

大同市
朔州市
忻州市
吕梁市
太原市
晋中市
阳泉市
长治市
临汾市
晋城市
运城市

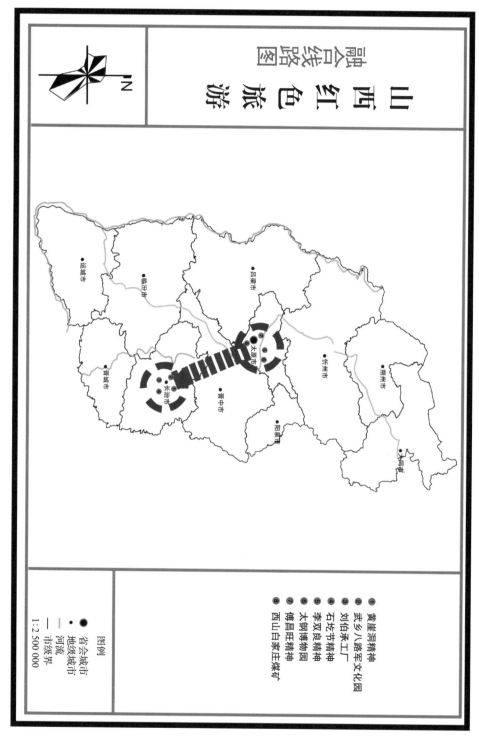

图5-9　山西红色旅游之路

四、山西省废弃矿井旅游开发模式实证研究

1. 基于"三觉五性"的旅游开发模式

地下空间旅游设计模式应以体验式为主,针对目前废弃矿井地下空间旅游开发存在的问题, 提出基于"三觉五性"的设计方法(图 5-10),"三觉"即视觉、触觉和听觉,"五性"即知识性、观赏性、参与性、娱乐性和趣味性, 通过"三觉"和"五性"设计, 可以有效地改善并提高旅游趣味。

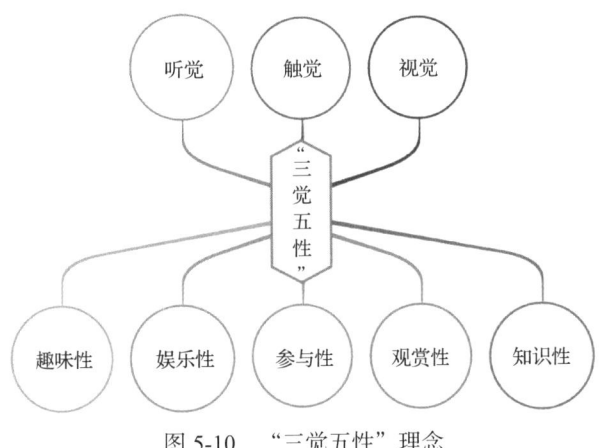

图 5-10　"三觉五性"理念

(1)"三觉"设计方法

游客在旅游体验中,最先受到视觉冲击,以视觉上的第一印象判定旅游体验感。通过视觉获得的感知远高于其他感知器官,占据主导地位。废弃矿井地下空间具有空旷、黑暗的特点,而常规的照明系统,光线暗淡且局部化,不能满足旅游需求,也会给游客带来心理上的恐慌和不安。因此,需要增加适当光源,并加以特别设计,营造出温馨和舒适的环境。

触觉与视觉相比较,获取的信息量弱一些,视觉受到冲击后,倾向于通过触摸感知新鲜事物,以获取更直观的认知,是感知体验中不可缺少的部分。地下空间用于工业旅游时,设计一些体验式项目,可解决项目设计形式单一的问题,如采煤体验、煤矿实训基地和虚拟仿真教学等,让游客身临其境,仿佛置身于真正的采煤现场,体会到矿区工人的辛苦付出和人们杰出的创造力。

"三觉"概念设计如图 5-11 所示。

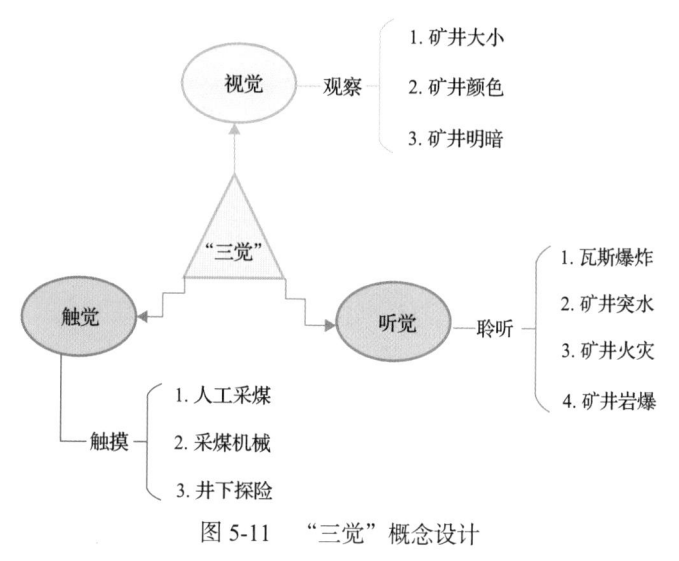

图 5-11   "三觉"概念设计

继视觉、触觉之后，听觉也是感知过程的重要组成部分，可以对视觉和触觉进行客观补充。在已有感知的基础上，通过风格不同的声音进一步确定对空间的认识，从而影响旅游者的心理活动。地下空间相对封闭，听觉效果相比地上明显增强，可以模拟不同音效从而增强体验感受。设计以矿山灾害场景再现为安全教育的主题活动，如顶板冒落、冲击地压、矿井突水和瓦斯突出等，模拟真实灾害声效进行安全示警教育，一方面可以引导从业人员注重作业规范、灾害预防，保障人身安全，加强安全教育；另一方面可以激发旅游者对采矿行业科技发展和智能无人开采等技术成果的自豪感。

(2)"五性"设计方法

知识性应位于"五性"之首，以现代陈展与表现理念为基点，以文化背景为依托，旨在传播文化科学知识，满足社会求知需求。在体验知识性后，观赏性随之而来，设计出"三觉"皆能体验的形式，并充分运用现代科技手段和多媒体技术，全方位地介绍煤矿开采的历史文化，丰富旅游者的人生阅历、文化修养，提高其鉴赏能力。

参与性是指亲自加入和体验活动，获得全新的体验感，是当下旅游的新热潮。相比灌入式讲解旅游，游客更倾向于自己去探索并参与体验，融入其中。例如，采煤历史，由爆破采煤、机械采煤，到智能化采煤，让游客循序渐进地了解煤炭开采的技术发展历程，体验采矿工人劳作的艰辛、感受科技的力量；又如，让游客亲临实训基地，参与一些基础试验，快速深刻地了解采煤行业。因此，参与性设计必不可少。

与前面"三性"相比，娱乐性和趣味性重在认同感。首先，地下旅游模式开发形式多样，如地下探险活动和矿山灾害场景再现活动，由于地下空间位置优势，提高了探险的刺激性和模拟灾害的真实性，将虚拟场景与现实相结合，增强了体验感，吸引了游客；其次，整体规划路线需合理安排，游览节点连贯，节约游览途经时间，减少游客体力消耗，提升体验娱乐性和趣味性。

"五性"概念设计如图 5-12 所示。

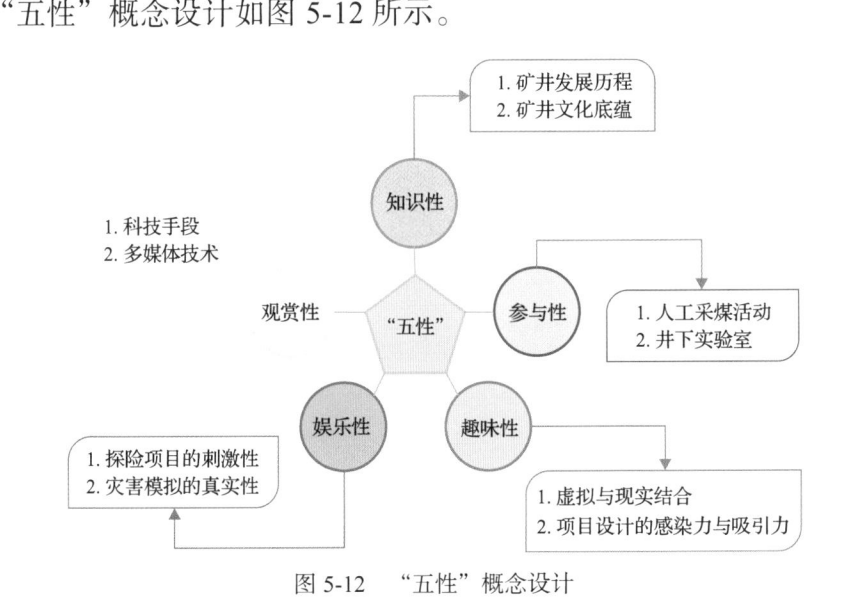

图 5-12　"五性"概念设计

2. 山西白家庄废弃矿山地下旅游资源开发设计方案

为有效保护、合理开发和永续利用矿业遗迹资源，供后人游览观赏，拟定利用白家庄矿业公司二号井系统巷道，改造为西山国家矿山公园井下旅游景点。结合二号井井下系统巷道情况，特作基地初步设计方案如下。

(1)设计原则

基本原则如下：

1)根据井下系统巷道留设情况以及水平、盘区现状，利用原二号井立井以及井下 840 水平系统巷道，建设井下旅游景点。

2)710 水平目前仅用于维护井下的水源供水系统及排水系统，其中供水系统担负着白家庄矿区整体居民用水。从中长期综合考虑，并结合本次"三河三路"改造工程,白家庄矿区将由太原市市政集中供水,710 水平供排水系统将逐步关闭,届时 710 水平系统巷道也将关闭,因此井下基地原则上不涉及 710 水平系统巷道。

3)二号井井下基地的建设与地面旅游整体规划相统一。

4)始终贯彻"安全第一"的理念,同时兼顾井下参观、游览时间因素。

5)尽可能地展现煤炭工业从古至今的过程发展、工艺演变全貌,并将游玩的真实性、参观性相统一,把握游客的心理问题。

6)由于专业性的限制,本次初始设计仅基于地质、开采现状,从采矿专业角度进行考虑,所以仅体现了井下区域性空间、范围,具体规划内容由专业公司设计。

基地承担功能如下:

1)作为山西乃至全国最丰富的煤炭工业遗迹、开采技术发展、现场实景演示、历史文献资料等的展示基地。

2)通过招商引资,结合投资和地域特性,合理设计井下探险的娱乐基地。

3)井下还可设置实验基地或实训基地,供游客(如从业人员和学生)参观和体验。

其他考虑因素如下:

1)本次设计在 840 水平现有系统的基础上,充分考虑了通风系统、避险系统、旅游线路,以及基地建设过程中和后期的系统维护问题,并初步考虑了供电、供排水、监测监控等系统。

2)原二号井立井及部分巷道由于封闭时间较长,需在打开、探明后再进一步设计。

3)针对防灾、医疗急救、卫生等情况仅做初步考虑,日后应在专业设计中详细规划。

(2)*山西白家庄矿工程概况*

a. *矿井历史状况*

山西西山白家庄矿业有限责任公司前身白家庄矿,始建于 1934 年 8 月,是西山地区最早的生产矿井。2005 年 1 月,经政策性破产重组改制为山西西山白家庄矿业有限责任公司,属国有控股企业。2016 年响应推进供给侧结构性改革要求,原有两对生产井口"南坑、二号井"已于 10 月底关闭停产，退出产能 100 万 t，平稳有序地完成了"关闭停产、转岗分流"这个重大历史性任务，成为西山煤电集团首个关停转产矿井。

b. 矿井地理及交通状况

白家庄矿位于太原市万柏林区白家庄村、桃杏村至晋源区晋源街道赵家山一带，距太原市中心约 20km。井田呈一北宽南窄的不规则多边形，井田东西宽 1～5km，南北长 6～7km，面积 16.1497km²。矿区距太原市西北环高速公路西山入口约 5km，距西中环南内环立交桥约 6km，另有运煤铁路专线自太原火车站直达，交通条件十分便利，为旅游产业发展提供了便捷条件。

c. 旅游资源条件

白家庄煤矿现有整体保存完好的三对矿井、西北煤矿第一厂矿长楼、日军变电所、慰安所、万人坑等 35 处工业遗产、7 处社会遗产，上述遗产均位于西山国家矿山公园核心区(图 5-13)。

图 5-13　白家庄工业遗产

1929 年 6 月，在西山白家庄动工兴建庆丰窑，建设一号井，井深 121m，井口直径 2m 左右，三级到底，由于生产能力较低，后于 1963 年关闭。为了满足煤炭需求和工艺需求，1935 年 1 月，建设二号井，井深 167m，2016 年响应国家去产能要求关停。1941 年，开凿松树坑井口，深 217m，口径 3.5m，因煤炭资源枯竭报废，于 1990 年封闭。1953 年 11 月，在龙泉窑废址上建设小南坑矿井，采用一对斜井开拓，是西山最早使用正规斜井开拓方式建设的矿井，主斜井井口水平标高 1016m，倾角 15°，斜长 104m，同步建设配套运输系统至煤库。1955 年，小南坑建成投产，2016 年响应国家去产能要求关停，并永久封闭。

建筑遗迹主要包括十间房与石头窑、矿办大楼、电厂、储装运系统和选煤厂等典型建筑物。其中，储装运系统作为工业生产遗迹之一，整个系统包括始建于 1934 年的煤库、铁路及装车系统和始建于 1962 年的通向二号井斜井的运输系统。西北煤矿第一厂办公楼建于 1934 年，是两层石材窑洞式楼房，就地取材建设，且冬暖夏凉、结实坚固。这些不同时期典型的建筑物展现了矿山发展历史、煤炭综合利用的过程，推动了矿山工业旅游的发展。

因此，白家庄矿具有良好的区域优势和开发利用条件，充分结合矿井地面工业遗产优势，选定二号井进行井下工业旅游开发方案设计，并与现有地面旅游条件形成完整的旅游体系，提升矿井经济效益，必将大大推动山西白家庄矿区的转型发展。

(3) 白家庄矿山旅游设计思路

a. 二号井历史及开拓概况

二号井于 1934 年组织建井，至今已有近 90 年的开采历史，经历过民国、抗日战争、解放战争、近代开采等时期。由于开采历史悠久，开拓方式比较广泛，主要包括立井、斜井开拓方式，其中：立井开拓始建于建井初期，先后经历了民国、抗日战争、解放战争时期，主要运输大巷包括十五尺正巷、南大巷等，均于 1982 年封闭。斜井开拓方式始用于 1962 年，其中 840 水平斜井开拓系统于 1962 年贯通投用，710 水平开拓系统于 1979 年贯通投用至今。

b. 二号井保留系统巷道情况

二号井开采水平为 840 水平和 710 水平，两个水平通过 710 水平主、副暗斜井相连通。其中，840 水平已开采完毕，主要保留主副斜井、840 运输大巷、840 回风大巷、桃杏回风斜井，生产巷道除用于原煤拉运的 840 水平运输大巷外，已全部封闭；710 水平为主要开采水平，主要开采五盘区的上组 2#煤。另外，710 水平"二系统"主采下组煤层，受水患影响其系统及巷道已于 20 世纪 90 年代封闭。因此，840 水平巷道更适合进行矿井旅游开发。

c. "三觉五性"设计方法

为充分挖掘废弃矿山旅游资源，有效提升实际旅游效益，采用"三觉五性"设计方法，即视觉、触觉和听觉以及知识性、观赏性、参与性、娱乐性和趣味性。"三觉"设计着重游客体验，主要依靠外界环境给予不同感知器官的冲击，可以增强外界环境设计，如矿井明暗、大小和色彩等，以此满足游客的体验感和新鲜感。"五性"设计着重项目体现形式，如历史文化宣传和采煤工艺体验等多种活动。依据不同性质进行设计，全面地展示创意与设计感。

旅游设计过程应充分运用"三觉五性"设计方法，结合二号井历史及开拓概况，并根据二号井保留系统巷道情况，从多方面多角度开发利用，有效避免废弃矿井旅游开发存在的"旅游项目设计单一""游览路线规划不足""空间环境设计简单"等问题。此外，应注重旅游项目之间的关联性，井下旅游与地面工业遗产观光项目主题需连贯设计，形成一个完整的旅游体系，从而增强矿井旅游的体验感和吸引性。

(4)白家庄矿设计方案

a. 井下旅游基地初步设计

根据井下系统巷道留设情况以及水平、盘区现状，拟利用原二号井立井和斜井、南大巷以及 840 水平井下系统巷道等，建设井下旅游基地。主要特点如下：井下巷道采煤生产系统较为完善，可利用空间条件较好，现有巷道利用率高，维护工程量小，沿途可建设的娱乐项目较多。

井下旅游设计充分结合白家庄丰富的矿业文化，明确功能分区，细化功能部署方法；项目主题连贯设计，体验内容丰富，形式多样；依据不同群体特性规划合适的游览路线，并借助"三觉五性"设计方法，避免项目设计单一、体验感不足的缺陷，提高井下探秘游的吸引力和趣味性。

b. 具体旅游项目设计

1)矿业文化展览区：该展览区主要讲述煤炭形成历史、开采发展总进程、开采技术发展史、西山白家庄发展史，馆内陈列文物藏品、文献资料、文物照片、专业书籍、开采用具、西山煤炭产品等，展示当地特色的历史文化(图 5-14)。

2)采煤工艺进化区：出矿业文化展览区后，游客可步入采煤工艺进化区，初步了解煤炭工业，沿途观赏从古至今煤炭开掘工艺，从人力化、机械化、自动化向智能化转变，感受传统煤炭工业与现代智能化工业的碰撞

（图 5-15）。

图 5-14　矿业文化展览

图 5-15　人工采煤工艺展示

　　3）矿井交通体验区：基于井下复杂的交通运输条件，分段体验各种交通运输方式，亲身体验矿工工作环境；以矿井平巷人车为主，平巷人车运送人员能改善劳动条件，减轻工作人员的疲劳，保证运输安全，提高生产效率，是矿山安全生产和现代化矿井不可缺少的运输设备之一（图 5-16）。

　　4）避难硐室观摩区：待游客从矿井交通体验区出来后，可观摩构筑严密的避难硐室。硐室内设有自救器等设备，可供参观体验，同时宣传井下避难硐室的重要性及避险方法（图 5-17）。

图 5-16　矿井平巷人车

图 5-17　避难硐室

5) 娱乐休闲区：井下娱乐休闲区可设置多种不同的体验项目，如 5D 矿工生活体验和井下电影院等项目适合大人带领儿童去游玩，而密室逃脱、养生体验馆等项目更适合成人体验游玩；此外，根据游客需求可配上基础设施，如井下特色旅店和餐厅(图 5-18)，供游客休息和补充体力，可借助井下可恒温储藏的特性，将 840 水平大巷正前原火药库改造成集井下旅店和餐馆于一体的休憩区，在休憩区内可储藏食物、酒水等商品，供给游客所需，为景点获取一定的收益。

6) 采矿基础实验室：采矿基础实验室可以实现室内无法进行的实验测试

内容,同时帮助游客了解采矿生产及科研活动的实施情况。此外,还可以采用智能演示仪为游客展示矿井空间不同历史时期的变化,全方位了解矿井开采的整个过程(图 5-19)。

图 5-18　矿井特色餐厅

图 5-19　原位实验测试过程

7)智能矿井指挥控制中心:智能矿井指挥控制中心能够实现矿井下采煤、掘进、运输各个生产环节的清晰映射。作为矿井安全运行指挥中枢,各系统数据传输的稳定性非常重要。该体验项目非常适合实训学生参观和学习,便于充分了解现场情况(图 5-20)。

8)采掘现场体验区:拟在 840 水平巷道正前区域建设三个采掘现场体验

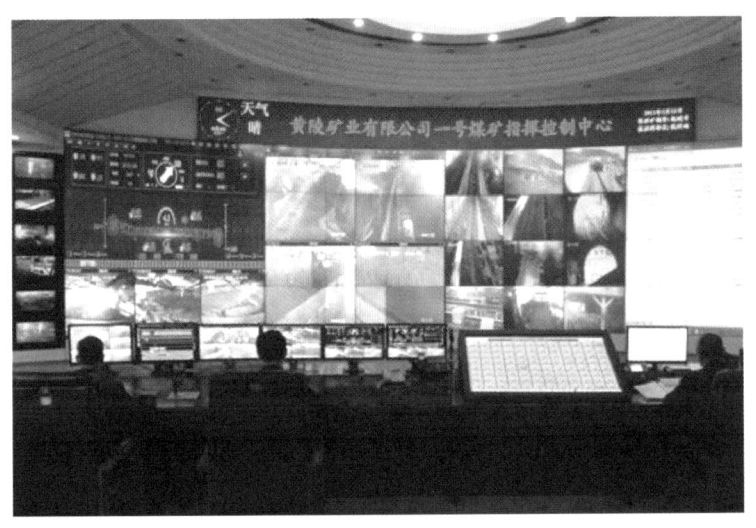

图 5-20　智能矿井指挥控制中心

区，并展示采煤设备，适合从业人员、学生等感兴趣群体参观和亲身体验。三个采掘现场体验区包括开拓工艺体验区、掘进工艺体验区、回采工艺体验区。以上三个区域需设专职培训员管理，游客进入体验区后，若有意亲身体验，需进行快速、简易的培训，在专职培训员的监管下方可进行开机体验。待游客培训完毕后，可前往 840 水平行人斜井乘坐架空乘人装置（猴车）升井（图 5-21）。

图 5-21　采掘现场体验区

9）斜井运输体验区：待游客培训完毕后，可前往 840 水平行人斜井乘坐观光缆车升井，以乘坐猴车和普通缆车为主。其中，猴车是原井下矿工快速进入工作区的代步工具，因人在上面的坐姿像猴子所以被称为猴车，比较适合成年人体验，而普通缆车更适合儿童（图 5-22）。

井下旅游基地总行程约为 1600m，步行时长计划控制在 1.5h 以内。以

图 5-22 观光缆车

上方案在建设期间应安设符合煤矿安全建设标准的监测监控、供水施救、压风自救等六大避险系统,确保游客参观安全,并应在每个观摩地点附近设置卫生间和临时救护间。

c. 井下旅游基地路线设计

依据上面旅游项目进行路线合理规划,旅游基地利用二号井立井和斜井、十五尺正巷、八尺副巷、南大巷和 840 水平留设系统巷道设计井下旅游方案。

游客游览总体路线为:首先从原二号井立井罐笼体验入井,沿十五尺大巷、八尺副巷、南大巷的展览基地和娱乐基地进行游玩,然后普通游客去840 水平行人斜井乘坐观光缆车升井或进入井下实验基地或实训基地,进行采掘现场培训、学习和体验(图 5-23)。与传统废弃矿山地下旅游的不同之处在于,本方案基于智能采矿专业大学生的现场实训与实习需求,打造全国首个智能采矿实训实践基地,清晰地呈现智能采矿过程,为未来智能采矿工程师提供真实、全面及安全的学习平台,将实习与游览相结合,增强实习体验,珍惜劳动成果,强化安全教育。实训学生路线从游客服务中心行至智能矿井指挥控制中心,进行系统的专业指导和学习,最后进行实验或者实训演练。

根据适用人群,设计如下三种游览路线供游客选择:

1)儿童推荐路线:游客服务中心→①矿业文化展览区→②采煤工艺进化区→③矿井交通体验区→④避难硐室观摩区→⑤娱乐休闲区(5D 矿工生活体验和井下电影院等)→⑨斜井运输体验区(猴车、普通缆车)。

2)成人推荐路线:游客服务中心→①矿业文化展览区→②采煤工艺进化区→③矿井交通体验区→④避难硐室观摩区→⑤娱乐休闲区(密室逃脱、养

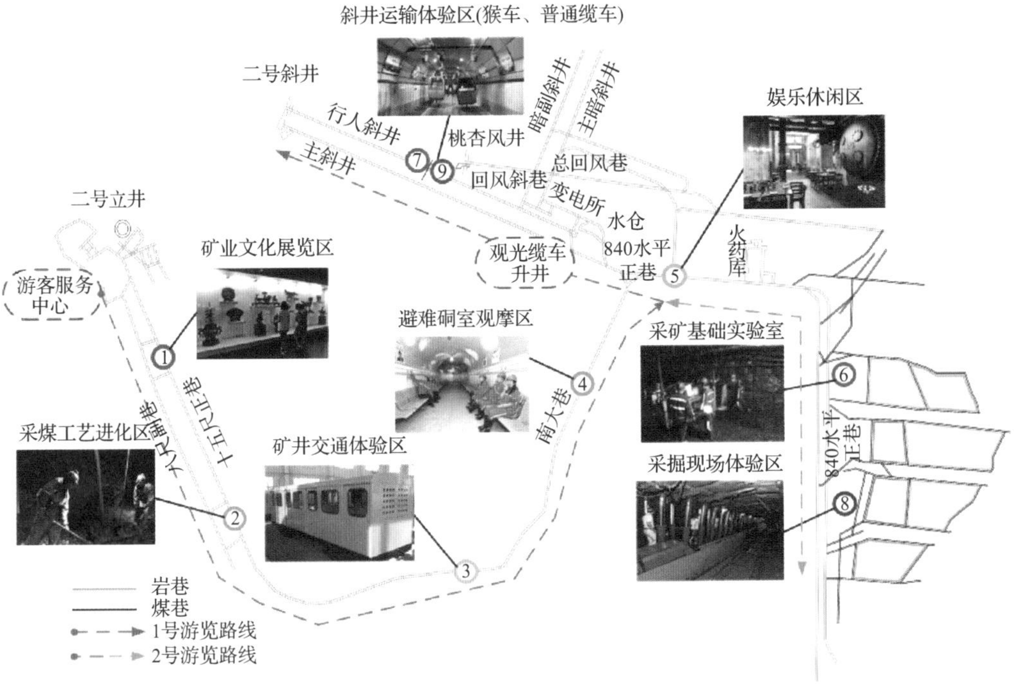

图 5-23 二号井旅游设计方案

生体验馆等)→⑥采矿基础实验室→⑧采掘现场体验区→⑨斜井运输体验区(猴车、普通缆车)。

3)实训学生推荐路线:游客服务中心→③矿井交通体验区→④避难硐室观摩区→⑧采掘现场体验区→⑨斜井运输体验区(猴车、普通缆车)→⑦智能矿井指挥控制中心。

第六章　山西省废弃矿井资源综合开发利用战略与建议

第一节　废弃矿井资源开发利用政策分析

一、中国废弃矿井资源开发利用政策分析

经过近百年的工业开发，我国矿区大规模步入废弃期。废弃矿井仍赋存大量可利用资源，如不开展二次开发，将造成巨大的能源资源浪费，同时也会带来严重的环境和社会问题。尽管利用潜力巨大，但目前我国废弃矿井利用意识淡薄，多数直接关闭或废弃；废弃矿井利用起步较晚，基础理论薄弱，关键技术不成熟；开发利用重视程度不足，多为观光旅游方面的尝试性探索；体制机制不完善，缺乏相关政策法规。

1989 年实施的《土地复垦规定》使我国矿业废弃地生态修复工作开始走上法治化道路，明确了"谁破坏、谁复垦"的原则。1998 年国土资源部成立，我国矿业废弃地生态修复工作更加规范化。长期的矿产资源开采，导致我国出现数量众多的废弃矿井，存在严重的安全和环境隐患。党中央、国务院高度重视废弃矿井监督工作，2008 年中央机构编制委员会办公室专门下发了《关于进一步明确矿井关闭监管职责分工的通知》，明确了矿山企业、各级政府及有关部门关于废弃矿井监管方面的责任。2011 年 2 月，国务院第 145 次常务会议通过《土地复垦条例》，2013 年 3 月国土资源部颁布《土地复垦条例实施办法》，我国土地复垦迎来快速、有序发展的新机遇。但与欧美发达国家 50%～70%的矿区土地复垦率相比，我国土地复垦率仅 15%～25%，还具有较大的复垦利用潜力。2013 年，国务院发布了《全国资源型城市可持续发展规划(2013—2020 年)》，作为指导全国各类资源型城市可持续发展与产业转型工作开展的依据。可见，我国关于矿业废弃地产业转型发展出台了一些相关法规和标准，在这些政策的指导下，我国矿业废弃地的生态环境修复与产业转型取得了显著成效。

随着我国法律体系的不断完善，有关矿区生态环境影响和产业转型的相关法律法规逐渐完备。2003 年 9 月 1 日正式实施的《中华人民共和国环

境影响评价法》,成为矿区环境影响评价的基础,它对建设项目的环境影响评价文件的编制审批等工作做出了详细的规定,也标志着我国矿产资源开采项目审批进入了科学决策管理时期。为进一步加强我国矿产资源的开发利用和保护,在《中华人民共和国矿产资源法》中明确规定了矿山企业应当因地制宜地采取复垦利用、植树种草或者其他利用措施,防止环境污染。目前,我国矿山生态环境保护的相关法律规定分散在各个层次的法律文件中,如《中华人民共和国水污染防治法》《中华人民共和国大气污染防治法》《中华人民共和国土壤污染防治法》《中华人民共和国固体废物污染环境防治法》等,这些专项法规具有更强的针对性和可操作性,为我国矿山建设及开采活动所造成的环境影响评价提供了测定方法及评价标准,并且在矿区环境的环境污染、风险管控和恢复治理等方面明确了责任,建立了强有力的监管制度。

在生态文明建设和生态治理思路不断转变的时代背景下,为适应新时代下国家生态的发展战略和与国际发展接轨的需要,国家出台了一系列更具有规范性和可操作性的行政法规,如《矿山地质环境保护规定》确立了矿产资源有偿使用、矿山环境影响评价、矿山企业排污收费等制度保障,同时形成了预防为主、防治结合,"谁开发谁保护、谁破坏谁治理、谁投资谁受益"为指导思想的矿山地质环境保护与治理体系。例如,财政部等印发的《矿山地质环境恢复治理专项资金管理办法》《关于取消矿山地质环境治理恢复保证金建立矿山地质环境治理恢复基金的指导意见》等政策,使矿区环境恢复专项资金的预算、使用、管理和监督制度更加规范、权责统一、使用更加便利;国土资源部等发布的《国土资源部关于开展工矿废弃地复垦利用试点工作的通知》《历史遗留工矿废弃地复垦利用试点管理办法》《关于加强矿山地质环境恢复和综合治理的指导意见》等政策为废弃矿井的生态治理和产业转型提供了参考和指导。生态环境部发布的《矿山生态环境保护与污染防治技术政策》《矿山生态环境保护与恢复治理方案编制导则》为建立企业矿山环境治理和生态恢复责任机制,规范矿产资源开发过程中的生态环境保护与恢复治理工作提供了依据。

为重点解决矿山资源枯竭危机,我国发布了一系列矿产资源发展规划,如《全国危机矿山接替资源找矿规划纲要(2004—2010 年)》《全国矿产资源规划(2008—2015年)》《全国资源型城市可持续发展规划(2013—2020年)》《全国矿产资源规划(2016—2020年)》等。此外,我国在各矿产行业领域也发布了废弃矿井/矿区的生态治理和经济开发的规划,如《能源发展"十三五"规划》《煤炭工业发展"十三五"规划》《地热能开发利用"十三五"规划》等,为废弃矿井/矿区的生态开发提供了可参考的指导思想和行动纲领。

可见,前述国家及各部委政策主要侧重于土地复垦、生态治理等方面,而对于资源再利用方面关注较少。从社会经济特别是能源安全发展的角度出发,国家需要在地面建设一批储油(气、物)库,若能做好去产能关闭矿井地下空间资源开发利用这篇大文章,必将具有重要的政治、经济及社会的现实意义和深远的历史意义。因此,需要尽快完善相关政策法规,以减少资源浪费、提高去产能矿井资源开发利用效率、推动资源枯竭型城市转型发展。

二、山西省废弃矿井资源开发利用政策分析

中华人民共和国成立以来,山西省已累计生产煤炭200多亿吨,为国家提供充足煤炭能源的同时,也产生了许多采空区和废弃矿井,这些区域仍藏有宝贵的资源亟待开发利用,对于提高煤矿安全生产水平,增加清洁能源供应,减少温室气体排放,实现"双碳"目标意义重大。

近年来,山西省以党的十九大精神为指引,紧紧围绕"五位一体"总体布局和创新、协调、绿色、开放、共享的新发展理念,加强体制机制和商业模式创新,充分利用废弃矿井太阳能、地热能等可再生能源,结合地下空间储能技术发展,统筹建设废弃矿井可再生能源开发利用及生态环境治理工程,助力废弃矿井转型发展,促进能源结构优化。

"十三五"期间,山西省落实"三去一降一补"重点任务成效显著,累计退出煤炭过剩产能1.57亿t,煤炭绿色智能安全开采和高效清洁深度利用居全国领先水平。能源革命综合改革试点工作稳步推进,电力、煤层气体制改革领跑全国,非常规天然气持续增储上产,风光发电装机进入全国前列,煤炭先进产能占比达到68%。"十四五"期间,山西省将主动应对"双碳"目标,加快用能结构和方式变革,坚决控制能源消费总量,提高清洁能源和可再生能源消费比重,提升城乡优质用能水平,建立完善有利于能源节约使

用、绿色能源消费的制度体系；将进一步推进"5G+"智慧矿山建设，用科技手段实现煤矿本质安全和减员增效；将加大清洁能源替代力度，实施煤炭消费总量控制，开展煤炭消费减量等量替代，稳步推进煤炭消费总量负增长，鼓励企业开发利用风能、太阳能、农林生物质能等可再生能源，全面提升可再生能源消费占比；加快煤炭采空区（废弃矿井）煤层气资源开发利用；开展黄河流域重点地区历史遗留废弃矿山地质灾害隐患（崩塌、滑坡、可能失稳斜坡）治理；探索将废弃矿井改造为基于量子光源的引力波探测科学研究基地。

1. 废弃矿井（采区）煤层气抽采利用方面

2016 年，为推进煤层气资源利用，山西省发布了《山西省煤层气资源勘查开发规划（2016—2020 年）》，明确要建设吕梁山区天然气、煤层气、页岩气"三气"共探共采示范基地，继续实施全省煤矿瓦斯抽采全覆盖工程、废弃矿井残余瓦斯抽采利用示范工程等一批重大工程。2017 年，山西省成功将 10 个煤层气区块探矿权面向全国公开出让，开启了煤层气矿业权公开竞争出让、煤层气资源市场化配置的先河。2018 年 3 月，山西省发布《山西省深化煤层气（天然气）体制改革实施方案》，有序放开煤层气勘查开采准入，实行勘查区块竞争出让制度，建立煤层气及其他矿产资源协调开采机制。为引导各类市场主体积极参与，规范煤层气开采行为，山西省又先后印发《关于开展煤炭采空区（废弃矿井）煤层气抽采试验有关事项的通知》《煤矿采空区（废弃矿井）煤层气地面抽采安全规范》《山西省煤层气勘查开采管理办法》等诸多规定，迈出了山西省落实能源革命综合改革试点部署、推进关闭煤矿剩余资源再利用的重要一步。

2. 矿山地质环境保护与治理方面

将生态地质环境保护放在优先位置，推进矿产资源绿色勘查开发，最大限度地减少对地质环境的破坏。遵循自然恢复为主的治理原则，根据矿山所在地的地理位置、区位条件和环境功能要求，充分结合地方发展规划需求，因地制宜地开展矿山地质环境治理工作，使之与周边环境协调，达到经济、社会和环境效益相统一。将矿山地质环境保护与治理工作纳入当地政府生态环境保护考核和问责体系，构建"政府主导、政策扶持、社会参与、开发式治理、市场化运作"的矿山地质环境保护与治理新模式,拓展资金筹措渠道,加大治理投资力度,加快历史遗留矿山地质环境问题的治理。认真落实矿产资源开发利用方案、矿山地质环境保护和恢复治理方案、土地复垦方案。落实并完善"双随机、一公开"制度,加强对生产矿山地质环境保护与恢复治理的事中事后监管,将矿山地质环境恢复和综合治理的责任与工作落实情况作为矿山企业信息社会公示、抽检的重要内容,强化对矿业权人落实主体责任的监督检查,督促矿山企业严格按照恢复治理方案"边开采、边治理"。进一步健全完善矿山地质环境保护与治理的监督管理制度、矿山地质环境恢复治理监督管理办法等法规制度。探索建立山西省矿山生态环境损害赔偿制度,足额提取矿山地质环境修复治理基金,严格实行矿山生态环境损害赔偿,创新历史遗留矿山环境治理补偿方式等。完善矿山地质环境调查、评价、监测、治理技术标准体系,提高矿山地质环境保护和综合治理水平。研究制定山西省矿山地质环境调查规范、山西省矿山地质环境治理规范等相关技术标准,探索符合山西省矿山地质环境特点的治理模式。加大采煤沉陷区、工矿废弃地等生态修复治理,建设矿区生态修复试验区,大幅度提高矿山地质环境治理率和矿区土地复垦率。按照谁修复、谁受益的原则,对主体灭失的矿区,通过依法赋予一定期限的土地使用权等方式,引导和支持社会投资主体从事矿区生态保护修复,充分激发各类主体参与生态保护修复的积极性,形成市场化、多元化生态修复投入机制。

3. 推动能源全产业链发展方面

充分发挥能源革命带动牵引效应,开展"新能源+储能"试点示范,实施新能源全产业链行动计划,建设以大型企业集团为龙头的光伏风电装备制造业基地。开展煤电机组灵活性改造试点,充分利用现役煤电产能,建设华北地区调峰基地。构建以可再生能源利用为中心、智能电网为载体的能源互联网,大力推进坚强智能电网和泛在电力物联网融合发展,建设虚拟电厂,不断增强电网资源优化配置能力、安全保障能力和智能互动能力。建设覆盖山西省的数字平台,加快数字化、网络化、智能化技术在能源领域的融合应用。打造集冷热气电能源管理、用户侧、车联网、数字通信等功能于一体的山西"能源云",推动能源系统优化协同及数字化。

4. 构建清洁低碳消费模式方面

探索建立用能权初始分配、有偿使用和交易制度，率先构建促进能源绿色消费的政策体系。积极推动优质能源替代散煤，实现山西省 11 个设区市建成区禁煤区全覆盖，逐步实现全省范围内全面禁止散煤直接燃烧。积极开展绿色交通绿色建筑行动，稳步推进清洁供暖，探索风电供暖运营模式，创建地热供暖示范区，大力推广余热利用和减排一体化示范，加快在全社会形成清洁低碳用能模式。

5. 打造能源科技创新策源地方面

用好中央财政科技计划（专项、基金等），开展重大能源科技创新，有效提升能源科技研发投入能力。加强重大能源科技研发基地建设，建设煤炭绿色清洁高效利用国家重点实验室、煤炭大型气化国家技术创新中心、二氧化碳捕集利用和封存国家工程研究中心、煤矿智能化技术创新研发中心。开展煤层气基础地质研究和关键技术联合攻关，提前布局深煤层钻井工艺技术和储层改造技术研究。开展大规模储能、石墨烯、氢能等前沿技术探索，打造能源科技创新成果转化基地。

6. 推进关闭矿井再开发利用方面

统筹做好关闭煤矿剩余煤炭、煤层气、矿井水、地下空间等资源保护利用。稳妥推进煤炭采空区（废弃矿井）煤层气抽采试验，有效开发利用采空区煤层气资源。探索利用煤炭开采过程中形成的地下空间及矿井水资源，建设抽水储能等设施，打造治理利用新样本。

第二节　山西省废弃矿井资源开发利用战略路径

一、废弃矿井遗留煤层气资源开发利用战略路径

山西省是国内废弃矿井煤层气资源开发利用的先行者之一，同时已出台国内最有扶持激励力度的非常规天然气开发利用政策保障体系。然而，面对废弃矿井煤层气资源规模性开发利用这一新领域，仍存在三方面瓶颈问题亟待解决。

第一，废弃矿井遗留资源开发利用权益保障政策和技术预案要求缺位。山西省与国内其他地区一样，严格执行国家和地方关于环境保护的法律法规，对废弃矿井的大气环境、土壤环境和水环境进行监控。同时，政府对遗留资源后续开发利用工程预设没有强制性要求，在完成闭坑措施后才进一步考虑遗留资源开发利用问题，遗留资源矿业权属也尚不明确。这一"被动"局面，导致出现两方面瓶颈问题：其一，风险投资合法性及权益保障不明，可能致使一些有战略眼光的投资者裹足不前；其二，遗留资源开发利用难以利用原有基础工程，过多新上马工程势必拉高开发利用成本。

第二，废弃矿井遗留资源开发利用全方位保障条件需要进一步完善。全方位保障的首要措施是明确规定遗留资源矿业权属及其合法获取途径，也包括遗留的土地以及煤炭、煤层气、地下水乃至煤矸石资源的延续、转让或招投标政策。同时，科技攻关专项计划、财税优惠及补贴、市场准入、投资融资等政策性导向，对促进废弃矿井遗留资源开发利用也十分重要。然而，面对废弃矿井遗留资源这一新领域，目前缺乏系统的政策保障措施，可能难以激发市场投资主体的风险投资积极性，成为快速推进废弃矿井遗留资源开发利用的又一大瓶颈问题。

第三，废弃矿井遗留资源的高效低成本低污染开发利用尚存在某些关键技术瓶颈。相关技术瓶颈存在于全产业链，包括三个产业环节：一是遗留资源开发规划与评价环节，核心是煤炭开采扰动后遗留资源探测与可开发性预测评价技术以及开发工程环境评价技术，对于将来废弃矿井，也包括遗留资源开发工程预设或预留技术；二是遗留资源开发生产环节，核心在于以低污染低成本开发为目标的关键技术，对于遗留煤层气资源还需发展选井、选层、井孔稳定性和高效可持续抽采管控技术；三是遗留资源利用环节，核心在于集中式或分布式高效利用技术，具体到遗留煤层气资源则为基于甲烷浓度高低的分质高效利用技术。通过先导示范工程集成攻关，有望形成集探测评价、分类开发、分质利用"三位一体"的遗留煤层气资源开发利用技术体系。

在此基础上，建议采用"两步走"快速推进战略，支持山西省碳达峰目标的实现：

第一步，目前至2025年，攻克关键技术瓶颈，完善政策保障体系，年开发规模突破 10 亿 m³。进一步梳理前期探索实践的得失,以政府驱动为引导,以示范工程为抓手,推广目前已经形成的废弃矿井煤层气开发先进技术,开展现有关键技术瓶颈问题攻关研究,形成以探测评价、分类开发、分质利用"三位一体"的废弃矿井遗留煤层气资源经济高效开发利用技术体系。同时,梳理现有煤层气(煤矿瓦斯)开发利用政策,拾遗补阙,从矿业权改革、科技计划、财税政策、投资融资等方面加大扶持激励力度,完善遗留煤层气资源开发利用保障体系。

第二步,2026~2030 年,实现废弃矿井煤层气开发利用基地全覆盖,年开发规模达到 20 亿~25 亿 m³。将技术体系、保障体系"两柱"合成集中于形成废弃矿井煤层气资源开发规模的唯一目标,本着"应采尽采"的基本原则,以政策保障体系为基础,以产业布局为平台,以市场化制度和经济驱动为手段,实现具有产业基础的晋城、西山两大基地废弃矿井煤层气资源开发利用规模扩展,建成阳泉、潞安、离柳、霍东、大同废弃矿井煤层气资源开发利用基地,基本完成山西省废弃矿井遗留煤层气开发利用基地的战略布局。

二、废弃矿井可再生能源开发利用战略路径

山西省曾是我国煤炭开发规模最大的省份,由于资源枯竭、落后产能淘汰等原因,废弃矿井遗留煤层气资源丰富且分布广泛。加强遗留煤层气资源开发利用,是实现山西省新战略目标的潜在途径之一。虽然,山西省在废弃矿井资源开发利用方面走在全国前列,但仍主要停留在遗留煤层气抽采方面,对于其他可再生能源资源开发利用方面还缺乏总体规划,尚未形成规模。因此,为更好地落实山西省实施碳达峰碳中和山西行动,把开展碳达峰作为深化能源革命综合改革试点的牵引举措,山西省必须下好废弃矿井可再生能源资源综合开发利用先手棋,主要战略路径建议如下:

2025 年,废弃矿井可再生能源逐步得到综合利用,适宜利用的可再生能源资源利用率达到 20%。根据可再生能源赋存特点,在"重点开发区"因地制宜,稳步推进"光伏+"和"地热+"项目建设。

2035 年,山西省废弃矿井可再生能源基本得到综合利用,适宜利用的可再生能源资源利用率达到 30%。大力推进废弃矿井"光伏+"、"地热+"

工程建设，"重点开发区"具有开发利用价值的资源基本得到开发利用；山西省以可再生能源为主、分布式电源多元互补、抽水蓄能为缓冲的废弃矿井新能源微电网技术体系逐步建立。

2050年，山西省废弃矿井可再生能源得到全面综合利用，适宜利用的可再生能源资源利用率达到50%。全面推进废弃矿井"光伏+"、"地热+"工程建设，"重点开发区"具有开发利用价值的资源全面得到开发利用，"潜在开发区"可再生能源逐步得到有效利用；可再生能源为主、分布式电源多元互补、抽水(压缩空气)蓄能为缓冲的废弃矿井新能源微电网技术体系趋于成熟。山西省废弃矿井可再生能源开发利用战略目标如表6-1所示。

表6-1 山西省废弃矿井可再生能源开发利用战略目标

项目	2025年	2035年	2050年
总体	废弃矿井可再生能源逐步得到综合利用，适宜利用的可再生能源资源利用率达到20%	废弃矿井可再生能源基本得到综合利用，适宜利用的可再生能源资源利用率达到30%	废弃矿井可再生能源全面综合利用，适宜利用的可再生能源资源利用率达到50%
"光伏+"项目	"重点开发区"稳步推进"光伏+"项目。完成2万MW光伏示范工程	大力推进废弃矿井"光伏+"工程建设，"重点开发区"具有开发利用价值的资源基本得到开发利用。完成4万MW光伏示范工程	全面推进废弃矿井"光伏+"工程建设，"重点开发区"具有开发利用价值的资源全面得到开发利用，"潜在开发区"可再生能源逐步得到有效利用。完成6万MW光伏示范工程
"地热+"项目	"重点开发区"稳步推进"地热+"项目	大力推进废弃矿井"地热+"工程建设，"重点开发区"具有开发利用价值的资源基本得到开发利用	全面推进废弃矿井"地热+"工程建设，"重点开发区"具有开发利用价值的资源全面得到开发利用，"潜在开发区"可再生能源逐步得到有效利用

第三节 山西省废弃矿井资源开发利用政策建议

一、山西省废弃矿井煤炭可再生能源利用政策建议

(1)山西省人民政府完善矿井闭井标准和生产许可

为促进山西省废弃矿井可再生能源开发利用，山西省人民政府应完善煤矿退出或关闭时的闭井标准，在闭井标准中充分考虑矿井废弃后资源综合利用。对于已关闭的废弃矿井，如具有再开发利用经济价值，在保障安全生产和生态环境保护的条件下，山西省人民政府应联合煤炭行业协会制定废弃矿井再打开的标准。采矿权终止后，应明确废弃矿井井下资源再开

发利用的许可。

(2)建立山西省废弃矿井数据库和信息共享平台

由山西省人民政府与行业协会组织,建立山西省废弃矿井数据库和信息共享平台。矿山企业在矿井采矿终止前(如提前3年),向行业协会报送矿井基本信息和地下地上各类资源信息,行业协会统计分析录入数据库,经矿山企业同意向市场发布。有利于山西省人民政府部门掌握情况,也有利于招商引资共同开发。如果拟废弃矿井确有开发价值,矿山企业可据此向相关管理部门申请保留矿井,进行资源开发利用。

(3)支持企业优先开发利用废弃矿井地上地下资源

山西省人民政府产业政策应支持废弃矿井地下地上资源开发利用,优先支持废弃矿井企业开发利用,有利于资源枯竭矿区、关闭矿山转型发展和矿工再就业。地方政府应在土地利用、电网接入、示范项目申报等方面优先支持。

(4)开展山西省废弃矿井资源普查工作

目前存在大量已关闭的废弃矿井,但对它们的基本情况了解不够,特别是具有再开发利用价值的一批大中型矿井。建议,由山西省人民政府联合煤炭行业主管部门,组织开展一次山西省全省范围的废弃矿井和拟关闭矿井普查,全面掌握其情况,对资源开发利用规划、投资开发建设具有重大意义。

二、山西省废弃矿井遗留天然气资源开发利用政策建议

(1)健全完善废弃矿井遗留产业发展政策,加大开发利用财税扶持激励力度

利用国家鼓励废弃资源开发利用及矿业权综合改革试点契机,研讨出台废弃矿井遗留资源管理制度,明确废弃矿井土地、遗留矿产资源的权属及资源延续、转让及实施方式,简化目前的备案手续,保障投资人合法权益。其中,遗留资源矿业权属规定应在相关矿产资源现行管理规定框架的基础上,向产业链终端延伸完善。

从煤矿区资源全生命周期考虑,研讨扩展废弃矿井闭坑要求的可行性,包括遗留资源开发利用基金、闭坑矿井勘探开发技术资料汇交、闭坑矿井遗留资源开发利用前景概略分析报告等。遗留资源开发利用基金可考虑在目前的吨煤安全资金或煤矿历年上缴的环保基金中提留,闭坑矿井勘探开发技术

资料汇交可考虑设计为一项强制性政策要求。

加大废弃矿井遗留资源价格调节、财政补贴、税费优惠的力度。对于遗留煤层气产品财政补贴,可比照国家和山西省目前关于煤层气产品补贴的相关政策执行,以政策文件形式予以固定,鼓励投资人进行废弃矿井遗留煤层气开发利用风险投资的积极性。

以废弃矿井遗留煤层气资源为"碳源"切入点,将遗留煤层气资源开发利用纳入碳补偿机制,在碳交易市场中获得成本补偿,形成一种固定的废弃矿井遗留资源开发利用商业模式,缩短遗留煤层气资源开发利用投资回收期,减轻财务成本压力。

(2)开展体制机制创新,多种形式鼓励资本进入废弃矿井遗留资源开发利用领域

提倡和引导山西省大型国有企业发挥使命担当责任,率先开展废弃矿井遗留资源开发利用先导工程及有关政策规定实施试点,通过政府引导与大型国有企业示范,切实形成适用于废弃矿井遗留资源开发利用的机制和体制,为遗留资源开发利用持续发展注入源源不断的长远驱动力。

针对废弃矿井资源所具有的分布式小型化特点,采取激励政策,鼓励小微企业进入废弃矿井遗留资源,以充分利用社会闲散资金,尽快扩展废弃矿井遗留资源开发利用布局,增加就业机会。在许可制度方面,适当放宽小微企业的市场准入门槛;在财税政策方面,小微企业享受与其他类型企业的同等待遇,并予以创业基金支持;在起步阶段,给予小微企业免税政策,如五年以内免收企业所得税。

建立废弃矿井遗留资源开发利用项目多元化投融资政策体系。利用基金、贴息、担保等方式,引导各类商业金融机构加大对废弃矿井遗留资源开发利用项目的支持力度;支持符合条件的废弃矿井遗留资源开发利用企业,通过商业贷款和股票债券市场进行融资;鼓励民间风险投资机构,设立废弃矿井遗留资源开发创业专项风险投资基金,鼓励社会资本进入遗留资源开发利用风险投资领域。

(3)废弃矿井遗留资源开发利用纳入省级发展规划,实施省级专项科技创新计划

从"双碳"目标及煤炭开发产业链延伸高度,切实重视废弃矿井遗留

资源开发利用的政府引导作用，在充分论证的基础上将废弃矿井遗留资源战略目标、战略布局、战略路线和保障体系建设纳入政府相关发展规划，或出台专项指导试行草案，指导山西省废弃矿井遗留资源开发利用的推动实施。

设立废弃矿井遗留资源开发利用"十四五"专项科技创新计划，通过专家论证，细化凝练废弃矿井遗留资源探测评价、分类开发、分质利用中的关键科技问题，每年予以不低于1500万元的专项财政支持，攻克核心技术，形成先导示范，促进遗留资源"三位一体"开发利用技术体系尽快形成。

在"十四五"期间，通过专家论证，在具有开发利用基础的晋城、西山两个矿区设立废弃矿井遗留资源开发利用先导示范基地，增大前期已立项类似项目的财政补贴力度，提出"三位一体"技术创新具体要求，配套"十四五"专项科技创新计划项目，形成对山西省废弃矿井遗留资源开发利用具有指导性的示范成果。

三、山西省废弃地下空间利用政策建议

(1)建立山西省废弃矿井地下资源库

根据山西省各地区不同废弃矿井的类型及特点，综合考虑地质、管道、安全、经济、环境等因素，建立山西省废弃矿井改建油气储库、放射性废物处置库选址原则，并同步开展废弃矿井改建油气储库、放射性废物处置库的改造技术研究；适时启动废弃矿井建设油气储库、放射性废物处置库选址评价，优选有利目标，前期开展先导性试验。

(2)成立山西省能源安全与储存战略行动计划领导小组

山西省人民政府应建立健全相关职能部门，统一规划油气存储、放射性废物处置设施布局，出台废弃矿井地下空间利用政策和指导意见，形成废弃矿井改建油气储库、放射性废物处置库。同时，支持成立山西省技术研发中心平台，为废弃矿井地下空间利用提供技术支持和人才保证。

(3)设立山西省重大专项研究

针对不同类型废弃矿井进行油气地下储库、放射性固体废物库的选址原则、地质条件、工程改造技术、密封技术、经济性和安全性评价方面专门的技术攻关。同时，强化山西省废弃矿井建设的基础研究，鼓励省内外高校、

科研院所与企业联合攻关，实现产、学、研相结合，推动废弃矿井空间改建油气储库、放射性废物处置库技术的发展。

(4)开展山西省氢能地下存储研究

由于未来可再生能源比重的增加，其过剩电能的多元转换必然加快（尤其是氢能）。氢能是未来我国能源发展的方向之一，建议将我国弃水、弃风、弃光的发电量转换为氢能，加强氢能地下存储研究，形成氢能利用产业链。

(5)出台山西省废弃矿井开发指南

建议由山西省发展和改革委员会牵头，针对目前已运行、在建和规划建设的不同类型矿井进行整体规划，依据筛选原则提前确定好矿井废弃后地下空间的利用方式。在矿井的建设、开发及废弃整个全生命周期内，始终贯穿矿井废弃后地下空间利用的意识，在矿井开采方案的设计及开采过程中更加注重对地下空间的保护，提高矿井空间利用的可行性，同时降低废弃矿井的改造成本，提高空间利用的安全性。

四、山西省废弃矿井绿色转型战略建议

(1)建立山西省生态环境监测制度

为了提高山西省废弃矿井的绿色转型效率，实现区域内的经济增长，需做好生态环境的修复工作，加强对废弃矿区及周边环境污染浓度的监测，对区域内生态环境承载力水准进行明确，对区域内的生态环境优化及再造能力进行全面分析。因此，创建起对应的生态环境监测制度十分必要，同时需在制度中明确监测项目及指标，应确保在废弃矿井区域内的塌陷情况、水污染情况、植被破坏程度等方面做好量化监测工作，严格按照监测结果，对区域内的污染程度及生态功能损失进行科学分析，评估区域绿色转型的难度。这不仅能够为区域的绿色转型提供指标性建议，更便于借助量化指标明确生态修复治理要点。在生态环境监测制度匹配到位的情况下，还应积极构建生态环境监测数据库，制定出完善的生态环境监测措施及改善路径，规划好区域转型的最优化目标，将转型中实际获得的指标录入到系统中，便于调整转型策略，并为其他地区的绿色转型提供参考，从根本上提高关闭矿山生态环境修复治理的有效性，推动绿色转型进程。

(2)制定山西省绿色技术制度

山西省进行废弃矿井的绿色转型,创新绿色技术的应用必不可少,针对废弃矿井区域不涉及开采绿色技术,需根据实际情况合理应用循环再生技术、生态技术及生态恢复技术等。为了提高绿色技术创新及应用实效性,应制定并不断健全绿色技术制度,提高技术的融合度及规范性。绿色技术创新以绿色理念为核心,在研发绿色新技术或融合绿色技术的基础上,将其应用到实处,从而借助绿色优势合理缩减资源及经济损耗。因此,绿色技术更注重绿色环保属性,更强调绿色技术的成果转化,能够在发挥技术能效的基础上,促使生态效益与经济效益相协调,实现区域内经济的绿色发展。政府需制定相应的法律法规,对绿色技术的应用形成规范性作用,同时还可以制定对应的税收政策等,鼓励绿色技术的应用。在山西省废弃矿井绿色转型阶段,可针对绿色技术的应用给予相应补贴及扶持,确保绿色技术制度落实到位,对废弃矿井的绿色转型形成积极的技术保障。

(3)制定山西省内税收优惠或财政补贴激励政策

首先,山西省人民政府需制定细化的绿色补贴办法,对符合标准的企业进行补贴及激励,尤其是对废弃矿井区域,更需要明确绿色经济申请项目的覆盖面等关键指标,通过实际情况积极融入绿色技术,凸显绿色转型的价值取向;其次,政府应加大对区域内绿色转型发展的考核工作,明确转型进度及需求,增强配置能效;最后,设立绿色转型发展专项基金,对转型成功的企业给予补贴,对其他行业的绿色转型形成激励性作用。

(4)制定山西省废弃矿井绿色核算制度

绿色转型中核算是必不可少的机制性指标,从当前学术界的研究现状来看,绿色核算的界定标准并不统一。通常情况下,可根据趋势变化及需求要素,对核算体系进行优化转变,并将环境核算融入核算体系范畴中,对经济生产活动对环境及经济形成的两大作用进行核算,实现指标量化,约束社会各主体形态的行为,最大化地减少经济活动对生态环境形成的损害。因此,需对现有的经济核算体系进行优化转变,创建出涵盖经济核算制度及绿色审计制度等的绿色经济核算制度,促使资源、环境及经济都能够在体系范畴中形成一体化标准。在扣除资源消耗及环境污染破坏损失的基础上形成的生产总值,可以被确定为绿色 GDP,便于对经济发展及生态环境保护程度进行衡量。基于此标准，能够为山西省废弃矿井的绿色转型发展提供先进思路及理念，以绿色经济核算制度为保障，推动绿色转型工作的持续优化，实现区域经济、环境及资源的协同发展。

主要参考文献

包磊. 2021. 矿山生态修复及旅游资源开发——评《矿山生态修复理论与实践》. 有色金属工程, 11(7): 129.

毕延森, 高德利, 鲜保安, 等. 2023. 复杂煤体结构煤储层水平井复合管柱完井方法研究. 煤炭科学技术, 20(4): 1-10.

卞正富, 周跃进, 曾春林, 等. 2021. 废弃矿井抽水蓄能地下水库构建的基础问题探索. 煤炭学报, 46(10): 3308-3318.

卞正富, 朱超斌, 周跃进, 等. 2022. 黄河流域九省区废弃矿井抽水蓄能利用潜力评估. 煤田地质与勘探, 50(12): 51-64.

蔡美峰, 马明辉, 潘继良, 等. 2022. 矿产与地热资源共采模式研究现状及展望. 工程科学学报, 44(10): 1669-1681.

常闯, 李松, 汤达祯, 等. 2023. 基于测井参数的煤储层地应力计算方法研究——以延川南区块为例. 煤田地质与勘探, 20(4): 1-10.

常海军, 侯岩岩, 阳小华, 等. 2019. 核电站钢制安全壳焊后热处理仿真技术研究. 核动力工程, 40(6): 77-81.

陈炳乾, 刘辉, 李振洪, 等. 2023. 关闭矿井次生沉陷监测、预测与稳定性评价研究进展和展望. 煤炭学报, 20(4): 1-18.

陈海英, 严谨, 赵传宝, 等. 2017. 压水堆严重事故下裂变产物迁移与释放研究. 核电子学与探测技术, 37(12): 1193-1198.

程慧, 游珊, 任春悦. 2023. 资源枯竭型城市转型背景下矿业遗产旅游游憩价值评价——以黄石国家矿山公园为例. 湖南师范大学自然科学学报, (2): 33-41.

邓喀中, 郑美楠, 张宏贞, 等. 2022. 关闭矿井次生沉陷研究现状及展望. 煤炭科学技术, 50(5): 10-20.

邓元媛, 常江, 冯姗姗, 等. 2022. 产权政策视角下废弃矿井采矿用地再开发模式研究. 煤田地质与勘探, 52(4): 17-24.

邓泽, 王红岩, 姜振学, 等. 2022. 页岩和煤岩的孔隙结构差异及其天然气运移机理. 天然气工业, 42(11): 37-49.

董霁红, 吉莉, 高华东, 等. 2022. 关闭矿山空间资源特征解析与转型路径. 煤炭学报, 47(6): 2228-2242.

董林博, 刘霖. 2016. 高温气冷堆抗倾覆锚索施工技术. 施工技术, 45(23): 142-146.

杜丰丰, 倪小明, 张亚飞, 等. 2023. 补给水类型对煤层气井产水量的控制作用及开发对策. 煤田地质与勘探, 20(4): 1-10.

杜洪章, 于帅, 郑立明, 等. 2022. 在矿山环境治理基础上进行旅游开发利用的研究. 内蒙古煤炭经济, (2): 90-92.

范立民. 2019. 保水采煤面临的科学问题. 煤炭学报, 44(3): 667-674.

冯飞胜, 张继强, 王于. 2022. 中国关闭/废弃矿井的分类利用与等级评价. 科技导报, 40(22): 105-112.

干勇, 赵宪庚, 徐匡迪. 2019. 中国新一代核能用材总体发展战略研究. 中国工程科学, 21(1): 1-5.

葛帅帅, 冯国瑞, 姚西龙, 等. 2021. 煤矿废弃井巷抽水储能理论与技术框架. 煤炭工程, 53(7): 91-96.

顾大钊, 颜永国, 张勇, 等. 2016. 煤矿地下水库煤柱动力响应与稳定性分析. 煤炭学报, 41(7): 1589-1597.

郭平业, 王蒙, 孙晓明, 等. 2022. 废弃矿井地下空间反季节循环储能研究. 煤炭学报, 47(6): 2193-2206.

韩保山. 2018. 基于煤层气与煤炭协调开采的地面煤层气布井理论探讨. 煤田地质与勘探, 46(3): 59-63.

郝天轩, 赵立桢. 2022. 废弃煤矿瓦斯资源信息管理云平台研发. 矿业安全与环保, 49(1): 77-83,89.

郝宪杰, 陈泽宇, 张通, 等. 2021. 中国关闭/废弃矿井地下空间储物环境稳定性保障：现状、评价及改造. 科技导报, 39(13): 29-35.

何涛, 王传礼, 高博, 等. 2021. 废弃矿井抽水蓄能电站基础建设装备关键问题及对策. 科技导报, 39(13): 59-65.

胡炳南, 颜丙双. 2018. 废弃矿井潜在地质灾害、防控技术及资源利用途径研究. 煤矿开采, 23(3): 1-5.

胡健, 柴建禄, 岳超平, 等. 2022. 国家油气重大专项煤系区煤层气科技创新的探索与实践. 煤炭科学技术, 50(12): 83-91.

霍冉, 徐向阳, 姜耀东. 2019. 国外废弃矿井可再生能源开发利用现状及展望. 煤炭科学技术, 47(10): 267-273.

吉莉, 刘峰, 尚建选, 等. 2022. 关闭矿山地下空间资源定量评估与再利用途径. 煤炭科学技术, 50(5): 281-289.

降文萍, 柴建禄, 张群, 等. 2022. 基于煤层气与煤炭协调开发的地面抽采工程部署关键技术进展. 煤炭科学技术, 50(12): 50-61.

孔祥喜, 唐永志, 李平, 等. 2022. 淮南矿区松软低透煤层煤层气开发利用技术与思考. 煤炭科学技术, 50(12): 26-35.

李超, 阎长虹, 郭书兰, 等. 2021. 江苏省废弃矿山旅游资源开发利用探析. 地质论评, 67(4): 1147-1156.

李柯岩. 2019. 关闭煤矿资源开发利用现状与政策研究. 中国矿业, 28(1): 97-101.

李全生, 鞠金峰, 曹志国, 等. 2017. 基于导水裂隙带高度的地下水库适应性评价. 煤炭学报, 42(8): 2116-2124.

李全中, 胡海洋, 吉小峰. 2023. 厚煤层煤层气井水力压裂特点及效果评价. 矿业安全与环保, 50(1): 92-96,102.

李庭, 顾大钊, 李井峰, 等. 2018. 基于废弃煤矿采空区的矿井水抽水蓄能调峰系统构建. 煤炭科学技术, 46(9): 93-98.

李永金, 陈思伶. 2021. 废弃矿山井巷资源的旅游开发方案比选. 煤炭技术, 40(6): 26-29.

梁运培, 李左媛, 朱拴成, 等. 2023. 关闭/废弃煤矿甲烷排放研究现状及减排对策. 煤炭学报, 20(4): 1-21.

梁运培, 王庆慧, 朱拴成, 等. 2023. 深部低煤阶煤层高值化利用与天然气共采技术构想. 煤炭学报, 48(1): 317-334.

梁振斌, 聂君锋, 王海涛. 2021. 高温气冷堆反应堆厂房外墙及蒸发器舱室抗飞机撞击数值分析. 核动力工程, 42(4): 259-264.

林海飞, 季鹏飞, 孔祥国, 等. 2023. 我国低渗煤层井下注气驱替增流抽采瓦斯技术进展及前景展望. 煤炭学报, 48(2): 730-749.

林井祥, 张继忠, 王思宇, 等. 2021. 矿井瞬变电磁法在煤矿掘进工作面的应用. 山西建筑, 47(21): 74-75.

刘峰, 李树志. 2017. 我国转型煤矿井下空间资源开发利用新方向探讨. 煤炭学报, 42(9): 2205-2213.

刘福广, 杨二娟, 李勇, 等. 2022. 核电蒸汽发生器堵管技术研究进展及其在高温气冷堆的应用前景. 热力发电, 51(6): 74-81.

刘海波, 苏毅, 赵鑫, 等. 2016. 地下核电厂经济性分析. 核动力工程, 37(4): 130-132.

刘汉斌, 杨玉静, 程芳琴. 2021. 山西关闭煤矿资源二次利用关键地质问题及地质保障探讨. 煤炭工程, 53(2): 24-28.

刘钦节, 韩运, 杨科, 等. 2021. 山西白家庄废弃矿山地下旅游资源开发设计方案研究. 山西煤炭, 41(4): 122-128.

刘钦节, 王金江, 杨科, 等. 2021. 关闭/废弃矿井地下空间资源精准开发利用模式研究. 煤田地质与勘探, 49(4): 71-78.

刘钦节, 杨卿干, 杨科, 等. 2023. 废弃矿井抽水蓄能电站多能互补利用模式及案例分析. 采矿与安全工程学报, 20(4): 1-10.

刘泉声, 雷广峰, 卢超波, 等. 2017. 注浆加固对岩体裂隙力学性质影响的试验研究. 岩石力学与工程学报, 36(S1): 3140-3147.

刘爽, 戴波华. 2021. 地下核电站严重事故下过滤排放系统设计与研究. 人民长江, 52(S1): 213-215.

刘思光, 高旭. 2016. 高温气冷堆核电站示范工程反应堆厂房 HVAC 系统设计探讨. 暖通空调, 46(11): 8-11.

刘宇生, 许超, 攸国顺, 等. 2018. 非能动核电厂全厂断电事故自然循环现象研究. 核技术, 41(11): 77-83.

龙泳翰, 张磊, 李菁华, 等. 2023. 注气驱替机理研究现状及展望. 矿业安全与环保, 50(1): 103-108,114.

卢开放, 侯正猛, 孙伟, 等. 2022. 云南省矿井抽水蓄能电站潜力评估与建设关键技术. 工程科学与技术, 54(1): 136-144.

陆佑楣. 2013. 将核电站反应堆置于地下的设想. 中国工程科学, 15(4): 41-45.

孟召平, 李国富, 田永东, 等. 2022. 晋城矿区废弃矿井采空区煤层气地面抽采研究进展. 煤炭科学技术, 50(1): 204-211.

孟召平, 李国富, 杨宇, 等. 2021. 晋城寺河井区煤矿采空区煤层气地面抽采关键技术研究. 煤炭科学技术, 49(1): 240-247.

钮新强, 李翔, 李庆, 等. 2016. 中国地下核电厂总体设计研究. 核动力工程, 37(3): 6-9.

钮新强, 罗琦, 赵鑫, 等. 2015a. 大型地下核电站关键技术研究. 核动力工程, 36(5): 6-11.

钮新强, 罗琦, 赵鑫, 等. 2015b. 地下核电研究现状. 核动力工程, 36(5): 1-5.

钮新强, 罗琦, 赵鑫, 等. 2015c. 建设大型地下核电站开创核电安全发展新途径. 人民长江, 46(18): 1-5.

庞义辉, 李全生, 曹光明, 等. 2019. 煤矿地下水库储水空间构成分析及计算方法. 煤炭学报, 44(2): 557-566.

浦海, 许军策, 卞正富, 等. 2022. 关闭/废弃矿井地热能开发利用研究现状与进展. 煤炭学报, 47(6): 2243-2269.

齐晓菲, 赵东, 林战川. 2022. 矿井废弃巷道矸石填充技术. 煤矿机电, 43(2): 53-56.

秦勇. 2023. 煤系气地质调查若干问题思考与探讨. 中国地质, 20(4): 1-18.

任千悦, 贾捷, 田琦. 2023. 热泵技术在矿井余热回收中的应用现状及发展方向. 区域供热, (1): 102-108.

荣琴. 2021. 体验经济视角下矿山产业博物馆工业旅游模式开发研究. 产业创新研究, (3): 63-65.

桑树勋, 袁亮, 刘世奇, 等. 2022. 碳中和地质技术及其煤炭低碳化应用前瞻. 煤炭学报, 47(4): 1430-1451.

史力, 赵加清, 刘兵, 等. 2021. 高温气冷堆关键材料技术发展战略. 清华大学学报(自然科学版), 61(4): 270-278.

苏现波, 赵伟仲, 王乾, 等. 2023. 煤层气井地联合抽采全过程低负碳减排关键技术研究进展. 煤炭学报, 48(1): 335-356.

孙海涛, 舒龙勇, 姜在炳, 等. 2022. 煤矿区煤层气与煤炭协调开发机制模式及发展趋势. 煤炭科学技术, 50(12): 1-13.

孙杰, 程爱国, 刘亢, 等. 2023. 中国煤炭与煤层气协同勘查开发现状与发展趋势. 中国地质, 20(4): 1-15.

孙文洁, 任顺利, 武强, 等. 2022. 新常态下我国煤矿废弃矿井水污染防治与资源化综合利用. 煤炭学报, 47(6): 2161-2169.

汪秋菊, 刘宇. 2019. 废弃矿山工业遗产旅游开发战略与政策建议. 煤炭经济研究, 39(5): 25-30.

汪秋菊, 周佳丽, 彭苏萍. 2020. 煤炭资源型城市矿山遗址旅游开发潜力测度与开发模式选择. 中国工程科学, 22(6):

158-166.

王兵, 刘朋帅, 邓凯磊. 2021. 基于模糊多准则决策模型的废弃矿井抽水蓄能电站选址研究. 矿业科学学报, 6(6): 667-677.

王高鹏, 朱文镐, 牛世鹏, 等. 2019. 核电厂安全壳过滤排放严重事故管理策略研究. 核科学与工程, 39(4): 595-600.

王海宁, 彭家兰, 程哲. 2013. 高温矿井的通风与降温分析. 有色金属工程, 3(3): 34-37.

王浩, 李斌, 王雨婷, 等. 2023. 废弃矿井残余煤层气开采多能互补直流微电网关键技术及瓶颈问题. 煤炭学报, 20(4): 1-18.

王家琛, 杨兆彪, 秦勇, 等. 2022. 废弃矿井遗留煤层气资源次生富集成藏研究现状及展望. 煤田地质与勘探, 52(4): 35-44.

王家臣, Kretschmann J, 李杨. 2021. 关闭煤炭矿区资源利用与可持续发展的几点思考. 矿业科学学报, 6(6): 633-641.

王青青, 孟艳军, 闫涛滔, 等. 2023. 不同煤阶煤储层吸附/解吸特征差异及其对产能的影响. 煤田地质与勘探, 20(4): 1-12.

王双明, 刘浪, 赵玉娇, 等. 2023. "双碳"目标下赋煤区新能源开发——未来煤矿转型升级新路径. 煤炭科学技术, 51(1): 59-79.

王涛, 王树威, 张宪旭, 等. 2023. 基于多参数融合的煤层气富集区预测方法. 煤炭科学技术, 20(4): 1-7.

王婷婷, 曹飞, 唐修波, 等. 2019. 利用矿洞建设抽水蓄能电站的技术可行性分析. 储能科学与技术, 8(1): 195-200.

王佟, 韩效忠, 邓军, 等. 2023. 论中国煤炭地质勘查工作在新条件下的定位与重大研究问题. 煤田地质与勘探, 20(4): 1-19.

王永福, 孙玉良. 2017. 高温气冷堆供热项目厂址选择法规标准适用性研究. 科技导报, 35(13): 24-28.

王争, 李国富, 周显俊, 等. 2021. 山西省废弃矿井煤层气地面钻井开发关键问题与对策. 煤田地质与勘探, 49(4): 86-95.

王样良, 桑树勋, 周效志, 等. 2023. 构造裂隙对 CO_2 驱煤层气地质封存的影响. 煤炭学报, 20(4): 1-8.

魏庆喜, 刘丽民. 2008. 废弃矿井煤层气来源及赋存状态. 科技情报开发与经济, (16): 119-121.

温颖, 吴胜磊. 2017. 风-光-抽水蓄能联合互补发电系统研究. 工矿自动化, 43(11): 80-85.

文光才, 孙海涛, 李日富, 等. 2018. 煤矿采动稳定区煤层气资源评估方法及其应用. 煤炭学报, 43(1): 160-167.

文志杰, 姜鹏飞, 宋振骐, 等. 2023. 废弃矿井抽水蓄能面临的关键问题与对策思考. 山东科技大学学报(自然科学版), 42(1): 28-37.

吴金刚, 毛俊睿. 2021. 中国废弃煤矿瓦斯资源评价与抽采利用研究进展. 煤矿安全, 52(7): 162-169.

谢和平, 高峰, 鞠杨等. 2017a. 深地科学领域的若干颠覆性技术构想和研究方向. 工程科学与技术, 49(1): 1-8.

谢和平, 高峰, 鞠杨等. 2017b. 深地煤炭资源流态化开采理论与技术构想. 煤炭学报, 42(3): 547-556.

谢和平, 高明忠, 高峰, 等. 2017c. 关停矿井转型升级战略构想与关键技术. 煤炭学报, 42(6): 1355-1365.

谢和平, 高明忠, 张茹等. 2017d. 地下生态城市与深地生态圈战略构想及其关键技术展望. 岩石力学与工程学报, 36(6): 1301-1313.

谢和平, 高明忠, 刘见中, 等. 2018. 煤矿地下空间容量估算及开发利用研究. 煤炭学报, 43(6): 1487-1503.

谢和平, 侯正猛, 高峰, 等. 2015. 煤矿井下抽水蓄能发电新技术:原理、现状及展望. 煤炭学报, 40(5): 965-972.

谢友泉, 高辉, 苏志国, 等. 2020. 废弃矿井资源的可再生能源开发利用. 可再生能源, 38(3): 423-426.

徐景涛, 董志勇, 王长柏. 2022. 废弃矿井地下空间开发仓储功能适宜性评价. 煤炭经济研究, 42(3): 51-57.

许芝春, 张亚培, 苏光辉, 等. 2018. 严重事故条件下安全壳响应模拟研究. 原子能科学技术, 52(4): 634-640.

闫伟, 冷光耀, 李中, 等. 2023. 氢能地下储存技术进展和挑战. 石油学报, 44(3): 556-568.

杨涵. 2022. 基于废弃矿山改造的文化旅游产品设计. 包装工程, 43(10): 346-354.

杨仁树, 朱晔, 李永亮, 等. 2020. 坚硬顶板条件下裸顶巷道煤帮稳定性分析及控制对策. 采矿与安全工程学报, 37(5): 861-870.

姚西龙, 葛帅帅, 徐晓瑞. 2021. 废弃井巷抽水储能技术构想及关键技术参数研究. 煤炭工程, 53(9): 117-121.

喻飞, 刘爽. 2021. 地下核电站洞室群排水系统设计. 人民长江, 52(S1): 206-208,212.

袁亮. 2019. 推动我国关闭/废弃矿井资源精准开发利用研究. 煤炭经济研究, 39(5): 1.

袁亮. 2021. 废弃矿井资源综合开发利用助力实现"碳达峰、碳中和"目标. 科技导报, 39(13): 1.

袁亮, 姜耀东, 王凯, 等. 2018. 我国关闭/废弃矿井资源精准开发利用的科学思考. 煤炭学报, 43(1): 14-20.

袁亮, 薛生. 2014. 煤层瓦斯含量法确定保护层开采消突范围的技术及应用. 煤炭学报, 39(9): 1786-1791.

袁亮, 杨科. 2021. 再论废弃矿井利用面临的科学问题与对策. 煤炭学报, 46(1): 16-24.

袁亮, 张通, 张庆贺, 等. 2022. 双碳目标下废弃矿井绿色低碳多能互补体系建设思考. 煤炭学报, 47(6): 2131-2139.

原文杰. 2022. 酸液改性煤样吸附性能及分形特征研究. 煤矿安全, 53(11): 31-35,41.

原越, 黄晓津. 2018. 高温气冷堆核蒸汽供应系统出口蒸汽温度的 T-S 模糊控制方法. 原子能科学技术, 52(4): 699-704.

张百胜, 杨永康, 孙洁. 2022. 山西省关停矿山的绿色转型发展能力评价研究. 太原理工大学学报, 53(2): 281-288.

张保生, 陈宁, 高博, 等. 2021. 废弃矿井抽水蓄能电站水泵水轮机关键技术. 科技导报, 39(13): 66-72.

张春萍. 2020. 基于"两山"理论的矿山公园旅游经济开发. 矿业研究与开发, 40(10): 191-192.

张村, 贾胜, 吴山西, 等. 2021. 基于矿井地下水库的煤矿采空区地下空间利用模式与关键技术. 科技导报, 39(13): 36-46.

张汉, 郭炯, 邬颖杰, 等. 2022. 高温气冷堆全耦合系统直接联立求解的方法研究和程序开发. 原子能科学技术, 56(2): 271-284.

张豪哲, 李文, 杜明泽, 等. 2022. 闭坑矿山地下水污染防治技术研究现状和展望. 煤炭工程, 54(11): 170-176.

张敏, 张亮, 洪哲, 等. 2020. 高温气冷堆核材料衡算方法研究. 原子能科学技术, 54(3): 475-480.

张平, 徐景明, 石磊, 等. 2019. 中国高温气冷堆制氢发展战略研究. 中国工程科学, 21(1): 20-28.

张群, 降文萍, 姜在炳, 等. 2023. 我国煤矿区煤层气地面开发现状及技术研究进展. 煤田地质与勘探, 51(1): 139-158.

张瑞祥, 高玉峰, 李康, 等. 2019. 高温气冷堆二回路水汽品质优化方案探讨. 中国电力, 52(1): 179-184.

张守仁, 桑树勋, 吴见, 等. 2022. CO_2 驱煤层气关键技术研究及应用. 煤炭学报, 47(11): 3952-3964.

张顺, 袁博. 2021. 地下核电站液态放射性源项评估方法研究. 人民长江, 52(S1): 232-236.

张源, 他旭鹏, 师鹏, 等. 2023. 废弃矿井蓄洪储能与取热综合利用模式研究. 煤炭科学技术, 20(4): 1-8.

张作义, 吴宗鑫, 王大中, 等. 2019. 我国高温气冷堆发展战略研究. 中国工程科学, 21(1): 12-19.

赵成林, 马元明, 辛向东, 等. 2019. 高温气冷堆核电站示范工程炭堆内构件预组装外形尺寸测量技术探索. 炭素技术, 38(6): 66-68.

赵向东. 2020. 综采工作面通风方式对顶板高位定向钻孔抽采效果的影响及分析. 山西煤炭, 40(4): 41-45.

郑超, 马东民, 陈跃, 等. 2023. 水分对煤层气吸附/解吸微观作用研究进展. 煤炭科学技术, 20(4): 1-12.

郑司建, 桑树勋. 2022. 煤层气勘探开发研究进展与发展趋势. 石油物探, 61(6): 951-962.

周莹, 王嘉学. 2020. 矿山废弃地旅游价值的识别与展示模式研究. 中国国土资源经济, 33(1): 50-55.

周显俊, 李国富, 李超, 等. 2022. 煤矿采空区煤层气地面开发技术及工程应用——以沁水盆地晋城矿区为例. 煤田地质与勘探, 50(5): 66-72.

朱超斌, 周跃进, 卞正富, 等. 2022. 废弃矿井抽水蓄能句法视角下拓扑模型构建及空间优化. 煤炭学报, 47(6): 2279-2288.

祝欣慰, 张桂英, 邵杰, 等. 2016. 高温气冷堆主蒸汽管道双端断裂危害性分析方法. 热力发电, 45(12): 67-72,83.

Alayet F, Mezned N, Sebei A, et al. 2022. Clays and carbonates absorption bands for heavy metal content prediction around the abandoned mine of jebel ressas in the North of Tunisia. IGARSS 2022-2022 IEEE International Geoscience and Remote Sensing Symposium. IEEE: 7713-7716.

Andrews B J, Cumberpatch Z A, Shipton Z K, et al. 2020. Collapse processes in abandoned pillar and stall coal mines:implications for shallow mine geothermal energy. Geothermics, 88: 101904.

Ayala J, Fernández B. 2019. Treatment from abandoned mine landfill leachates: adsorption technology. Journal of Materials Research and Technology, 8(3): 2732-2740.

Ayala J, Fernández B. 2020. Industrial waste materials as adsorbents for the removal of as and other toxic elements from an abandoned mine spoil heap leachate:a case study in Asturias. Journal of Hazardous Materials, 384: 121446.

Bari A S M F, Lamb D, Choppala G, et al. 2020. Geochemical fractionation and mineralogy of metal(loid)s in abandoned mine soils: insights into arsenic behaviour and implications to remediation. Journal of Hazardous Materials, 399: 123029.

Bekendam R F. 2020. A reanalysis of the collapse of the Heidegroeve:subsidence over an abandoned room and pillar mine due to previously unknown mine workings underneath. Proceedings of the International Association of Hydrological Sciences, 382: 269-275.

Bolan N S, Kirkham M B, Ok Y S, et al. 2017. Rehabilitation of an Abandoned Mine Site with Biosolids. Boca Raton: CRC Press.

Cao L, Xiang H, Yang P, et al. 2022. Towards sustainable and efficient land development:risk of soil heavy metal(loid)s in abandoned gold mines with short-term rehabilitation and potential value for targeted remediation. Land Degradation &

Development, 33 (18): 3855-3869.

Chećko A, Jelonek I, Jelonek Z. 2022. Study on restoring abandoned mine lands to economically usable state using the post-occupancy evaluation method. Land Degradation & Development, 33 (11): 1836-1845.

Cheng L, Hu Z, Lou S. 2017. Improved methods for fuzzy comprehensive evaluation of the reclamation suitability of abandoned mine lands. International Journal of Mining, Reclamation and Environment, 31 (3): 212-229.

Cheng L, Sun H, Zhang Y, et al. 2019. Spatial structure optimization of mountainous abandoned mine land reuse based on system dynamics model and CLUE-S model. International Journal of Coal Science & Technology, 6: 113-126.

Chun S J, Kim Y J, Cui Y, et al. 2021. Ecological network analysis reveals distinctive microbial modules associated with heavy metal contamination of abandoned mine soils in Korea. Environmental Pollution, 289: 117851.

Contrucci I, Balland C, Kinscher J, et al. 2019. Aseismic mining subsidence in an abandoned mine: influence factors and consequences for post-mining risk management. Pure and Applied Geophysics, 176 (2): 801-825.

Cornelissen H, Watson I, Adam E, et al. 2019. Challenges and strategies of abandoned mine rehabilitation in South Africa: the case of asbestos mine rehabilitation. Journal of Geochemical Exploration, 205: 106354.

Cui C Q, Wang B, Zhao Y X, et al. 2020. Waste mine to emerging wealth: innovative solutions for abandoned underground coal mine reutilization on a waste management level. Journal of Cleaner Production, 252: 119748.

Demcak S, Balintova M, Holub M. 2020. Monitoring of the abandoned mine Smolnik (Slovakia) influence on the aquatic environment. IOP Conference Series: Earth and Environmental Science. IOP Publishing, 444 (1): 012010.

Du X H, Li X, Feng Q, et al. 2022. Environmental risk assessment of industrial byproduct gypsum utilized for filling abandoned mines. International Journal of Coal Science & Technology, 9 (1): 56.

Eckley C S, Luxton T P, Stanfield B, et al. 2021. Effect of organic matter concentration and characteristics on mercury mobilization and methylmercury production at an abandoned mine site. Environmental Pollution, 271: 116369.

Falteisek L, Drahota P, Culka A, et al. 2020. Bioprecipitation of As_4S_4 polymorphs in an abandoned mine adit. Applied Geochemistry, 113: 104511.

Fan J, Xie H, Chen J, et al. 2022. Preliminary feasibility analysis of a hybrid pumped-hydro energy storage system using abandoned coal mine goafs. Applied Energy, 258: 114007.

Favas P J C. 2017. A reclamation procedure scheme of aban doned mine sites: a conceptual model. Proceedings of the 17th International Multidisciplinary Scientifc GeoConference (SGEM 2017), Geo Conference on Ecology, Economics, Education and Legislation, Albena. STEF92 Technology Ltd.

Feng G, Zhang A, Hu S, et al. 2018. A methodology for determining the methane flow space in abandoned mine gobs and its application in methane drainage. Fuel, 227: 208-217.

Freemantle G G, Chetty D, Olifant M, et al. 2022. Assessment of asbestos contamination in soils at rehabilitated and abandoned mine sites, Limpopo Province, South Africa. Journal of Hazardous Materials, 429: 127588.

Gil-Pacheco E, Suárez-Navarro J A, Fernández-Salegui A B, et al. 2021. Factors that influence the absorption of uranium by indigenous plants on the spoil tip of an abandoned mine in western Spain. Science of the Total Environment, 759: 143571.

Gombert P, Abdoulaye G, Haïkel B H, et al. 2019. Installation of a thermal energy storage site in an abandoned mine in Picardy (France). part 1: selection criteria and equipment of the experimental site. Environmental Earth Sciences, 78 (5): 1-16.

González-Méndez B, Webster R, Loredo-Portales R, et al. 2022. Distribution of heavy metals polluting the soil near an abandoned mine in Northwestern Mexico. Environmental Earth Sciences, 81 (6): 176.

Guo P, Zheng L, Sun X, et al. 2018. Sustainability evaluation model of geothermal resources in abandoned coal mine. Applied Thermal Engineering, 144: 804-811.

Hu D, Wan B, Zhang Y, et al. 2022. Operation characteristics analysis of abandoned mine energy storage system based on stepped gas compression. 2022 5th International Conference on Power and Energy Applications (ICPEA). IEEE: 670-675.

Ikitde U O, Davidson I E, Adebiyi A A. 2023. Potential of abandoned mine infrastructure for pumped hydropower energy storage implementation in South Africa. 2023 31st Southern African Universities Power Engineering Conference (SAUPEC). IEEE: 1-6.

Jeon B, Jeong H, Choi S, et al. 2022. Assessment of subsidence hazard in abandoned mine area using strength reduction method. KSCE Journal of Civil Engineering, 26(10): 4338-4358.

Jiang N, Lv K, Gao Z, et al. 2022. Study on characteristics of overburden strata structure above abandoned gob of shallow seams—a case study. Energies, 15(24): 9359.

Kanda A, Ncube F, Makumbe P. 2021. Trace elements in groundwater near an abandoned mine tailings dam and health risk assessment(NE Zimbabwe). Water SA, 47(4): 446-455.

Karacan C Ö, Warwick P D. 2019. Assessment of coal mine methane(CMM)and abandoned mine methane(AMM)resource potential of longwall mine panels: example from Northern Appalachian Basin, USA. International Journal of Coal Geology, 208: 37-53.

Khalil M A, Sadeghiamirshahidi M, Joeckel R M, et al. 2022. Mapping a hazardous abandoned gypsum mine using self-potential, electrical resistivity tomography, and frequency domain electromagnetic methods. Journal of Applied Geophysics, 205: 104771.

Labuda W. 2017. Profitability calculations of abandoned mine methane production in the upper silesian coal basin. SPE Annual Technical Conference and Exhibition. OnePetro.

Lee C I, Kim T H, Zhang N. 2018. Monitoring and reinforcement of ground subsidence in abandoned mine areas in Korea. ISRM International Symposium-10th Asian Rock Mechanics Symposium. OnePetro.

Li C, Jia Z, Peng X, et al. 2021. Functions of mineral-solubilizing microbes and a water retaining agent for the remediation of abandoned mine sites. Science of The Total Environment, 761: 143215.

Li D, Su X, Su L. 2021. Theory of gas traps in stope and its application in ground extraction of abandoned mine gas: Part 2 – The development suitability evaluation of gas trap and its application. Journal of Petroleum Science and Engineering, (3-4): 109286.

Li D, Su X, Su L. 2021. Theory of gas traps in stope and its application in ground extraction of abandoned mine gas:Part 1–Gas trap in stope and resources estimation. Journal of Petroleum Science and Engineering, 207: 109285.

Li J, Lin B. 2022. Landscape planning of stone mine park under the concept of ecological environment restoration. Arabian Journal of Geosciences, 15(7): 671.

Li X D, Chen Z T, Liu Z, et al. 2021. Decision-making on reuse modes of abandoned coal mine industrial sites in Beijing based on environment-economy-society matter-element models. Mathematical Problems in Engineering: 1-14.

Liu P, Gao Y, Shang M, et al. 2020. Predicting water level rises and their effects on surrounding karst water in an abandoned mine in Shandong, China. Environmental Earth Sciences, 79(1): 51.

Liu Z, Meldrum J, Xue P, et al. 2015. Preliminary studies of the use of abandoned mine water for geothermal applications. IFCEE: 1678-1690.

Lu H F, Wei A C, He Z A, et al. 2023. Design and applicability of an abandoned coal mine roadway for landfill sites. Water, Air, & Soil Pollution, 234(1): 44.

Luo R, Li G, Chen L, et al. 2020. Ground subsidence induced by pillar deterioration in abandoned mine districts. Journal of Central South University, 27(7): 2160-2172.

Martín-Crespo T, Gómez-Ortiz D, Martín-Velázquez S, et al. 2015. Abandoned mine tailings in cultural itineraries: Don Quixote Route(Spain). Engineering Geology, 197: 82-93.

Mehta N, Cipullo S, Cocerva T, et al. 2020. Incorporating oral bioaccessibility into human health risk assessment due to potentially toxic elements in extractive waste and contaminated soils from an abandoned mine site. Chemosphere, 255: 126927.

Menéndez J, Ordónez A, Fernández-Oro J M, et al. 2020. Feasibility analysis of using mine water from abandoned coal mines in Spain for heating and cooling of buildings. Renewable Energy, 146: 1166-1176.

Meng Z, Li G, Tian Y, et al. 2022. Research progress on surface drainage of coalbed methanein abandoned mine gobs of Jincheng mining area. Coal Science and Technology, 50: 204-211.

Mensah A K, Marschner B, Antoniadis V, et al. 2021. Human health risk via soil ingestion of potentially toxic elements and remediation potential of native plants near an abandoned mine spoil in Ghana. Science of The Total Environment, 798: 149272.

Morstyn T, Chilcott M, McCulloch M D. 2019. Gravity energy storage with suspended weights for abandoned mine shafts. Applied

Energy, 239: 201-206.

Moyé J, Picard-Lesteven T, Zouhri L, et al. 2017. Groundwater assessment and environmental impact in the abandoned mine of Kettara(Morocco). Environmental Pollution, 231: 899-907.

Namjesnik D, Kinscher J, Contrucci I, et al. 2022. Impact of past mining on public safety: seismicity in area of flooded abandoned coal Gardanne mine, France. International Journal of Coal Science & Technology, 9(1): 1-11.

Nowak J, Kokowska-Pawłowska M. 2019. Petrograhpic characteristics of coal from waste dump of abandoned mine Gruve 2 in Longyearbyen, Svalbard. IOP Conference Series:Earth and Environmental Science. IOP Publishing, 261(1): 012036.

Nwachukwu M A, Nwachukwu M I. 2016. Model of secure landfill using abandoned mine pit—technical and economic imperatives in poor developing nations. The Journal of Solid Waste Technology and Management, 42(3): 173-183.

Oh Y S, Park H S, Ji W H, et al. 2023. Removal of Cu and Zn from mine water using bench-scale bioreactors with spent mushroom compost:a case study in an abandoned mine region, South Korea. Environmental Earth Sciences, 82(7): 172.

Omeka M E, Igwe O. 2021. Heavy metals concentration in soils and crop plants within the vicinity of abandoned mine sites in Nigeria: an integrated indexical and chemometric approach. International Journal of Environmental Analytical Chemistry: 1-19.

Pal S K, Tripathi A K, Panda S, et al. 2021. Sonar mapping of abandoned water-logged underground coal mine and backfilling operation using underwater camera. International Journal of Mining and Mineral Engineering, 12(3): 181-194.

Palchik V. 2014. Time-dependent methane emission from vertical prospecting boreholes drilled to abandoned mine workings at a shallow depth. International Journal of Rock Mechanics and Mining Sciences, 72: 1-7.

Perlatti F, Martins E P, de Oliveira D P, et al. 2021. Copper release from waste rocks in an abandoned mine(NE, Brazil) and its impacts on ecosystem environmental quality. Chemosphere, 262: 127843.

Roy R, Chakraborty S, Bisai R, et al. 2023. Gravity blind backfilling of abandoned underground mine voids using suitable mix proportion of fill materials and method of filling. Geotechnical and Geological Engineering: 1-19.

Saigustia C, Robak S. 2021. Review of potential energy storage in abandoned mines in Poland. Energies, 14(19): 6272.

Salmi E F, Karakus M, Nazem M. 2019. Assessing the effects of rock mass gradual deterioration on the long-term stability of abandoned mine workings and the mechanisms of post-mining subsidence—a case study of Castle Fields mine. Tunnelling and Underground Space Technology, 88: 169-185.

Singovszka E, Balintova M, Junakova N. 2020. The impact of heavy metals in water from abandoned mine on human health. SN Applied Sciences, 2: 1-8.

Solis-Hernández A P, Chávez-Vergara B M, Rodríguez-Tovar A V, et al. 2022. Effect of the natural establishment of two plant species on microbial activity, on the composition of the fungal community, and on the mitigation of potentially toxic elements in an abandoned mine tailing. Science of The Total Environment, 802: 149788.

Song J, Choi Y. 2016. Analysis of wind power potentials at abandoned mine promotion districts in Korea. Geosystem Engineering, 19(2): 77-82.

Sullivan B, Tran K T, Logston B. 2016. Characterization of abandoned mine voids under roadway with land-streamer seismic waves. Transportation Research Record, 2580(1): 71-79.

Tomiyama S, Igarashi T, Tabelin C B, et al. 2020. Modeling of the groundwater flow system in excavated areas of an abandoned mine. Journal of Contaminant Hydrology, 230: 103617.

Tozsin G, Arol A I, Duzgun S, et al. 2022. Effects of abandoned coal mine on the water quality. International Journal of Coal Preparation and Utilization, 42(11): 3202-3212.

Unger C J, Lechner A M, Kenway J, et al. 2015. A jurisdictional maturity model for risk management, accountability and continual improvement of abandoned mine remediation programs. Resources Policy, 43: 1-10.

Uugwanga M N, Kgabi N A. 2021. Heavy metal pollution index of surface and groundwater from around an abandoned mine site, Klein Aub. Physics and Chemistry of the Earth, Parts A/B/C, 124: 103067.

Wadekar S S, Hayes T, Lokare O R, et al. 2017. Laboratory and pilot-scale nanofiltration treatment of abandoned mine drainage for the recovery of products suitable for industrial reuse. Industrial & Engineering Chemistry Research, 56(25): 7355-7364.

Wang P, Li M, Yao W, et al. 2020. Detection of abandoned water-filled mine tunnels using the downhole transient electromagnetic method. Exploration Geophysics, 51 (6): 667-682.

Wang P, Sun Z, Hu Y, et al. 2019. Leaching of heavy metals from abandoned mine tailings brought by precipitation and the associated environmental impact. Science of the Total Environment, 695: 133893.

Wei Z, Hao Z, Li X, et al. 2019. The effects of phytoremediation on soil bacterial communities in an abandoned mine site of rare earth elements. Science of the Total Environment, 670: 950-960.

Xu Y, Zhou S, Xia C, et al. 2021. Three-dimensional thermo-mechanical analysis of abandoned mine drifts for underground compressed air energy storage: a comparative study of two construction and plugging schemes. Journal of Energy Storage, 39: 102696.

Yang K, Fu Q, Yuan L, et al. 2023. Research on development demand and potential of pumped storage power plants combined with abandoned mines in China. Journal of Energy Storage, 63: 106977.

Yang X, Osawa H, Kameda T, et al. 2021. Continuous treatment of abandoned mine wastewater containing As and Fe using Mg-Al layered double hydroxides with flocculation. International Journal of Environmental Science and Technology: 1-6.

Yurkevich N V, Bortnikova S B, Olenchenko V V, et al. 2021. Time-lapse electrical resistivity tomography and soil-gas measurements on abandoned mine tailings under a highly continental climate, Western Siberia, Russia. Journal of Environmental and Engineering Geophysics, 26 (3): 227-237.

Yurkevich N, Bortnikova S, Yurkevich N. 2020. Abandoned mine wastes (Kemerovo Region, Russia): resources of toxic and valuable components. International Multidisciplinary Scientific GeoConference: SGEM, 20 (51): 19-26.

Zapico I, Molina A, Laronne J B, et al. 2020. Stabilization by geomorphic reclamation of a rotational landslide in an abandoned mine next to the Alto Tajo Natural Park. Engineering Geology, 264: 105321.

Zhang B, Wang H, Wang L, et al. 2020. Large-scale field test on abandoned deep anhydrite mine-out for reuse as crude oil storage—a case study. Engineering Geology, 267: 105477.

Zhang L P, Huang Y F, Cao M, et al. 2017. Maximizing Ecological Services Value of Abandoned Mine Land using Integrated Simulation Models. Boca Raton: CRC Press.

Zhang Y, Sun S. 2020. Study on the reclamation and ecological reconstruction of abandoned land in mining area. IOP Conference Series: Earth and Environmental Science. IOP Publishing, 514 (2): 022073.

Zheng G, Han J, Sang F, et al. 2021. Case study of gas drainage well location optimization in abandoned coal mine based on reservoir simulation model. Energy Exploration & Exploitation, 39 (6): 1993-2005.

Zhou L N, Wang Y, Zhang X, et al. 2020. Complete coverage path planning of mobile robot on abandoned mine land. Chinese Journal of Engineering, 42 (9): 1220-1228.

Župunski M, Pajević S, Arsenov D, et al. 2018. Insights and lessons learned from the long-term rehabilitation of abandoned mine lands—a plant based approach. Bio-Geotechnologies for Mine Site Rehabilitation. Elsevier: 215-232.